Nikon D810

完全摄影指南

雷剑／编著

中国电力出版社
CHINA ELECTRIC POWER PRESS

内 容 提 要

本书从相机使用、摄影理论、实拍技巧三个层面，详细讲解了如何使用Nikon D810相机拍出好照片。其中以较大的篇幅讲解了Nikon D810相机的使用方法与技巧，并在讲解时融入了大量案例，使读者能够在学习本书后快速从初学者成长为行家里手。

此外，本书还深入讲解了曝光三要素、对焦模式、快门驱动模式、构图美学知识、光影美学知识、色彩美学知识，并展示了包括风光、植物、人像、儿童、建筑、夜景、宠物与鸟类、微距在内的多种常见题材的拍摄技法与思路。

图书在版编目（CIP）数据

Nikon D810 完全摄影指南 / 雷剑编著. — 北京：中国电力出版社，2016.1
ISBN 978-7-5123-8191-9

Ⅰ.①N… Ⅱ.①雷… Ⅲ.①数字照相机—单镜头反光照相机—摄影技术 Ⅳ.①TB86②J41

中国版本图书馆CIP数据核字（2015）第200087号

中国电力出版社出版、发行
（北京市东城区北京站西街 19 号 100005 http://www.cepp.sgcc.com.cn）
北京盛通印刷股份有限公司印刷
各地新华书店经售
*
2016 年 1 月第一版 2016 年 1 月北京第一次印刷
889 毫米 ×1194 毫米 16 开本 16 印张 464 千字
印数 0001—3000 册 定价 69.00 元（含 1DVD）

前 言

“工欲善其事，必先利其器。”——孔子（春秋）《论语•卫灵公》。

这句话的意思是说，一个做手工或工艺的人，要想把工作做完、做好，应该先将没有的工具准备好，而那些已经有了的工具，也要检查是否适用，并且要能够熟练地运用这些工具。

虽然，孔子的名言至今已经有2000多年，但从目前看来，仍然是一条放之四海皆准的至理，在摄影这个行业也不例外。本书的目的正是帮助各位摄影爱好者更深入全面地认识、熟练而又富有技巧地运用手中的相机，拍出好照片。

简单地说，如果要拍出好照片，不仅要有好用、够用的摄影器材，而且还得能够熟练地使用摄影器材。这就是孔子的名言对每一个摄影爱好者的启示。

许多摄影爱好者认为，能够设置P、S、A、M各个曝光模式，能够正确对焦、能够拍出背景虚化的人像，就算是掌握相机了，殊不知这种程度连入门都算不上。

要做到熟练地运用相机，笔者认为最起码能够在不查资料的情况下，正确回答以下10个问题中的8个：

1.如何直接拍摄出单色照片？

2.如何让竖向持机拍摄的照片在浏览时自动旋转90°？

3.自定义白平衡的步骤是什么？

4.如何让拍摄出来的每一张照片都偏一点点蓝色或红色？

5.如何客观判断拍摄的照片是否过曝？

6.如何利用声音提示对焦是否成功？

7.如何客观判读照片的曝光情况？

8.什么是图像区域，用来做什么的？

9.如何更好地利用曝光补偿进行拍摄？

10.在未携带三脚架的情况下，如何拍摄出清晰的照片？

这些问题的答案都不复杂，只要认真阅读学习本书，就能够轻松地正确回答这些问题。本书第1~第10章，除讲解关于Nikon D810相机本身的知识外，还深入讲解了曝光三要素、对焦模式、快门释放模式、构图美学知识、光影美学知识、色彩美学知识，使各位读者在阅读学习后，不仅掌握有关相机的使用方法与技巧，还对摄影基本理论有更深层次的认识。

本书的第11~18章，讲解了包括风光、人像、建筑、儿童、微距、夜景、宠物、鸟类、植物、人文等在内的，多种常见摄影题材的拍摄思路与技法。因为摄影是一种操作、体验性较强的艺术门类，只有针对不同的题材进行反复拍摄练习，才能够真正在练习中掌握相机的使用技巧、理解曝光的原理、掌握拍摄的技法。

欢迎各位读者加入以下摄影学习交流QQ群：247292794、341699682、190318868。

本书是集体劳动的结晶，参与本书编著的还有刘丽娟、杜林、李冉、贾宏亮、史成元、白艳、赵菁、杨茜、陈栋宇、陈炎、金满、李懿晨、赵静、黄磊、袁冬焕、陈文龙、宗宇、徐善军、梁佳佳、邢雅静、陈会文、张建华、孙月、张斌、邢晶晶、秦敬尧、王帆、赵雅静、周丹、吴菊、李方兰、王芬、刘肖、周小彦、苑丽丽、左福、范玉婵、刘志伟、邓冰峰、詹曼雪、黄正等。

作者

2015年6月

4
LAMMA ISLAND

目 录

第5章　对焦与释放模式

第6章　即时取景与视频拍摄

第7章 摄影构图

第8章 摄影用光

第 9 章 光影运用技巧

第10章 摄影色彩

第 11 章 风光摄影

第12章 植物摄影

第13章 人像摄影

第14章 儿童摄影

第15章 建筑摄影

第16章 夜景摄影

第17章 宠物与鸟类摄影

第18章 微距摄影

第1章

「Nikon D810 相机结构及基本操作方法」

相机正面结构

副指令拨盘

通过旋转副指令拨盘可以改变光圈、色温的数值，或用于播放照片等

AF 辅助照明器 / 自拍指示灯 / 防红眼灯

当拍摄场景的光线较暗时，该灯会亮起，以辅助对焦；当设置自拍模式时，此灯会连续闪光进行提示；使用防红眼闪光模式时，此灯会在主闪光前点亮 1 秒

快门按钮

半按快门可以开启相机的自动对焦及测光系统，完全按下时即可完成拍摄。当相机处于省电状态时，轻按快门可以恢复工作状态

镜头安装标志

将镜头上的白色标志与机身上的白色标志对齐，旋转镜头即可完成镜头的安装

闪光同步端子盖

可根据需要将同步线连接至同步端子。当热靴上安装有闪光灯组件时，若要进行后帘同步闪光灯摄影，请勿使用同步线连接其他闪光灯组件

10 针遥控端子盖

打开端子盖，可插入遥控端子配件，用于遥控和自动拍摄。不使用该端子时，盖上端子盖以保护接点

镜头卡口

尼康数码单反相机采用 AF 卡口，可安装所有此卡口的镜头

CPU 触点

通过 CPU 触点，相机可以识别 CPU 镜头（特别是G型和D型）

镜头释放按钮

用于拆卸镜头，按下此按钮并旋转镜头的镜筒，可以把镜头从机身上取下来

Pv 按钮

此按钮的默认功能为预览景深，在“F5 指定预览按钮”菜单中可将其变更为其他功能

Fn 功能按钮

此按钮的默认功能为自拍，在“自定义设定”菜单中可将其变更为其他功能

反光板

能够将从镜头进入的光线反射至取景器内，使摄影师能够通过取景器进行取景、对焦

Nikon D810 相机顶部结构

释放模式拨盘锁定解除按钮

按下此按钮并旋转模式拨盘可选择一种快门释放模式

曝光模式 / 格式化存储卡按钮

按下此按钮并旋转主指令拨盘可改变曝光模式；同时按下此按钮和删除按钮，可格式化存储卡

电源开关

用于控制相机的开启及关闭

QUAL（图像品质 / 图像尺寸 / 双键重设）按钮

按下此按钮并旋转主指令拨盘可选择图像品质；按下此按钮并旋转副指令拨盘可选择图像尺寸；同时按住此按钮与曝光补偿按钮 2 秒以上，可以恢复部分相机设定的默认值

动画录制按钮

按下此按钮将开始录制视频，显示屏中会显示录制指示及可用录制时间

内置闪光灯

开启后可为拍摄对象补光

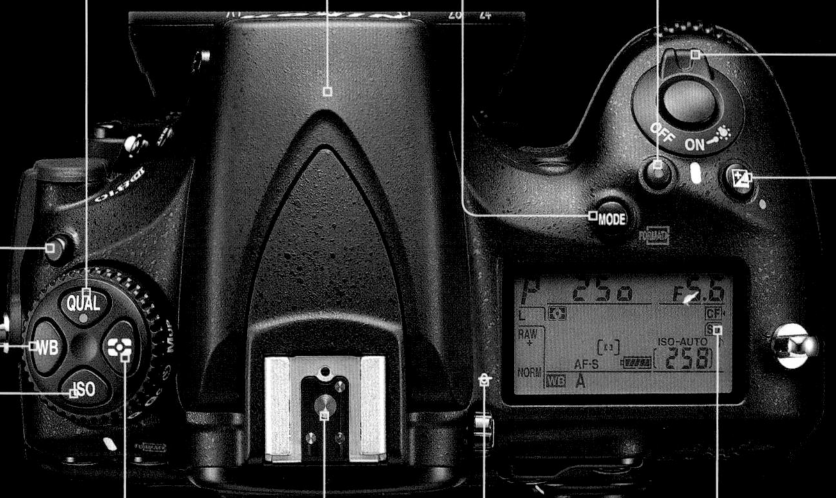

ISO 按钮

按下此按钮并旋转主指令拨盘可调整 ISO 感光度的数值

测光模式按钮

按下此按钮并旋转主指令拨盘可以选择测光模式

焦平面标记

用于测定拍摄对象和相机之间的距离，此标志距离镜头卡口边缘的距离是 46.5mm

控制面板

可设置绝大部分常用的拍摄参数

WB（白平衡）按钮

按下此按钮并旋转主指令拨盘可选择白平衡

配件热靴

用于安装外置闪光灯、无线引闪器等设备

曝光补偿按钮 / 双键重设按钮

按下此按钮并旋转主指令拨盘，可以选择曝光补偿值；同时按住此按钮和 QUAL 按钮 2 秒以上，可恢复部分相机设定的默认值

相机背面结构

MENU 菜单按钮

按下此按钮后可显示相机的菜单

释放模式拨盘

在按下释放模式拨盘锁定解除按钮后，旋转此拨盘即可选择不同的快门释放模式

取景器接目镜

用于隔离眼睛与取景器，其软性橡胶质地能够提升拍摄时眼睛的舒适度

屈光度调节控制器

对于视力不好又不想戴眼镜拍摄的用户，可以通过调整屈光度的方法使拍摄者能够在取景器中看到清晰的影像

AF-ON 按钮

可通过按下 AF-ON 按钮来激活自动对焦；在即时取景状态下，使用多重选择器选择对焦点，然后按下 AF-ON 按钮，相机将正常对焦并设定曝光

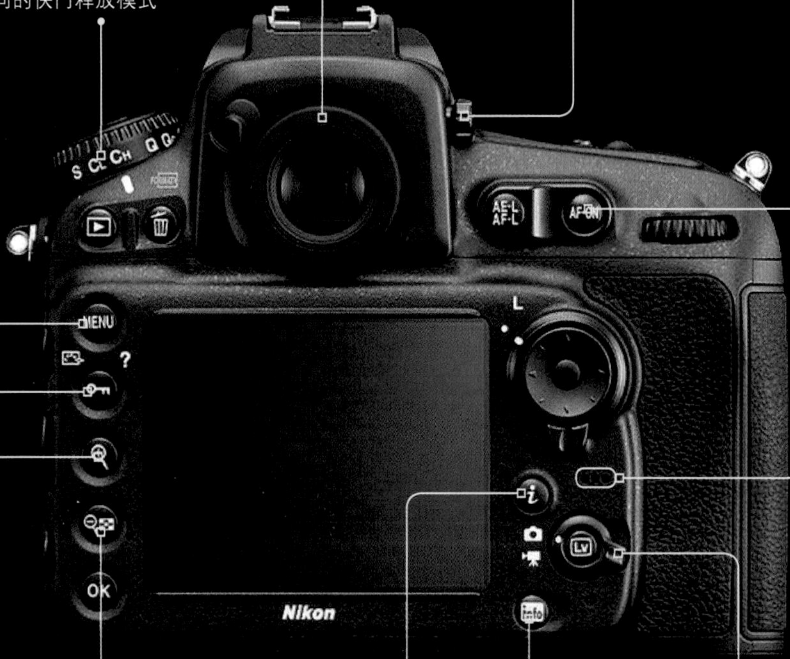

缩略图 / 缩小播放按钮

在回放照片时，按下此按钮可以为缩略图显示或照片的显示比例

即时取景选择器

将即时取景选择器旋转至📷，可以在即时取景状态下拍摄照片；将即时取景选择器旋转至🎥，可以在即时取景状态下录制视频

放大播放按钮

在查看已拍摄的照片时，可以放大照片以观察其局部

info（信息）按钮

按下此按钮，显示屏中将会显示拍摄信息

保护 / 优化校准 / 帮助按钮

在查看照片时，按下此按钮可以保护该照片；按下此按钮后屏幕中将显示优化校准列表，以便选择优化校准。在选择菜单命令或功能时，按下此按钮可查看相关的帮助与提示

i 按钮

在播放照片、取景器拍摄、即时取景拍摄以及动画录制期间，按下此按钮可快速访问常用设定

扬声器

用于播放声音

接目镜快门操作杆

旋转接目镜快门杆可以关闭或开启取景器

取景器

在拍摄时，通过观察取景器目镜中的景物进行取景构图

主指令拨盘

用于改变快门速度数值或播放照片等

删除 / 格式化存储卡按钮

在查看照片时，按下此按钮，屏幕中将显示一个确认对话框，再次按下此按钮可删除图像并返回播放状态。同时按住 MODE 按钮和该按钮直至闪烁的 For（格式化）出现在控制面板和取景器中时，可以格式化当前选择的存储卡

AE-L/AF-L 锁定按钮

用于锁定曝光、对焦等，可在“自定义设定”菜单中改变其设置

多重选择器中央按钮

用于选择菜单命令或确认当前的设置

播放按钮

按下此按钮，可切换至查看照片状态

多重选择器

用于选择菜单命令、浏览照片、选择对焦点等

OK（确定）按钮

通常情况下，按下多重选择器的中央按钮与按下OK按钮的作用相同，但某些情况下仅可通过按下 OK 按钮进行选择

显示屏

用于查看设定、即时取景、查看照片、全屏播放

存储卡存取指示灯

使用存储卡保存、读取照片以及进行自拍时，该指示灯会不断闪烁

对焦选择器锁定开关

将对焦选择器锁定开关转至“●”位置，多重选择器便可用于选择对焦点，当将对焦选择器锁定开关转至“L”时，将锁定所选对焦点的位置

Lv 按钮

按下此按钮后，反光板将弹起，此时可从显示屏中观察拍摄场景

Nikon D810 相机侧面结构

闪光灯弹出按钮

按下此按钮，内置闪光灯将弹出并开始充电。闪光灯充满电时，闪光预备指示灯将点亮

闪光模式 / 闪光补偿按钮

按下此按钮并旋转主指令拨盘，可以设置闪光模式；按下此按钮并旋转副指令拨盘可以设置闪光补偿值

USB 接口

利用 USB 连接线可将相机与计算机连接起来，以便在计算机上查看图像；连接打印机可以进行打印

外置麦克风接口

用来连接麦克风

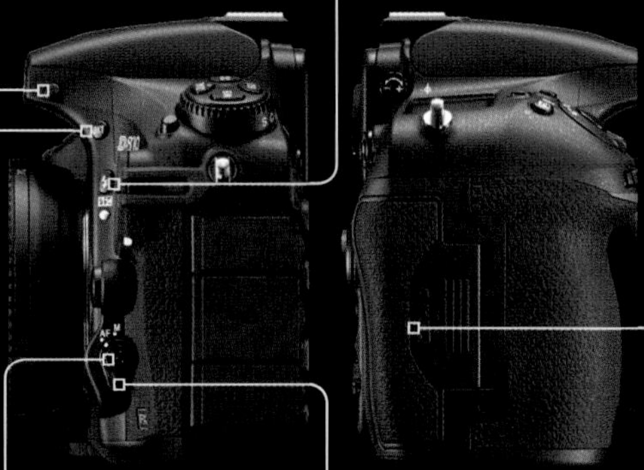

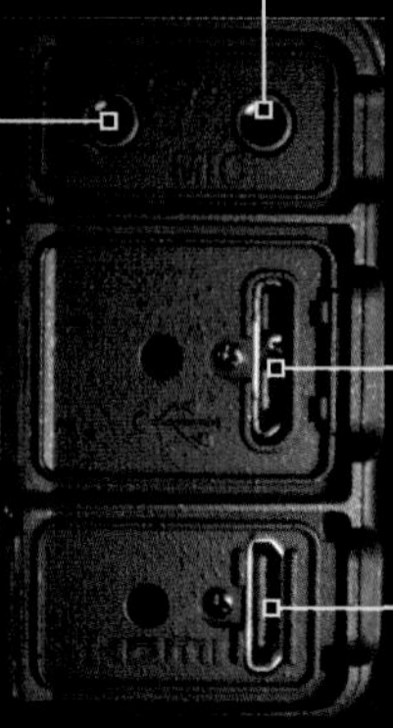

BKT 按钮

按下此按钮并旋转主指令拨盘可以选择包围曝光的拍摄张数，按下此按钮并旋转副指令拨盘可以选择包围曝光的曝光增量

AF 模式按钮

按下此按钮并旋转主指令拨盘，可选择所需的对焦模式；按下此按钮并旋转副指令拨盘，可选择所需的 AF 区域模式

对焦模式选择器

要使用自动对焦模式进行对焦，可将对焦模式选择器旋转至 AF；要使用手动对焦模式进行对焦，可将对焦模式选择器旋转至 M

耳机接口

用来连接耳机

存储卡插槽盖

打开此盖可拆装存储卡

HDMI 迷你针式接口

C 型迷你针式高清晰度多媒体接口（HDMI）连接线可用来将相机连接至高清视频设备

Nikon D810 相机底部结构

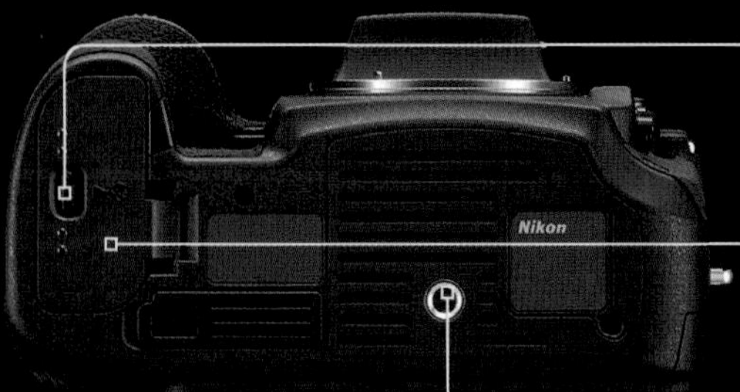

电池舱盖锁闩

安装电池时，应先移动电池舱盖锁闩，然后打开舱盖

电池舱盖

打开舱盖可安装和更换锂离子电池

三脚架连接孔

用于将相机固定在脚架上。可通过顺时针转动三脚架快装板上的旋钮，将相机固定在三脚架上

Nikon D810 相机光学取景器

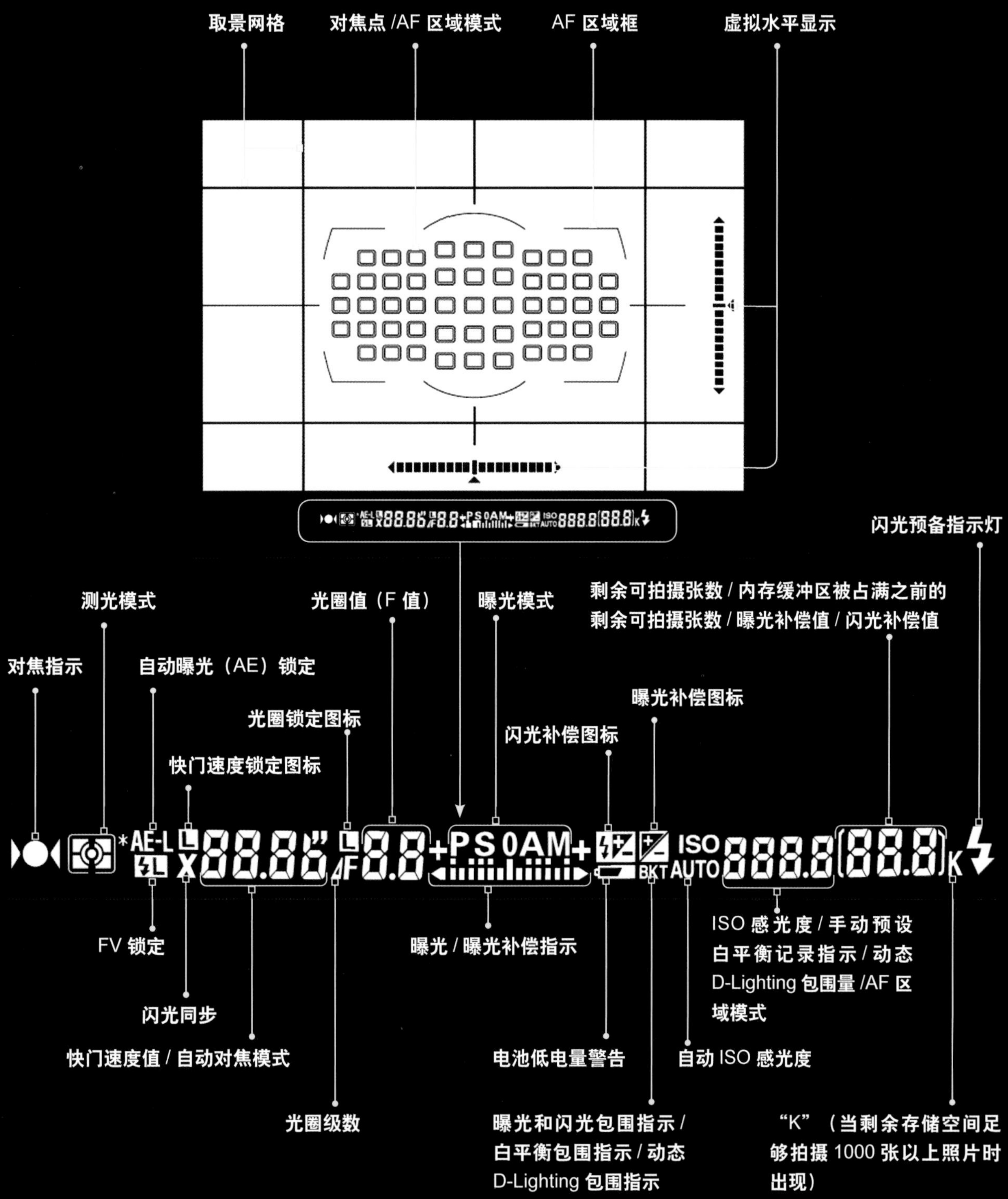

Nikon D810 相机控制面板

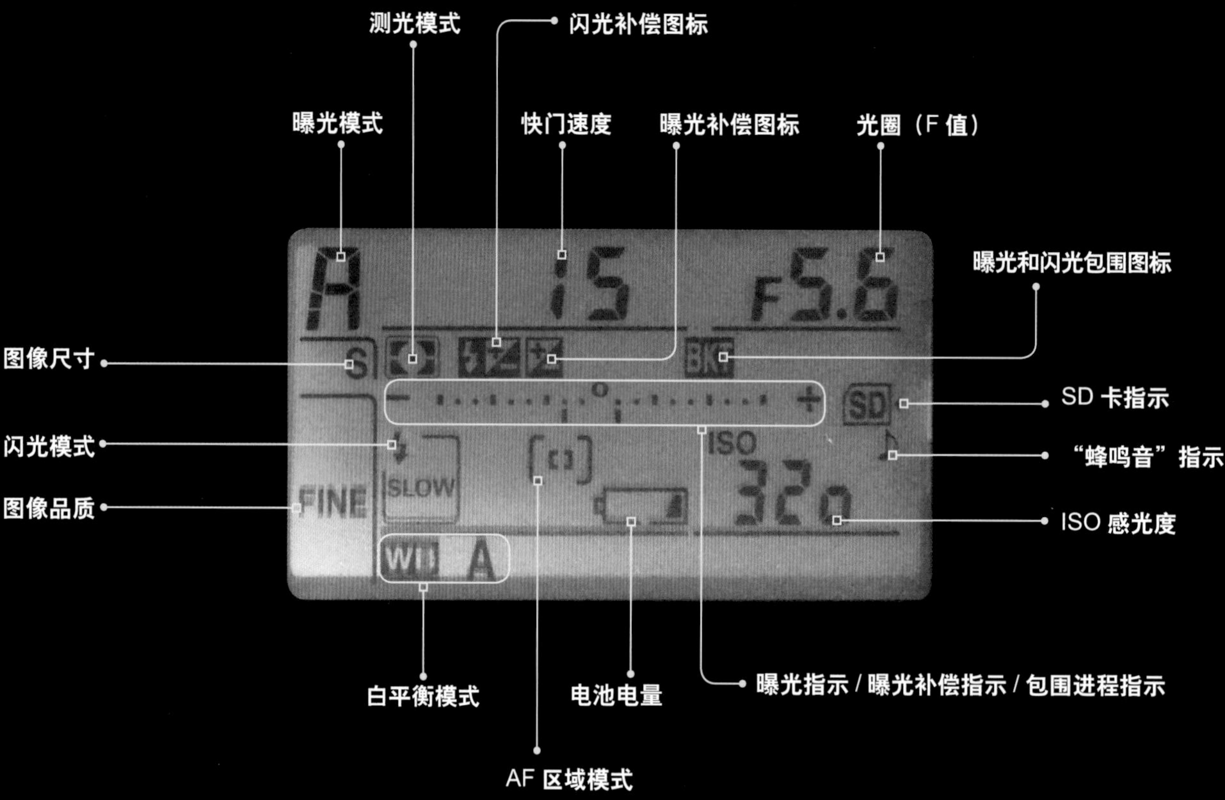

Nikon D810 相机显示屏参数

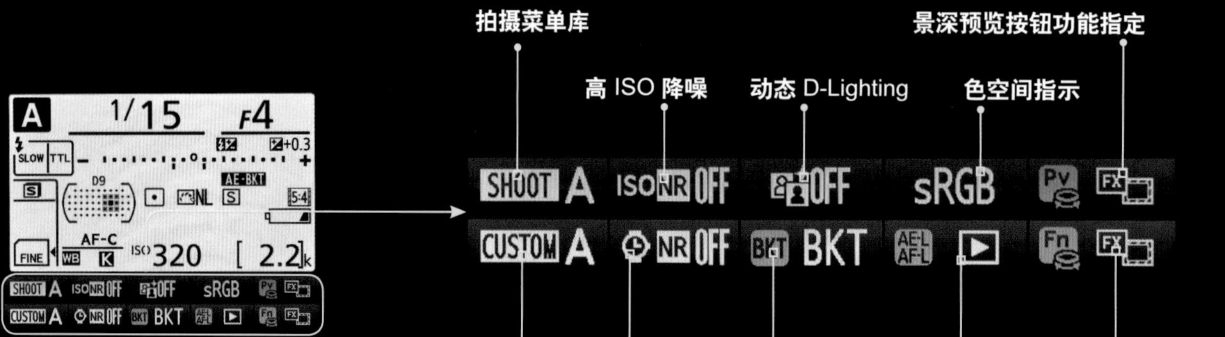

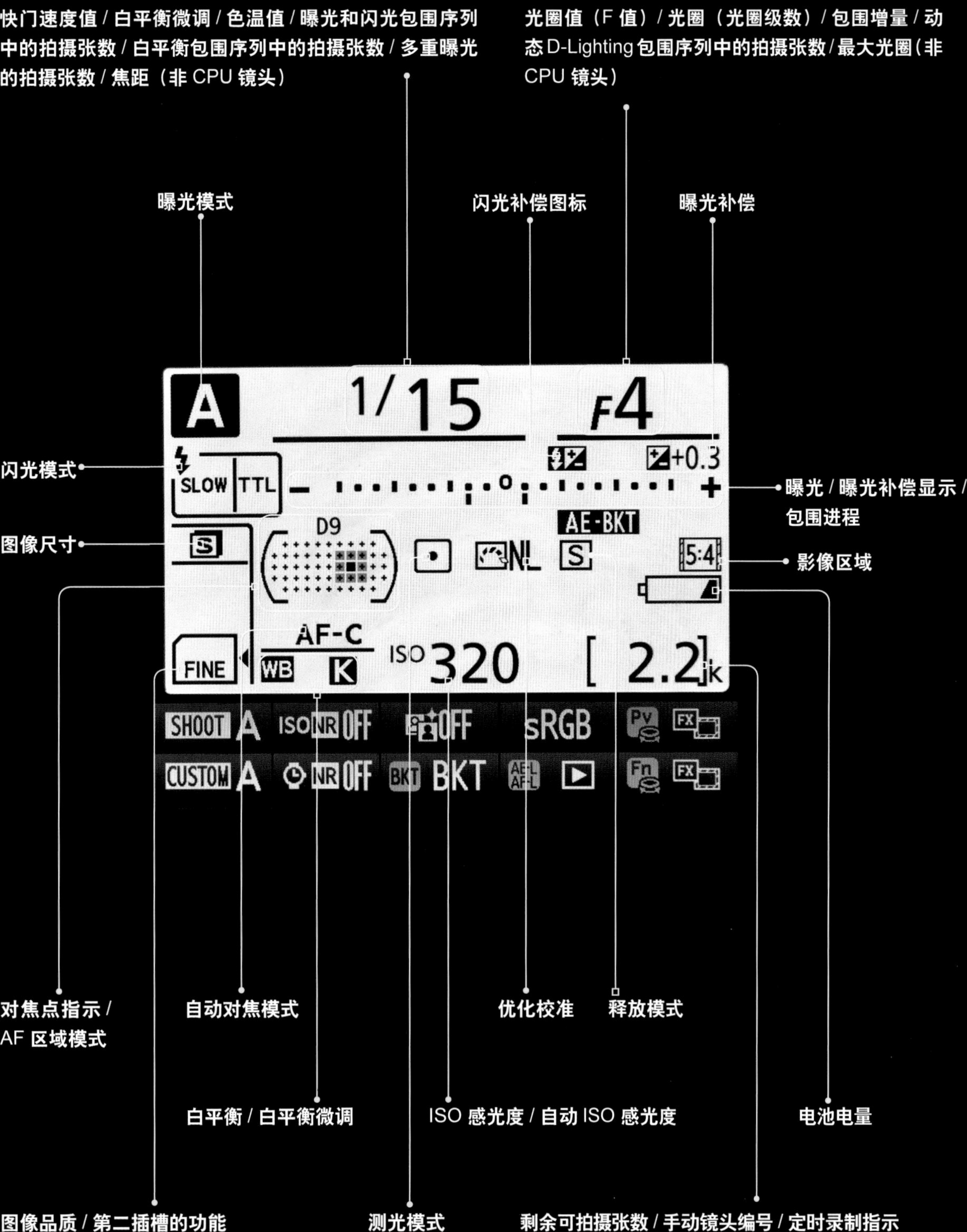
快门速度值 / 白平衡微调 / 色温值 / 曝光和闪光包围序列中的拍摄张数 / 白平衡包围序列中的拍摄张数 / 多重曝光的拍摄张数 / 焦距（非 CPU 镜头）
光圈值（F 值）/ 光圈（光圈级数）/ 包围增量 / 动态 D-Lighting 包围序列中的拍摄张数 / 最大光圈（非 CPU 镜头）
曝光模式
闪光补偿图标
曝光补偿
闪光模式
曝光 / 曝光补偿显示 / 包围进程
图像尺寸
影像区域
对焦点指示 / AF 区域模式
自动对焦模式
优化校准
释放模式
白平衡 / 白平衡微调
ISO 感光度 / 自动 ISO 感光度
电池电量
图像品质 / 第二插槽的功能
测光模式
剩余可拍摄张数 / 手动镜头编号 / 定时录制指示

掌握相机的基本使用方法

在显示屏中设置常用参数

Nikon D810作为一款全画幅数码单反相机，除了可以在控制面板(即肩屏）中进行常用参数设置外，在显示屏(即相机背面的液晶显示屏）中也提供了参数设置功能。

按下info按钮开启显示屏以显示拍摄信息，其中包括曝光模式、快门速度、光圈、曝光补偿、感光度、图像品质及电池电量等。

按下*i*按钮，则可以按下面的步骤设置显示屏中显示的各参数选项。

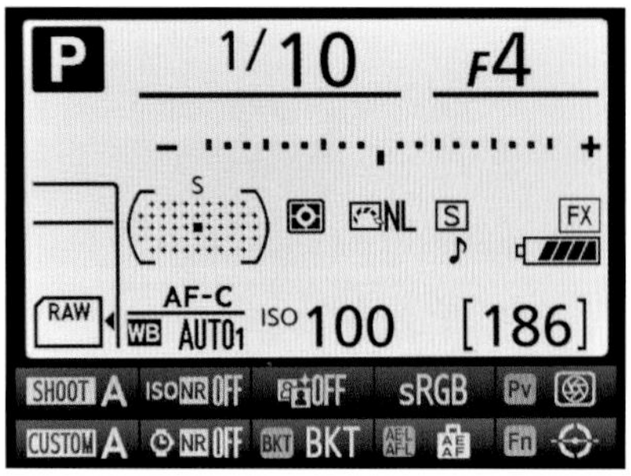

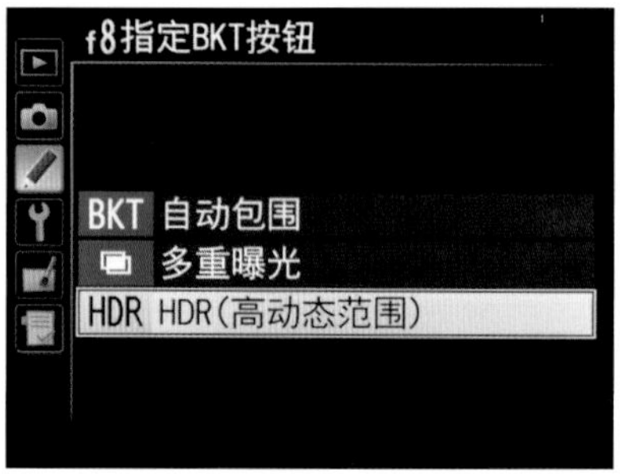

在显示屏中设置参数的方法如下。

❶ 使用多重选择器选择要设置的拍摄参数。

❷ 按下OK按钮可以进入该拍摄参数的具体设置界面。

❸ 按下▲或▼方向键选择不同的参数，然后按下OK按钮即可确定更改拍摄参数并返回初始界面。

Nikon D810菜单的基本设置方法

Nikon D810 的菜单功能非常强大，熟练掌握菜单相关的操作，可以帮助我们进行更快速、准确的设置。下面先来介绍机身上与菜单设置相关的功能按钮。

● 菜单按钮

按下此按钮即可在显示屏中显示菜单项目

● 帮助按钮

在选择各个菜单命令时，按下此按钮可以查看基本的功能介绍

● 多重选择器中央按钮

用于选择菜单命令或确认当前的设置

● 主指令拨盘

用于选择不同的参数

● 多重选择器

用于选择菜单命令。按下◀或▶方向键还可以在子菜单与上级菜单之间进行切换

使用菜单时，可以先按下MENU按钮，在显示屏中就会显示相应的菜单项目，位于菜单左侧从上到下有7个图标，代表7个菜单项目，依次为播放、拍摄、自定义设定、设定、润饰、我的菜单，以及最底部的“问号”图标（即帮助图标）。当“问号”图标出现时，表明有帮助信息，此时可以按下帮助按钮进行查看。

菜单的基本操作方法如下。

❶ 要在各个菜单项之间进行切换，可以按◀方向键切换至左侧的图标栏，再按▲或▼方向键进行选择。

❷ 在左侧选择一个项目后，按▶方向键可进入下一级菜单中，然后可按▲或▼方向键选择其中的项目。

❸ 选择一个子命令后，再次按▶方向键进入其子菜单中，根据不同的参数内容，可以使用主指令拨盘、多重选择器等在其中进行参数设置。

❹ 参数设置完毕后，按下OK按钮即可确定参数设置。在大部分情况下，还可以按下▶方向键或多重选择器中央按钮保存设置；如果按下◀方向键，则返回上一级菜单中，并不保存当前的参数设置。

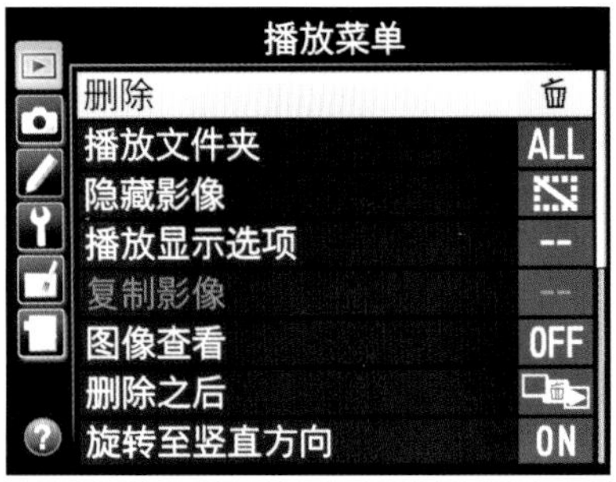

❶ 在左列选择菜单项

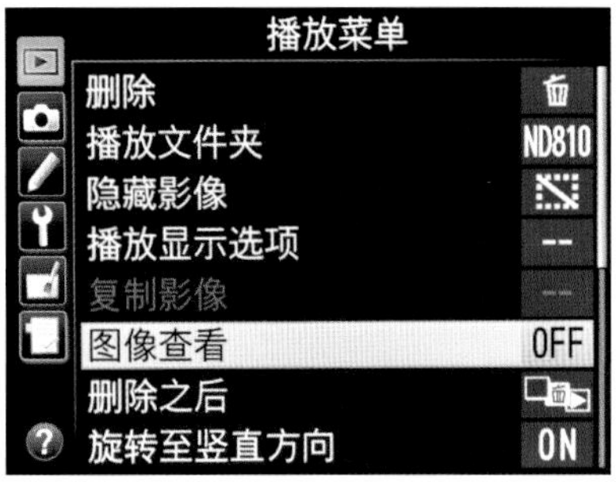

❷ 选择子菜单

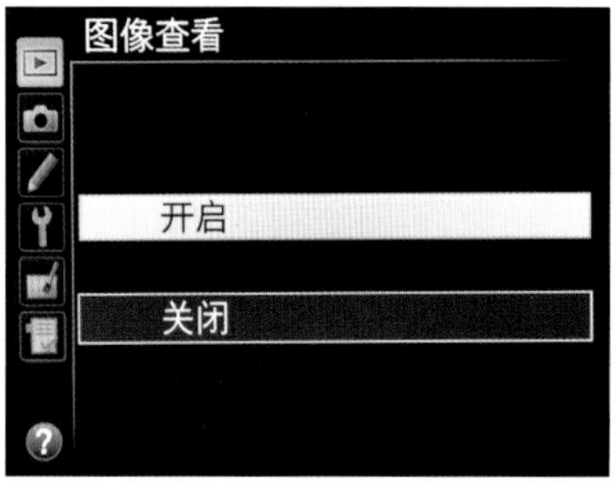

❸ 进行参数选择及设置

菜单结构图

熟练掌握与菜单相关的操作，可以帮助我们进行更快速、准确的设置。下图展示了Nikon D810相机的菜单结构，仔细观察图中标注的菜单，有助于在后面章节中快速掌握各个菜单的功能和操作。

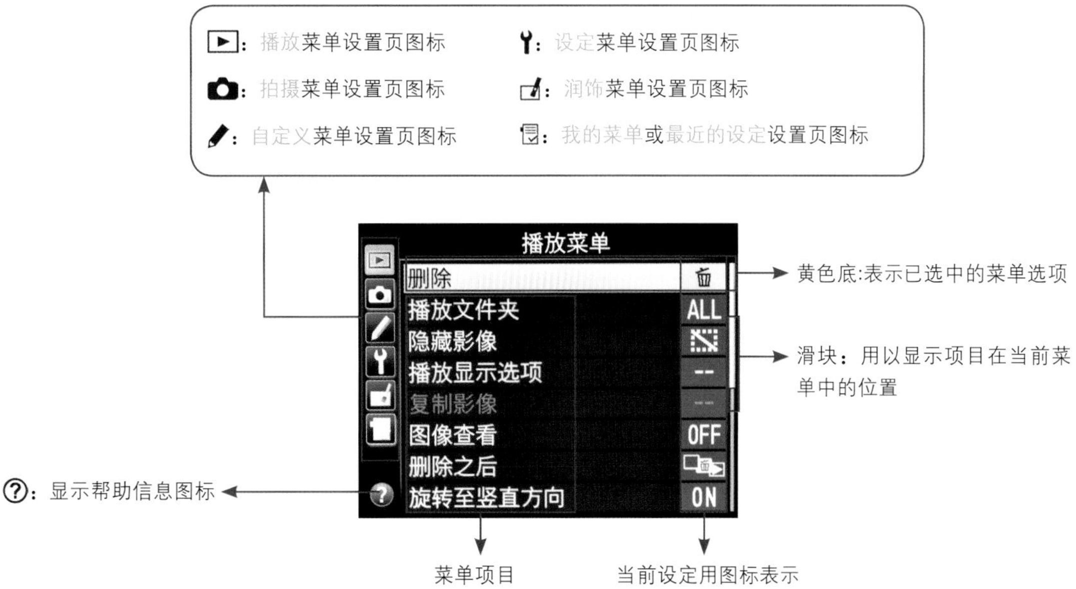

Nikon D810 控制面板（肩屏）的基本使用方法

Nikon D810的控制面板（也称为肩屏）是设置参数时不可或缺的重要部件，平常使用控制面板基本上就可以满足绝大部分常用参数设置的需求，如光圈值、快门速度、感光度、白平衡、测光模式等。

在控制面板中设置常用参数的方法很简单，在机身上按下相应的按钮，然后转动主指令拨盘或副指令拨盘即可调整相应的参数。

右侧以设置ISO感光度为例，展示了基本的操作步骤。

操作步骤：按下ISO按钮并转动主指令拨盘，即可调节ISO感光度

调整取景器对焦清晰度

当摄影师通过取景器观察要拍摄的对象时，需要特别注意一点，即无论是采用自动对焦还是手动调焦，如果被摄对象看上去始终是模糊的，这时要想到调整取景器的对焦清晰度。

按如下所示的步骤重新调整取景器的对焦状态，即可使其恢复到最清晰的状态。

▲ 通过调整取景器的对焦清晰度，拍摄出焦点清晰、曝光合适的照片

❶ 取下镜头盖并开启相机。

❷ 拉出屈光度调节控制器（❶）。

❸ 注视取景器并旋转屈光度调节控制器（❷），直至取景器显示的对焦点和AF 区域框都达到最清晰的状态。

❹ 向里推回屈光度调节控制器。

第2章

「播放与拍摄菜单重要功能详解」

播放菜单

删除

功能要点：当希望释放存储卡空间或希望删除多余的照片时，可以利用此菜单删除一张、多张、某个文件夹中甚至整个存储卡中的照片。

操作步骤：在**播放**菜单中选择**删除**选项

选项释义

■所选图像：选择此选项，可以选中单张或多张照片进行删除。

■全部：选择此选项，可删除所选存储卡中的所有照片。

使用经验：尽量少使用“全部”选项，以避免误删。另外，绝大多数恢复误删除文件的软件不能100%恢复被误删文件，因此删除图像时要谨慎操作。

播放文件夹

功能要点：在播放照片时，可以根据需要选择一个要播放的文件夹。

功能简介：此菜单中包含ND810、全部、当前三个选项。

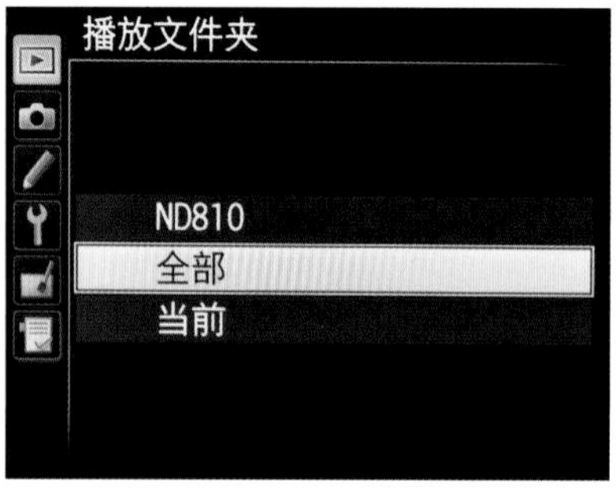

操作步骤：选择**播放**菜单中的**播放文件夹**选项

选项释义

■ND810：选择此选项，将播放使用D810创建的所有文件夹中的照片。

■全部：选择此选项，将播放所有文件夹中的照片。

■当前：选择此选项，将播放当前文件夹中的照片。

使用经验：如果在播放照片时发现有一些照片没有被播放，要优先考虑在此菜单中将选项切换为“全部”。

隐藏图像

功能要点：该菜单用于隐藏或显示照片。隐藏的照片只能在“隐藏图像”菜单中可见，并且只能通过格式化存储卡来删除。

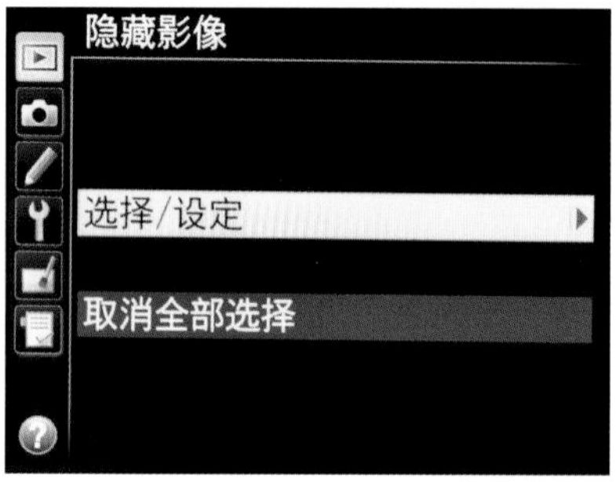

操作步骤：在**播放**菜单中选择**隐藏图像**选项

选项释义

■选择/设定：选择此选项，则可隐藏或显示所选照片。

■取消全部选择：选择此选项，显示所有被隐藏的照片。

播放显示选项

功能要点：该菜单用于选择回放时照片信息显示中可用的信息，其中包括对焦点、加亮显示、RGB直方图及拍摄数据等选项。

选项释义

■对焦点：选择此选项，则图像对焦点将以红色显示，这时如果发现焦点不准确可以重新拍摄。

■无（仅影像）：选择此选项，在播放照片时将隐藏其他内容，而仅显示当前的图像。

■加亮显示：选择此选项，可以帮助用户发现所拍摄图像中曝光过度的区域，如果想要表现曝光过度区域的细节，就需要适当减少曝光。

■RGB 直方图：选择此选项，在播放照片时可查看亮度与 RGB 直方图，从而更好地把握画面的曝光及色彩。

■拍摄数据：选择此选项，可显示主要拍摄数据。

■概览：选择此选项，在播放照片时，将能查看到这幅照片的详细拍摄参数。

使用经验：如果在一个反光较强的环境下进行拍摄，应该确保在此菜单中选中“加亮显示”选项。

因为受显示屏亮度及拍摄时周边环境的影响，在相机上查看图像时，并不能准确地分辨画面的曝光情况，而选中“加亮显示”选项后可以更方便地判断出画面曝光过度区域，如果区域过大，可以重新拍摄，而如果只是照片的较小部分以高光形式出现，可忽略不计。

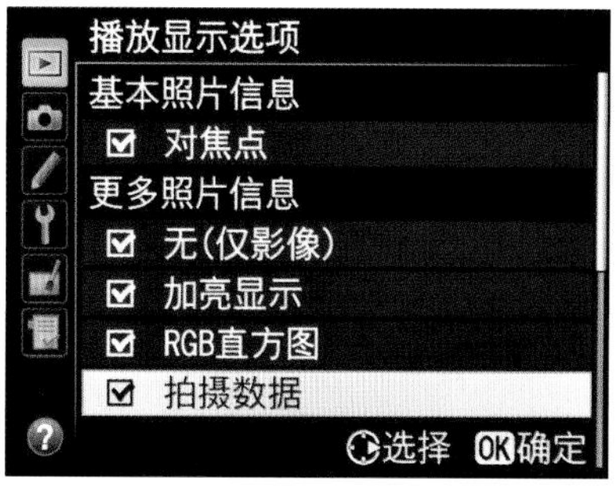

操作步骤：选择**播放**菜单中的**播放显示选项**，按▲或▼方向键加亮显示一个选项，然后按下▶方向键勾选用于照片信息显示的选项，选择完成后按下OK按钮确定

在播放照片时，按下▲方向键可以依次按下面的顺序显示照片信息，按▼方向键则按相反的顺序显示。

▲对焦点

▲无（仅影像）

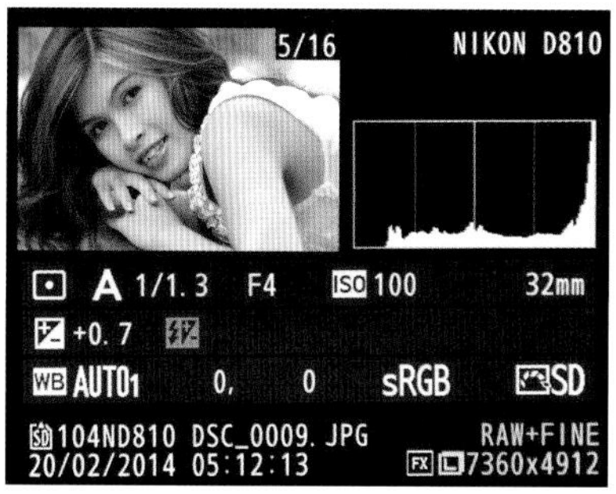

▲基本信息（含拍摄数据及亮度值图）

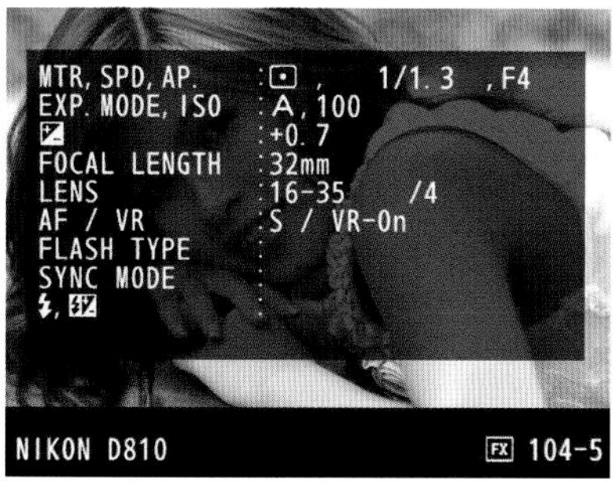

▲拍摄数据

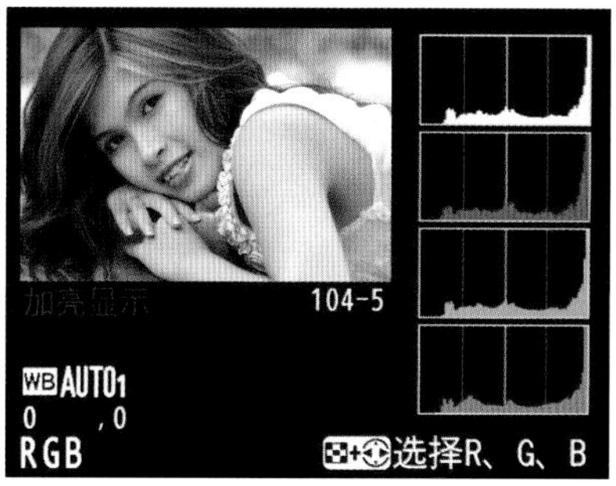

▲RGB直方图

▲加亮显示

图像查看

功能要点：在拍摄环境变化不大的情况下，通常摄影师在调整拍摄参数并拍摄样片时，需要反复地查看拍摄得到的照片是否满意，而一旦确认了曝光、对焦方式等参数后，则不必每次拍摄后都显示并查看照片，此时，就可以通过“图像查看”菜单来关闭拍摄后相机自动显示照片的功能。

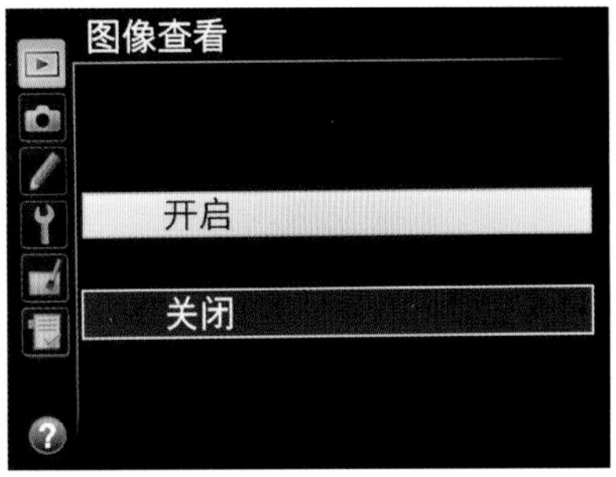

操作步骤：选择**播放**菜单中的**图像查看**选项

选项释义

■开启：选择此选项，则在拍摄后查看照片，直至显示屏自动关闭或执行半按快门按钮等操作为止。

■关闭：选择此选项，则照片只在按下播放按钮▶时才显示。

删除之后

功能要点：该菜单用于显示选择删除图像后显示的照片。

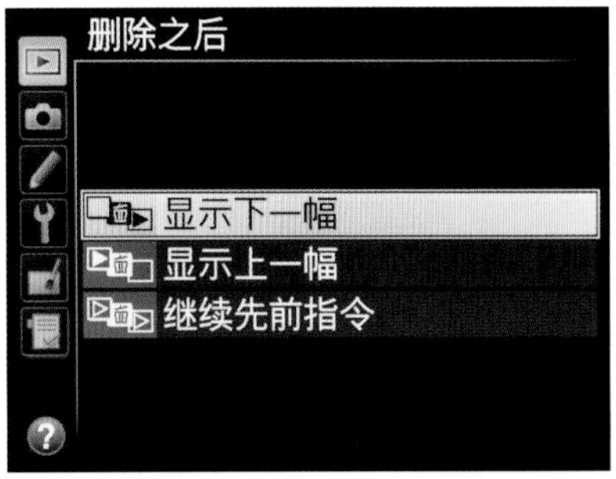

操作步骤：选择**播放**菜单中的**删除之后**选项，按▲或▼方向键可选择删除图像后查看的图像

选项释义

■显示下一幅：选择此选项，将显示被删照片的下一张照片，如果所删除的照片是最后一张，则将显示前一张照片。

■显示上一幅：选择此选项，将显示被删照片的上一张照片，如果所删除的照片是第一张，则将显示下一张照片。

■继续先前指令：选择此选项，如果用户是按照拍摄顺序滚动显示照片，将显示下一张照片；如果用户是按相反顺序滚动显示照片，将显示上一张照片。

旋转至竖直方向

功能要点：该菜单用于设置在播放照片时，是否将竖拍照片旋转为竖向显示，以便于查看。

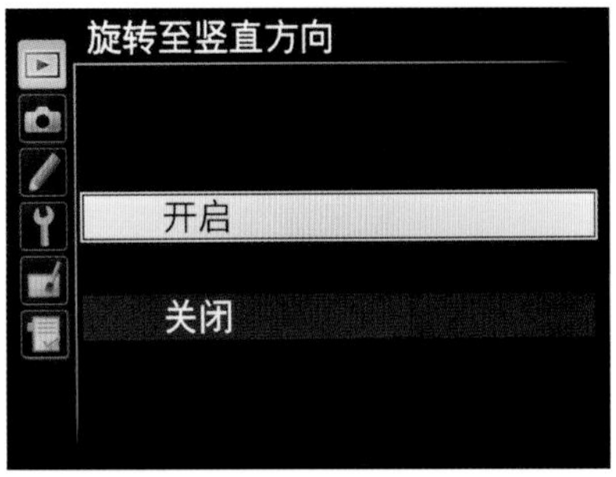

操作步骤：选择**播放**菜单中的**旋转至竖直方向**选项

选项释义

■开启：选择此选项，竖拍照片在显示屏中将被自动旋转为竖向显示。

■关闭：选择此选项，竖拍照片将以横向显示。

▲ 开启“旋转至竖直方向”功能时，竖拍照片的显示状态

▲ 关闭“旋转至竖直方向”功能时，竖拍照片的显示状态

幻灯播放

功能要点：该菜单用于将当前播放文件夹中的照片以幻灯片的形式播放。

功能简介：包含“开始”、“影像类型”和“画面间隔”3个选项。

操作步骤：选择**播放**菜单中的**幻灯播放**选项

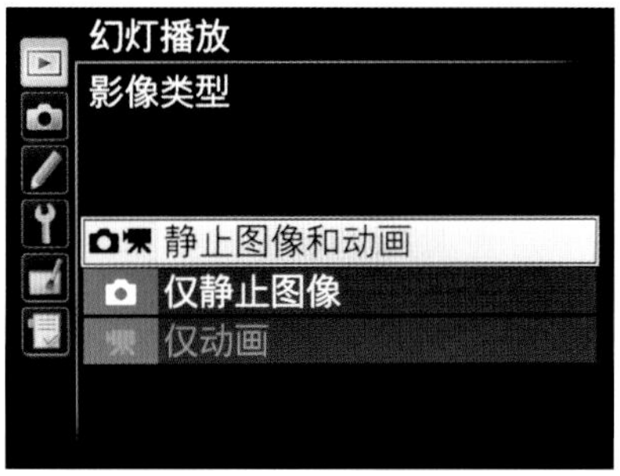

▲**图像类型**选项界面图

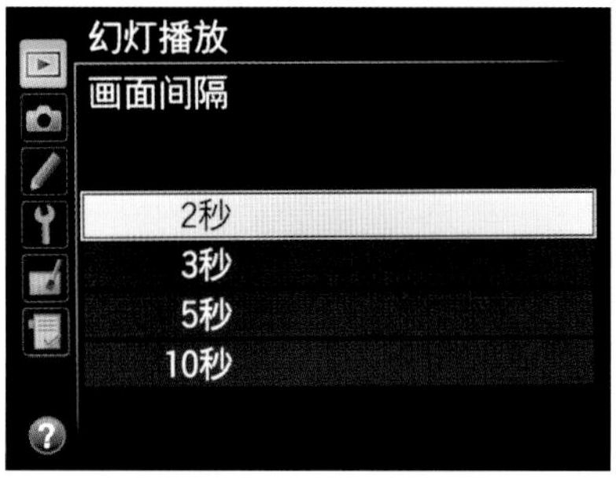

▲**画面间隔**选项界面图

使用经验：只想查看构图、曝光的照片，可以设置较短的间隔时间，想要查看照片细节、焦点位置等具体信息的照片，可设置较长的间隔时间。

在幻灯片播放过程中可以进行以下操作。

目　的	操作按钮	说　明
向后/向前显示画面		按◀方向键可返回前一幅画面，按▶方向键则跳至下一幅画面
查看其他照片信息		更改或隐藏所显示的照片信息
暂停/恢复幻灯播放		按下可暂停幻灯片播放，再次按下则恢复幻灯片播放
提高/降低音量	(QUAL)/(ISO)	在动画播放期间，按下(QUAL)可提高音量，按下(ISO)则降低音量
退回播放菜单	MENU	结束幻灯播放并返回播放菜单
退回播放模式	▶	结束幻灯片播放并返回播放模式
退回拍摄模式		半按快门释放按钮可返回拍摄模式

选项释义

■开始：当设置完所有参数后，可以选择此选项，并按下 OK 按钮，以立即开始播放幻灯片。幻灯片播放结束后，屏幕上会显示对话框，选择“重新开始”重新播放；选择“退出”返回播放菜单。

■图像类型：用于确定以幻灯片效果播放的文件类型，在此可以选择“静止图像和动画”、“仅静止图像”和“仅动画”3 个选项。

■画面间隔：用于选择每张照片显示的时间长度，有“2 秒”、“3 秒”、“5 秒”、“10 秒”4 个选项供选择。

▲使用幻灯播放，在后期查看照片时更方便、快捷

焦　距▷18mm
光　圈▷F22
快门速度▷1s
感 光 度▷ISO100

拍摄菜单

存储文件夹

功能要点：该菜单用于选择存储今后所拍图像的文件夹，包含“按编号选择文件夹”和“从列表中选择文件夹”两个选项。

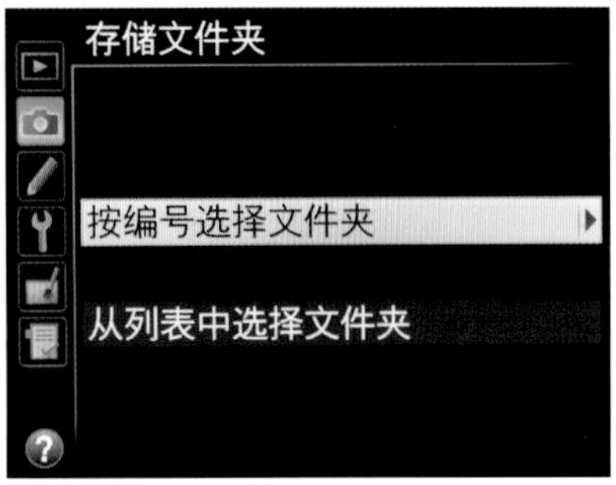

操作步骤：选择**拍摄**菜单中的**存储文件夹**选项，然后按OK按钮

选项释义

■按编号选择文件夹：选择此选项，则根据已有的文件夹编号来选择文件夹。如果所选的文件夹为空，则显示为□图标；如果所选文件夹剩余一部分空间（即照片数量不超过999张，或照片名称的最大编号不超过9999），则显示为▭图标；若此文件夹中照片数量超过999张，或照片名称的编号超过9999，则显示为■图标。

■从列表中选择文件夹：选择此选项，将列出相机中已存在的文件夹列表，然后根据需要选择文件夹即可。

第二插槽的功能

功能要点：Nikon D810具有两个存储卡插槽，如果希望以较高的品质来保存照片，而又担心存储卡容量快速用尽，则可以通过设置“第二插槽的功能”来指定主卡无剩余空间时，相机自动启用第二插槽中的存储卡继续保存照片。

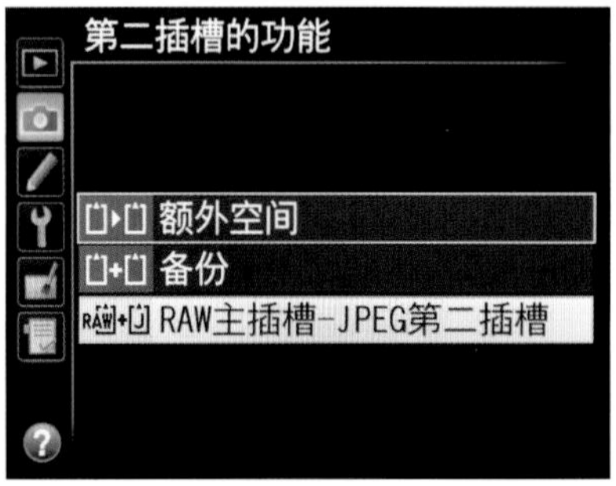

操作步骤：选择**拍摄**菜单中的**第二插槽的功能**选项，然后按OK按钮

选项释义

■额外空间：选择此选项，则仅当主卡已满时才使用副卡。

■备份：选择此选项，则每张照片将被记录两次，分别记录至主卡和副卡。

■RAW插槽1-JPEG插槽2：选择此选项，则除了在NEF/RAW+JPG设定下所拍照片的NEF/RAW副本记录至主卡，而JPEG副本记录至副卡以外，其他与选择“备份”选项时相同。

使用经验：如果选择的是除“额外空间”外的其他选项，拍摄时相机以容量较小的存储卡的容量为基准，当此存储卡空间被用尽后，即使另一块容量较大的存储卡仍有剩余空间，也无法再保存照片。

如果拍摄的题材需要使用高速连拍，切记应该在主插槽中插入高速存储卡，以缩短相机将照片从缓冲区写入存储卡的时间。

焦　　距▶70mm
光　　圈▶F2.8
快门速度▶1/320s
感 光 度▶ISO160

◀ 如果不想因存储卡没空间而错失拍摄良机，可以选择设置“第二插槽的功能”，使主卡在无剩余空间时会自动启用第二插槽中的存储卡，以继续保存照片，从而不耽误拍摄

图像品质

功能要点：该菜单用于选择文件格式和JPEG品质。我们可以根据照片的最终用途来选择不同的选项。

选项释义：在“图像品质”菜单中可选择的各个选项的含义如下表所列。

选 项	文件类型	说 明
NEF（RAW）+JPEG精细	NEF/JPEG	记录两张图像，一张 NEF(RAW)图像和一张精细品质的JPEG图像
NEF（RAW）+JPEG标准		记录两张图像，一张NEF(RAW)图像和一张标准品质的JPEG图像
NEF（RAW）+JPEG基本		记录两张图像，一张NEF(RAW)图像和一张基本品质的JPEG图像
NEF（RAW）	NEF	来自图像感应器的原始数据以尼康电子格式（NEF）直接保存到存储卡上。适用于记录将传送至计算机进行打印或处理的图像。需要注意的是，NEF(RAW)图像被传送至计算机后，仅可通过与其兼容的软件查看
TIFF(RGB)	TIFF（RGB)	以每通道8位字节长度（24位色彩）记录未压缩的TIFF（RGB）图像。当需要高质量输出打印或印刷效果时，可选用此文件格式
JPEG精细	JPEG	以大约1:4的压缩率记录JPEG图像（精细图像品质）
JPEG标准		以大约1:8的压缩率记录JPEG图像（标准图像品质）
JPEG基本		以大约1:16的压缩率记录JPEG图像（基本图像品质）

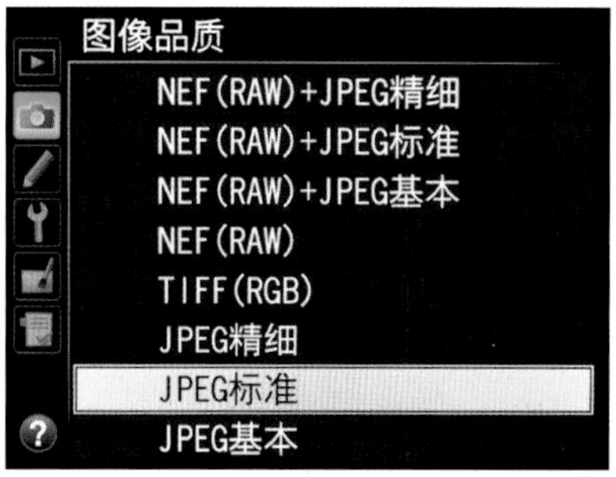

操作步骤：选择**拍摄**菜单中的**图像品质**选项，然后按OK按钮

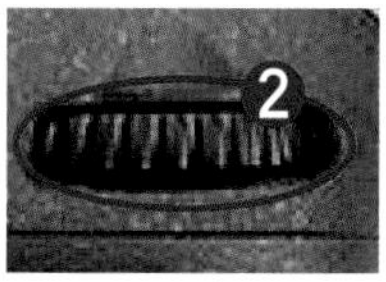

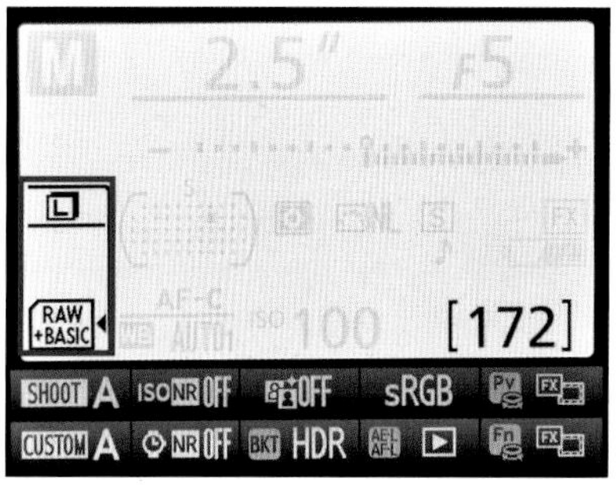

操作步骤：按下QUAL按钮并同时转动主指令拨盘，即可选择不同的图像品质。

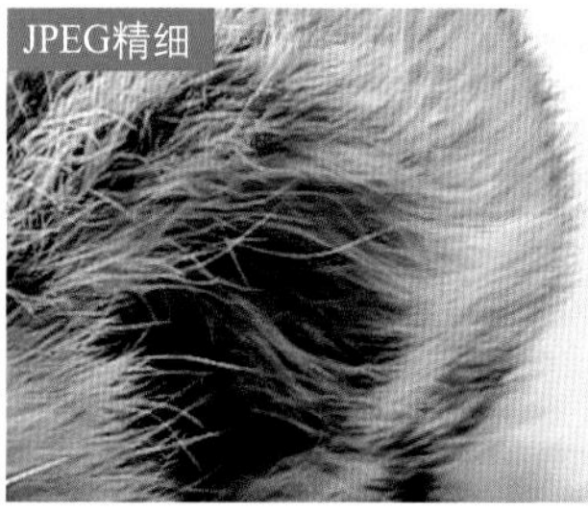

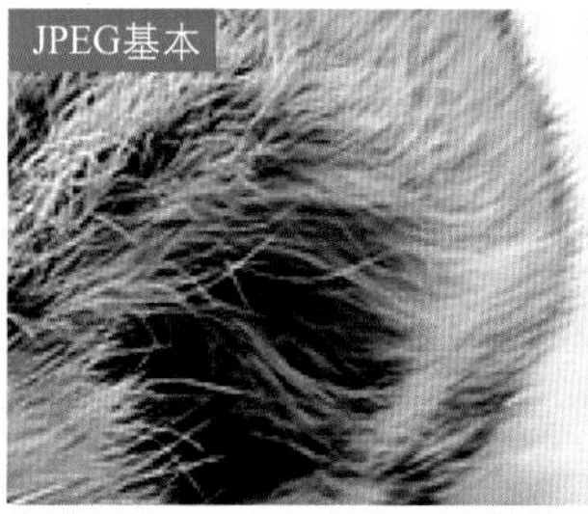

▲ 使用JPEG精细与 JPEG基本拍摄的同一场景的照片，通过放大的局部图对比可以看出，同为小尺寸但选择不同画质时的效果却不同，JPEG基本相对JPEG精细来说，画质稍差一些

▲ 使用NEF格式拍摄的照片，经过后期调整成两幅风格迥异的画面效果，右上角是改变了白平衡的模式，使用荧光灯白平衡使画面微微偏冷，使照片从温暖的夕阳画面改变成了清冷的晨曦画面，右下角则使用了滤镜渐变功能，从蓝色到紫色的天空渐变使画面颜色看起来更加干净、透彻

JPEG与NEF格式的优劣对比如下面的表格所示。

JPEG与NEF格式的优劣对比		
格式	JPEG	NEF
占用空间	占用空间较小	占用空间很大，通常比相同尺寸的JPEG图像要大4~6倍
成像质量	虽然有压缩，但肉眼基本看不出来	以肉眼对比来看，基本看不出与JPEG格式的区别，但放大观看时照片能够达到更平滑的梯度和色调过渡
宽容度	此格式的图像是由数字信号处理器进行过加工的格式，进行了一定的压缩，虽然肉眼难以分辨，但确实少了很多细节。在对照片进行后期处理时容易发现这一点,对阴影（高光）区域进行强制性提亮（降暗）时，照片的画面会出现色条或噪点	NEF格式是原始的、未经数码相机处理的影像文件格式，它反映的是从影像传感器中得到的最直接的信息，是真正意义上的“数码底片”。由于RAW格式的影像未经相机的数字信号处理器调整清晰度、反差、色彩饱和度和白平衡，因而保留了丰富的图像原始数据，从后期处理角度来看，潜力巨大
可编辑性	如Photoshop、光影魔术手、美图秀秀等软件均可直接对其进行编辑，并可直接发布于QQ相册、论坛、微信、微博等网络媒体	需要使用专门的软件进行解码，然后导出成为JPEG格式的照片
适用题材	日常、游玩等拍摄	强调专业性、商业性的题材，如人像、商品静物等

使用经验：就图像质量而言，虽然采用“精细”、“标准”和“基本”品质拍摄的结果用肉眼不容易分辨出来，但画面的细节和精细程度还是有很大影响的，因此除非万不得已（如存储卡空间不足等），应尽可能使用“精细”品质。

对于喜爱对照片先进行后期处理再出片的摄友而言，一定要选择RAW+JPEG文件格式；而如果希望在拍摄后不做或很少做后期处理的摄友，则可选择JPEG文件格式。另外，如果要拍摄的题材很重要，一定要使用RAW+JPEG格式来保存照片。

另外，如果是用于专业输出或希望为后期调整留出较大的空间等，则应采用RAW格式；如果只是日常的记录或是要求不太严格的拍摄，使用JPEG格式即可；如果需要进行高质量的专业输出，可选择TIFF格式。

图像尺寸

功能要点：“图像尺寸”用于选择JPEG、TIFF格式照片最终输出的图像大小。通常情况下，只要存储卡空间足够，那么就建议使用大尺寸，以便于后期进行二次构图等调整。

根据不同的输出需求，可以在“JPEG压缩”中对拍摄的JPEG格式照片进行相应的压缩设置。如对画质要求较高，那么应该选择“最佳品质”选项；如果对存储空间要求较高，则应该选择“文件大小优先”选项，这与选择“图像尺寸”的道理是相同的。

选项释义：在“图像尺寸”菜单中可选择的各个选项的含义如下表所列。

图像区域	选项	尺寸（像素）	打印尺寸（cm）
FX（36 × 24）	L	7360×4912	62.3×41.6
	M	5520×3680	46.7×31.2
	S	3680×2456	31.2×20.8
1.2×（30×20）	L	6144×4080	52.0×34.5
	M	4608×3056	39.0×25.9
	S	3072×2040	26.0×17.3
DX（24×16）	L	4800×3200	40.6×27.1
	M	3600×2400	30.5×20.3
	S	2400×1600	20.3×13.5
5：4（30×24）	L	6144×4912	52.0×41.6
	M	4608×3680	39.0×31.2
	S	3072×2456	26.0×20.8

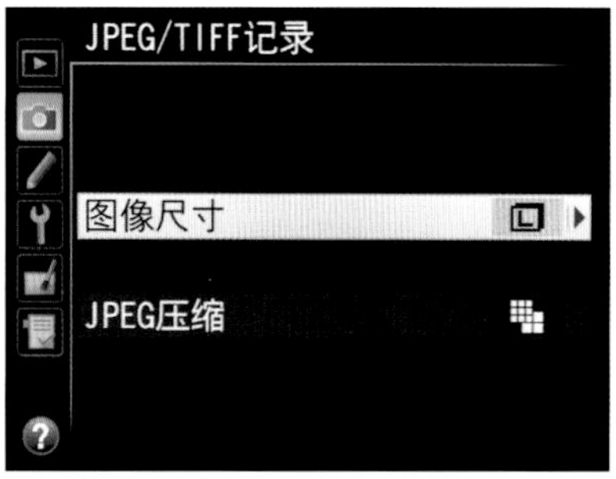

操作步骤：选择**拍摄**菜单中的JPEG/TIFF**记录**选项，然后按OK按钮，按下▲或▼方向键选择**图像尺寸**或JPEF**压缩**选项

使用经验：如果照片是用于印刷、洗印等，则推荐使用大尺寸记录。如果只是用于网络发布、简单的记录或在存储卡空间不足时，则可以根据情况选择较小的尺寸。

在存储卡空间不足时，宁可选择较小的图像尺寸，也不建议降低图像的质量。而实际上，即使选择小尺寸，也可以满足我们进行5~7寸照片洗印的精度要求。

焦　　距 ▷ 35mm
光　　圈 ▷ F10
快门速度 ▷ 1/100s
感 光 度 ▷ ISO100

◀在创作拍摄时，如果存储卡空间较大，尽量都使用大尺寸、最佳品质拍摄，因为有很多好作品都是不经意间拍出来的，如果因尺寸或质量不够而成为憾事就不值得了

影像区域

功能要点：利用影像区域功能，可以指定D810在拍摄后，得到的照片的画幅尺寸。使用此功能的优点是当使用非全画幅镜头时，可以自动对照片进行裁切，此外还可以在一定程度上提高连拍速度。

自动 DX 裁切的选项释义

■开启：选择此选项，当在 Nikon D810 上安装了 DX 画幅的镜头时，将自动对图像区域进行裁剪，并在取景器中以红框标示出来。

■关闭：选择此选项，当在 Nikon D810 上安装了 DX 画幅的镜头时，则不会自动对图像区域进行裁剪。

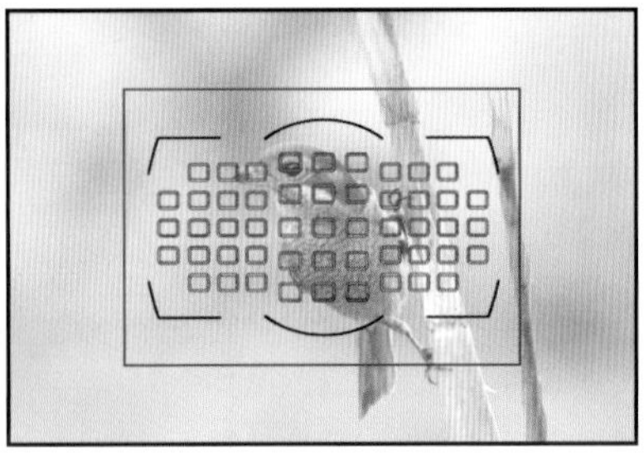

▲红框区域为DX画幅成像区域

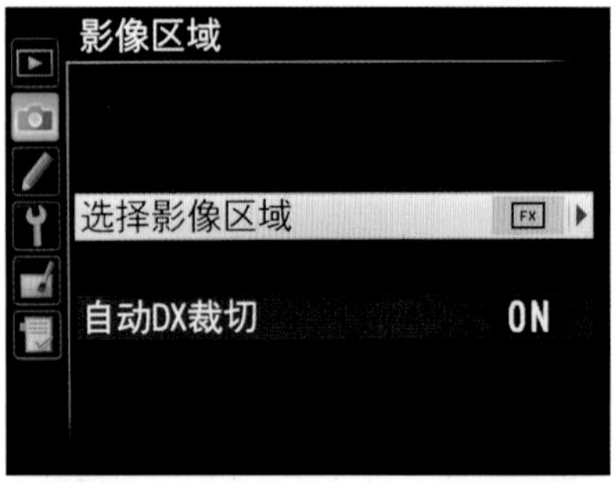

操作步骤：选择**拍摄**菜单中的**图像区域**选项，按▲或▼方向键可选择**选择图像区域**或**自动DX裁切**选项

使用经验：由于Nikon D810拥有3635 万的有效高像素，因此在DX格式下，也可以获得约1500万的有效像素，这已经可以满足绝大部分日常拍摄及部分商业摄影的需求。

另外，当选择“DX（24×16）1.5×”选项时，镜头的焦距能够延长至原来的1.5倍。

选择影像区域的选项释义

■FX (36 × 24)1.0 ×：使用图像传感器的全区域以 FX 格式（35.9 ×24.0mm）记录图像，产生相当于 35mm 格式照相机上尼克尔镜头的视角。

■1.2×（30×20）1.2 ×：使用位于图像传感器中央的 30.0×19.9mm 区域记录照片，若要计算 35mm 格式下的近似镜头焦距，将镜头焦距乘以 1.2 即可。

■DX×（24×16）1.5 ×：使用位于图像传感器中央的 23.4×15.6mm 区域以 DX 格式记录照片。若要计算 35mm 格式下的镜头焦距，将镜头焦距乘以 1.5 即可。

■5 ：4（30×24）：以 5 ：4（30.0×24.0）的宽高比记录照片。

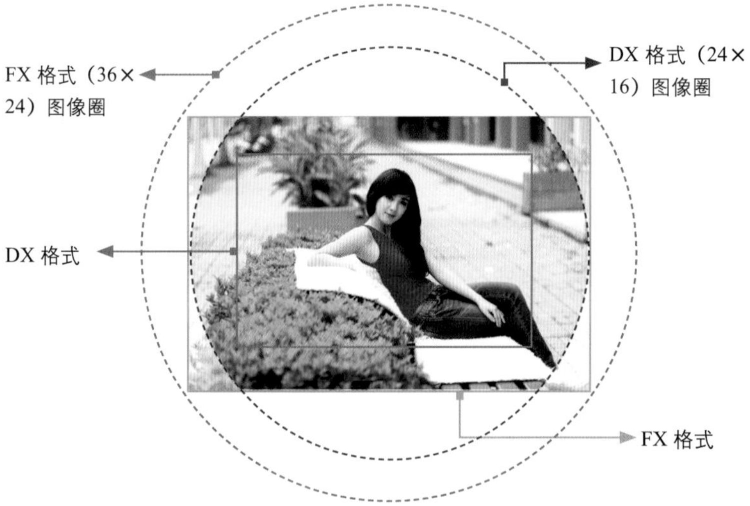

NEF（RAW）记录

功能要点：该菜单用于选择NEF(RAW)图像的大小、压缩类型和字节长度。

功能简介：包含“图像尺寸”、“NEF（RAW）压缩”和“NEF（RAW）位深度”3个选项。

图像尺寸选项释义

■大：以大尺寸记录 NEF（RAW）格式照片。

■小：以小尺寸记录 NEF（RAW）格式照片，照片大小约为选择“大尺寸”选项时的一半；并且无论在“NEF (RAW) 压缩”和“NEF (RAW) 位深度”中选择何种选项，小尺寸的 NEF（RAW）的照片都将以未压缩的 12 位格式记录

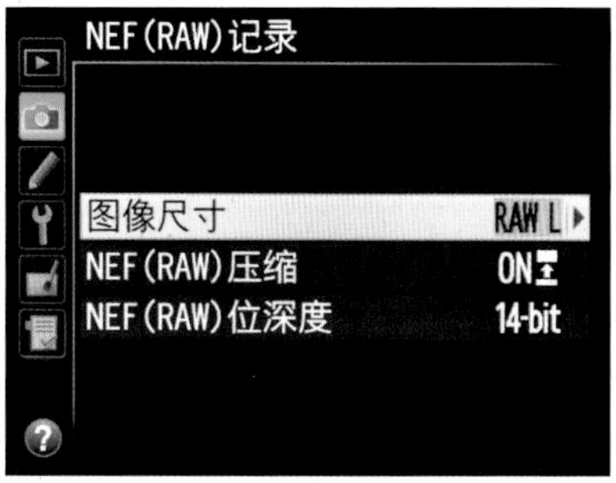

操作步骤：选择**拍摄**菜单中的NEF（RAW）**记录**选项

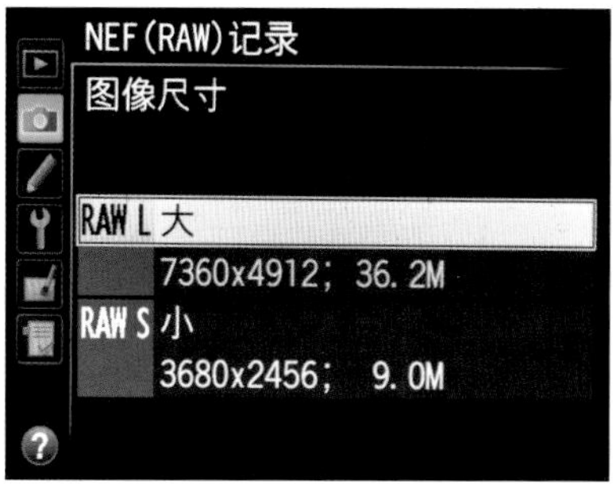

▲ 选择NEF（RAW）**记录**选项后，选择**图像尺寸**界面图

NEF（RAW）压缩选项释义

■无损压缩：使用可逆算法压缩 NEF 图像，可在不影响图像品质的情况下将文件压缩 20%~40%。

■压缩：使用不可逆算法压缩 NEF 图像，可在几乎不影响图像品质的情况下将文件压缩 35%~55%。

■未压缩：选择此选项，则不压缩 NEF 文件。

NEF（RAW）位深度的选项释义

■12-bit 12 位：选择此选项，则以 12 位字节长度记录 NEF（RAW）图像。

■14-bit 14 位：选择此选项，以 14 位字节长度记录 NEF（RAW）图像，将产生更大容量文件且记录的色彩数据也将增加。

▲ 使用NEF格式拍摄的照片，可以在尽量少损失画质的情况下进行调整，且可调整的范围更大。上图中通过后期将照片更改为荧光灯白平衡及阴天白平衡，画面依旧自然、生动，只是形成了不同的风格，画质没有发生太大的变化。由此可以看出，使用NEF格式拍摄的照片，在后期方面有较大的潜力

焦　距 ▷ 17mm
光　圈 ▷ F9
快门速度 ▷ 20s
感 光 度 ▷ ISO400

白平衡

功能要点：此菜单用于选择白平衡模式以及其中的相关参数。简单来说，白平衡的作用就是还原物体的真实色彩。在不同的光源下，其色温有所不同，导致相机拍摄该光源下的物体时，所得到的照片也会随之产生一定的偏色，此时就可以使用白平衡进行校正偏色问题。

功能简介：Nikon D810相机共提供了3类白平衡功能，即预设白平衡、手调色温及自定义白平衡。

可以通过两种操作方法来选择预设白平衡，第一种是通过菜单来选择，第二种是通过机身按钮来操作，如下图所示。

操作步骤：选择**拍摄**菜单中的**白平衡**选项，按▲或▼方向键可选择不同的**预设白平衡**

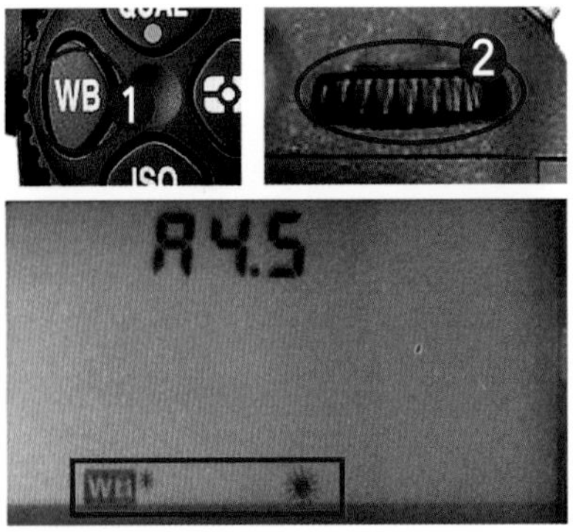

操作步骤：按下WB按钮并同时转动主指令拨盘，即可选择不同的白平衡模式；在选择手调色温模式时，转动副指令拨盘可以选择不同的色温数值。

预设白平衡

功能要点：除了自动白平衡外，Nikon D810相机还提供了白炽灯、荧光灯、晴天、闪光灯、阴天及背阴6种预设白平衡。虽然，在通常情况下，使用自动白平衡模式就可以获得不错的色彩效果。但如果在特殊光线条件下，使用自动白平衡模式有时可能无法得到准确的色彩还原，此时，应根据不同的光线条件来选择不同的预设白平衡。

▲ 白炽灯白平衡模式，适合拍摄与其对等的色温条件下的场景，而拍摄其他场景会使画面色调偏蓝，严重影响色彩还原

▲ 荧光灯白平衡模式，会营造出偏蓝的冷色调，不同的是，荧光灯白平衡的色温比白炽灯白平衡的色温更接近现有光源色温，所以色彩相对接近原色彩

▲ 拍摄风光时一般只要将白平衡设置为晴天白平衡，就能获得较好的色彩还原。因为光线无论怎么变化都来自太阳光。晴天白平衡比较强调色彩，使颜色比较浓且饱和

▲ 闪光灯白平衡主要用于平衡使用闪光灯时的色温，较为接近阴天时的色温

▲ 在相同的现有光源下，阴天的白平衡可以营造出一种较浓郁的红色的暖色调，给人一种温暖的感觉

▲ 背阴白平衡可以营造出比阴天白平衡更浓郁的暖色调，常应用于拍摄日落的题材

手动选择色温

功能要点：无论是自动白平衡还是预设白平衡，选择这些选项的实质都是选择一个色温范围。如果希望精确地通过色温控制照片的色彩，可以使用手动选择色温功能，手动选择色温的范围为2500~10000K。由于此功能可以更加精确地设定拍摄时的色温，因此适用于在已知色温值的光源下拍摄时使用。例如，影棚常用的照明灯均有明确的色温，在确定照明灯具色温的情况下，使用手选色温就能够得到更加准确的色彩还原效果。

使用经验：实际上，即使不知道拍摄时光源的色温，也可以使用此功能设定色温，有时能够取得意想不到的画面效果。

操作步骤：在**拍摄**菜单中选择**白平衡**选项，然后选择**选择色温**选项

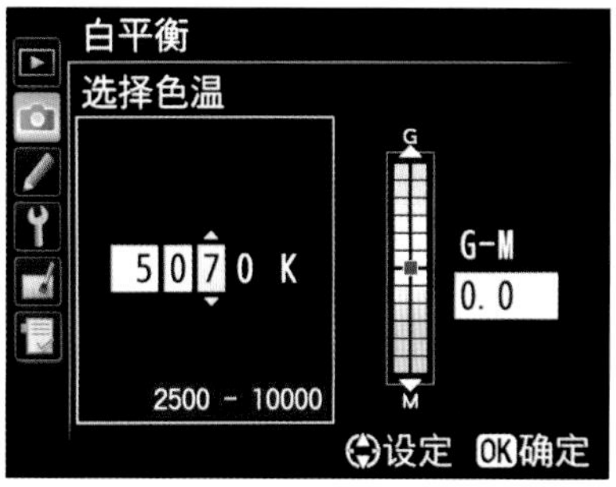

操作步骤：按下◀或▶方向键选择数字框，按下▲或▼方向键更改色温数值；按下◀或▶方向键选择G（绿色）和M（洋红）轴，然后按下▲或▼方向键选择一个值

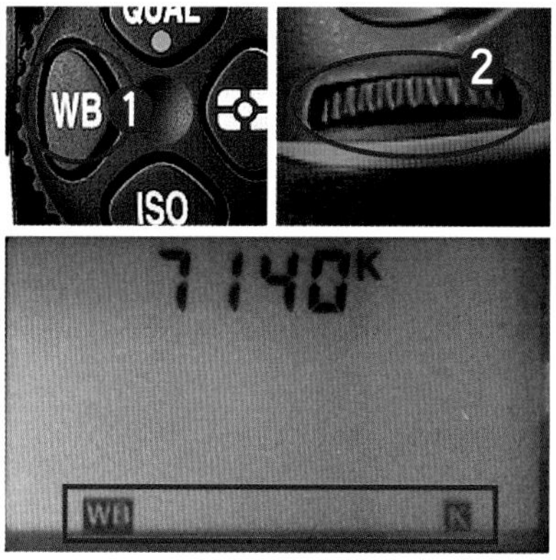

操作步骤：按下WB按钮并同时旋转主指令拨盘选择K（选择色温）白平衡模式，再旋转副指令拨盘即可调整色温值

▲ 通过设置“色温”选项来调整画面的色彩倾向，可以看出画面色温的变化更多，选择最满意的色温也更灵活

知识链接：白平衡与色温之间的关系

白平衡与色温之间是互为表里的关系，摄影师在相机上所设置的各类白平衡，实际上为相机指定了一个色温值（如下表所示）。而不同的光线之所以照射在同样的对象上，会使该物体的色彩看上去发生了变化，也同样是因为光线的色温不同（如下表所示）。

选项		色温	不同色温下光线色彩	说明	不同色温下拍摄的照片色调
AUTO自动	标准	3500～8000K	—	相机自动调整白平衡。为了获得最佳效果，请使用G型或D型镜头。若使用内置或另购的闪光灯，相机将根据闪光灯闪光的强弱调整画面	—
	保留暖色调颜色				
白炽灯		3000K		在白炽灯灯照明环境光下使用	
荧光灯	钠汽灯	2700K		在钠汽灯照明环境（如运动场所）下使用	
	暖白色荧光灯	3000K		在暖白色荧光灯照明环境下使用	
	白色荧光灯	3700K		在白色荧光灯照明环境下使用	
	冷白色荧光灯	4200K		在冷白色荧光灯照明环境下使用	
	昼白色荧光灯	5000K		在昼白色荧光灯照明环境下使用	
	白昼荧光灯	6500K		在白昼荧光灯照明环境下使用	
	高色温汞汽灯	7200K		在高色温光源（如水银灯）照明环境下使用	
晴天		5200K		在拍摄对象处于直射阳光下时使用	
闪光灯		5400K		在使用内置或另购的闪光灯时使用	
阴天		6000K		在白天多云时使用	
背阴		8000K		在拍摄对象处于白天阴影中时使用	

▲ 这是一组在影棚内拍摄的照片，由于已知所用照明灯具的色温，因此直接将色温设置为准确的数值，即可获得正确的色彩还原效果

从照片中复制白平衡

在Nikon D810中，我们可以将拍摄某一张照片时定义的白平衡复制到当前指定的白平衡预设中，这种功能被称为从照片中复制白平衡，是高端数码相机才具备的功能。

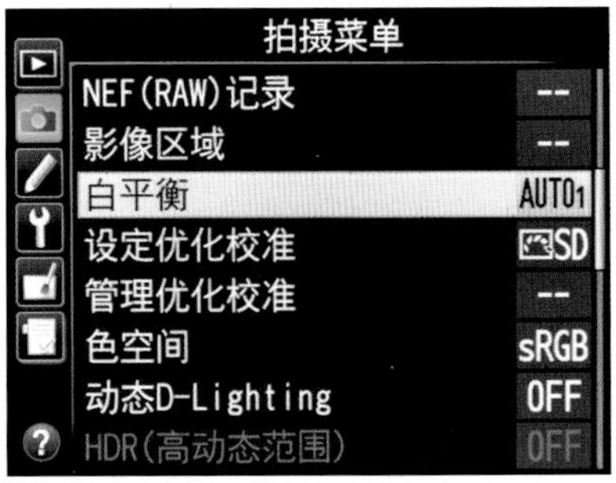

❶ 在**拍摄菜单**中选择**白平衡**选项

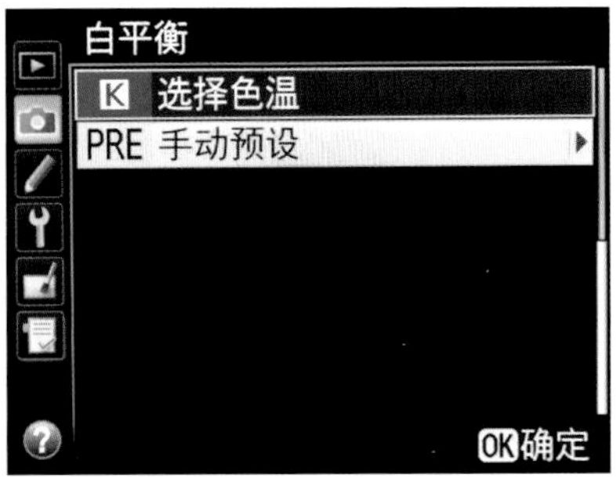

❷ 选择**手动预设**选项，然后按下▶方向键

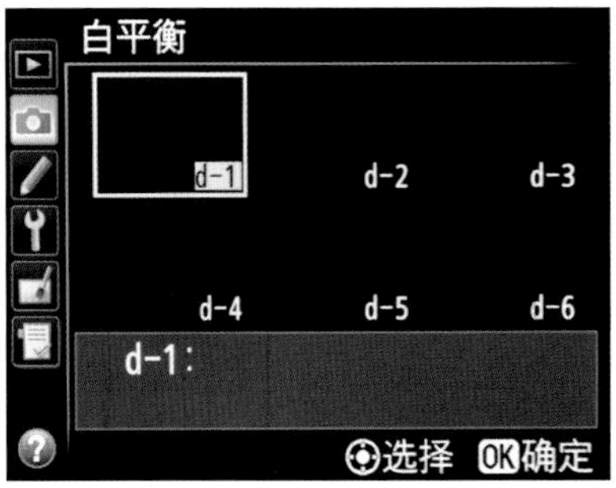

❸ 使用多重选择器选择要应用或编辑的**白平衡预设**预设（此处选择的是d-1）

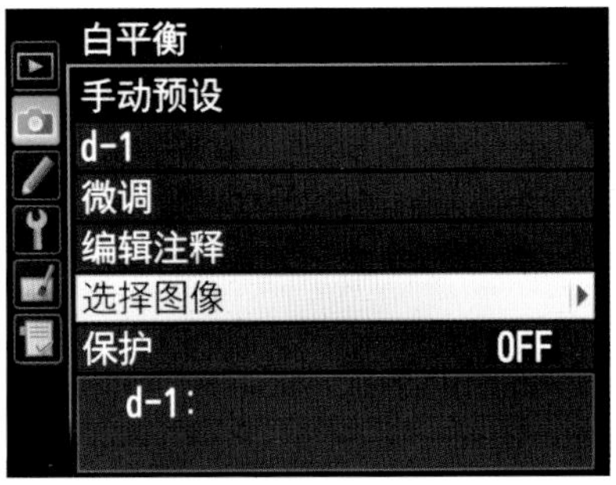

❹ 按▲或▼方向键选择**选择图像**选项

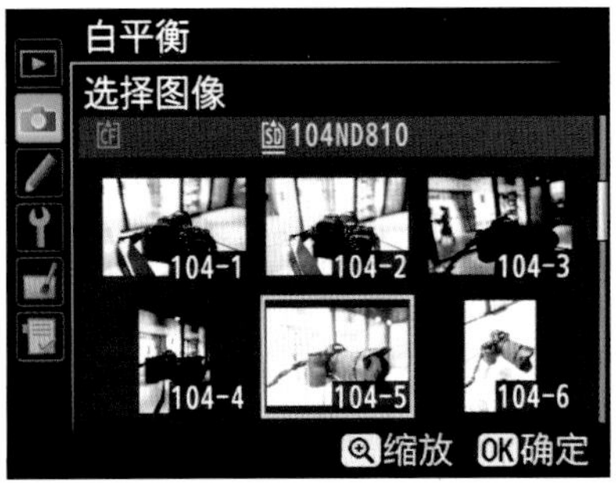

❺ 使用多重选择器可选择定义白平衡的源图像，然后按下OK按钮确定

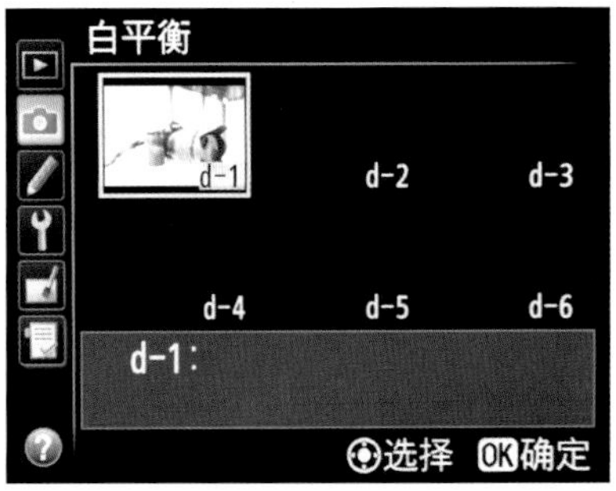

❻ 按下OK按钮即可完成操作，此时d-2白平衡预设的缩微图也变为了上一步所选择的图像，然后按下OK按钮保存

焦　　距 ▷ 240mm
光　　圈 ▷ F5.6
快门速度 ▷ 1/2000s
感 光 度 ▷ ISO100

▶ 通过白平衡复制功能将之前拍摄夕阳景象时的白平衡运用到选中的图像上，得到了偏暖的画面效果

自定义白平衡

功能要点：在某些拍摄环境下，数码相机预设的白平衡模式可能不够用，也不够准确。

此菜单可用于手动定义白平衡，即通过测量被拍摄对象所在环境的色温，达到准确还原拍摄现场色彩的目的。因此在专业摄影中一般都使用自定义白平衡调节。

操作方法：首先，要找一块标准的白色物体（一般是白纸）或使用18%灰度卡（市面有售）取代白色物体。

然后可按如下流程操作：

❶ 在机身上将对焦模式开关切换至M（手动对焦）方式。

▲ 切换至手动对焦模式

❷ 按下WB按钮，然后转动主指令拨盘选择自定义白平衡模式PRE。旋转副指令拨盘直至控制面板或显示屏中显示所需白平衡预设（d-1至d-6），如此处选择的是d-1。

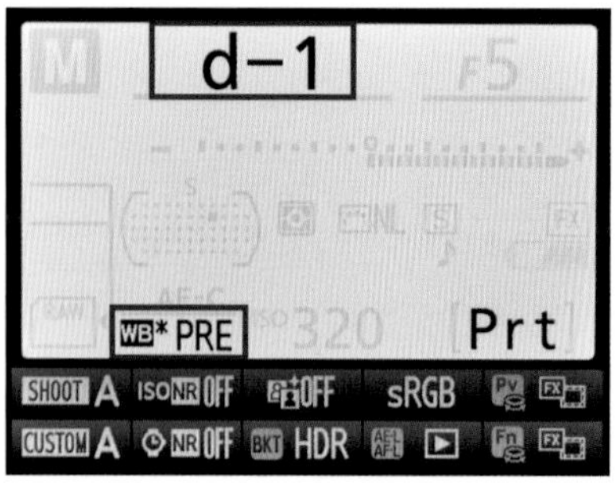

▲ 切换至自定义白平衡模式

❸ 短暂释放WB按钮，然后再次按下该按钮直至控制面板和取景器的PRE图标开始闪烁，此时即表示可以进行自定义白平衡操作了。

▲ 按住WB按钮

❹ 对准白色参照物并使其充满取景器，然后按下快门拍摄一张照片。

❺ 拍摄完成后，取景器中将显示闪烁的Gd，控制面板中则显示闪烁的Good，表示自定义白平衡已经完成，且已经被应用于相机。

使用经验：当曝光不足或曝光过度时，使用自定义白平衡可能会无法获得正确的白平衡。此时控制面板与取景器中将显示“NO Gd”字样，半按快门按钮可返回步骤❹并再次测量白平衡。

如果仍无法获得正确白平衡，可使用18% 灰度卡（市面有售）取代白色物体，这样可以更精确地设置白平衡。

许多摄影爱好者在使用此功能时感觉麻烦，殊不知如果在拍摄时养成自定义白平衡习惯，会极大提高照片的品质，使画面的颜色更真实、自然。另外，如果在拍摄用于自定义白平衡模式的照片时，有意识地使用有颜色的纸，能够获得意想不到的画面色彩。

▼ 在室内拍摄人像时，如果光线比较复杂，可以采用自定义白平衡的方式获得准确的色彩还原效果

焦　距 ▷ 85mm
光　圈 ▷ F1.8
快门速度 ▷ 1/125s
感 光 度 ▷ ISO1250

设定照片优化校准

功能简介：简单来说，优化校准就是相机依据不同拍摄题材的特点而进行的一些色彩、锐度及对比度等方面的调整，以更好地表现该题材的一种设置。

设定预设优化校准

功能要点："设定优化校准"菜单用于选择适合拍摄对象或拍摄场景的照片风格。

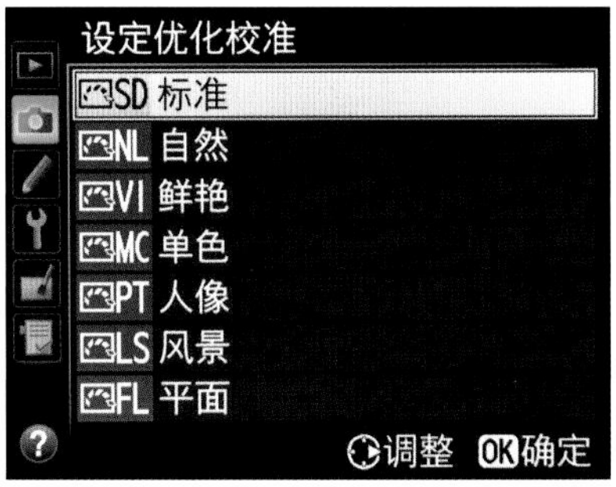

操作步骤：选择**拍摄菜单**中的**设定优化校准**选项

选　项	说　明
标准	此风格是最常用的照片风格，进行标准化处理以获得均衡效果。拍出的照片画面清晰，色彩鲜艳、明快
自然	进行最小限度的处理以获得自然效果，在要进行后期处理或润饰照片时选用
鲜艳	进行增强处理以获得鲜艳的图像效果，在强调照片主要色彩时选用
单色	使用该风格可拍摄黑白或单色的照片
人像	使用该风格拍摄人像时，人的皮肤会显得更加柔和、细腻
风景	此风格适合拍摄风光，对画面中的蓝色和绿色有非常好的表现效果
平面	此风格将更宽广的色调范围，如果在拍摄后需要对照片进行数码照片润饰处理，可以选择此选项

功能简介：此菜单包含"标准"、"自然"、"鲜艳"、"单色"、"人像"、"风景"和"平面"7个选项。按照所拍摄的不同题材，针对锐化、对比度、亮度、饱和度及色相等参数进行相应的调整，以适合表现该题材的图像。

使用经验：不同的优化校准适用于不同的拍摄题材。例如人像模式最适合拍摄人像，可以让照片中的人物皮肤更加柔和、细腻；风景模式适合拍摄风光，对画面中的蓝色和绿色有非常好的表现效果。有许多习惯于使用RAW文件格式保存照片的摄影师，在拍摄时比较抵触优化校准选项，认为在后期软件中一样能够进行此类设置。但实际上，根据拍摄经验，拍摄时使用某一优化校准得到的效果，与后期处理时使用优化校准得到的效果并不完全相同。因此，建议在拍摄时直接使用正确的优化校准。

▲ 使用"风景"优化校准，能够更轻松地拍出色彩鲜艳、画面清晰的风光大片

▲ 拍摄人像时，可使用"人像"模式，以更好地表现女孩细腻的皮肤

修改预设的优化校准参数

功能要点：此菜单用于对已有的预设优化校准的参数进行修改，以便摄影师拍摄出更加个性化的照片。其中，可以对快速调整、锐化、清晰度、对比度、亮度、饱和度和色相7个参数进行调整。

选项释义

■快速调整：按下◀或▶方向键可以批量调整下面的6个参数。不过该选项不适用于自然、单色、平面或自定义优化校准。

■锐化：控制图像的锐度。按◀方向键向0端靠近则降低锐度，图像变得越来越模糊；按▶方向键向9端靠近则提高锐度，图像变得越来越清晰。

■清晰度：控制图像的清晰度。按下◀方向键向－端靠近则降低清晰度，图像变得越来越柔和；按下▶方向键向＋端靠近则提高反差，图像变得越来越清晰，其调整范围为-5~+5。

■对比度：控制图像的反差及色彩的鲜艳程度。按下◀方向键向－端靠近则降低反差，图像变得越来越柔和；按下▶方向键向＋端靠近则提高反差，图像变得越来越明快，其调整范围为-3~+3。

■亮度：在不影响照片曝光的前提下，改变画面的亮度。

■饱和度：控制色彩的鲜艳程度。按下◀方向键向－端靠近则降低饱和度，色彩变得越来越淡；按下▶方向键向＋端靠近则提高饱和度，色彩变得越来越艳。

■色相：控制画面色调的偏向。按下◀方向键向－端靠近则红色偏紫、蓝色偏绿、绿色偏黄；按下▶方向键向＋端靠近则红色偏橙、绿色偏蓝、蓝色偏紫。

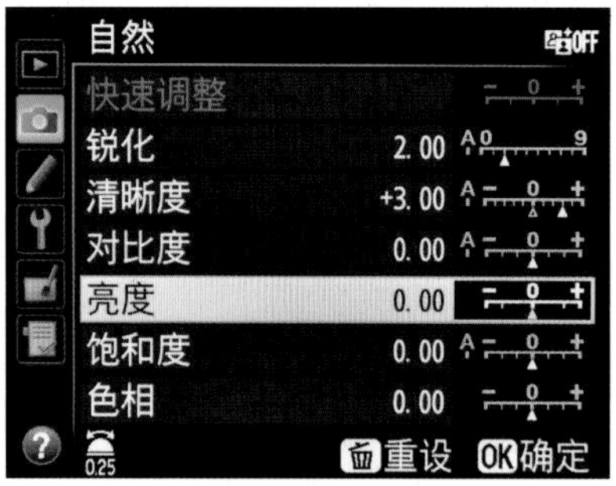

▲选择**自然**优化校准界面图

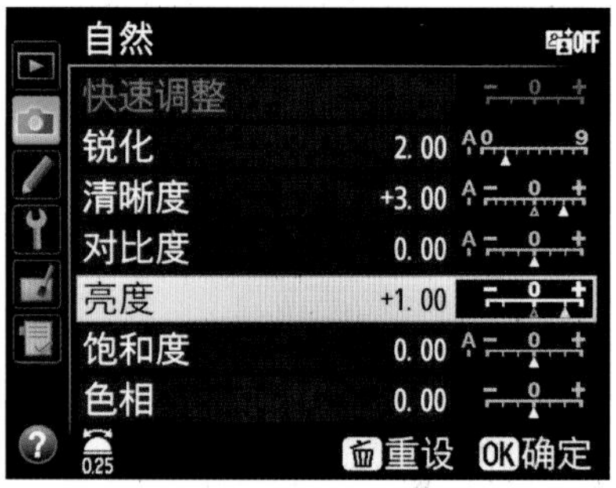

▲调整**自然**优化校准参数界面图

使用经验：应该在拍摄不同的题材时，根据个人的喜好，对优化校准进行修改，例如在拍摄风光时，可以加大反差与锐度，从而使画面更立体、画面细节更锐利。拍摄女性人像时，优化校准中的“锐化”参数设置不宜过高，否则画面中人像的皮肤会显得比较粗糙。“对比度”数值也应该设置得稍低一点，这样人像的皮肤会有被柔化的感觉。

使用单色优化校准

功能要点：在“单色”选项下，其可调整的参数会与其他优化校准略有不同。还可以选择不同的滤镜效果及调色效果，从而拍摄出更有特色的黑白或单色照片效果。

功能简介：在“滤镜效果”选项下，可选择无、Y（黄）、O（橙）、R（红）或G（绿）等色彩，从而在拍摄过程中，针对这些色彩进行过滤，得到更亮的灰色甚至白色。由于此优化校准中不存在色彩，因此其参数中去掉了饱和度和色相2个选项，并增加了“滤镜效果”与“调色”2个选项。

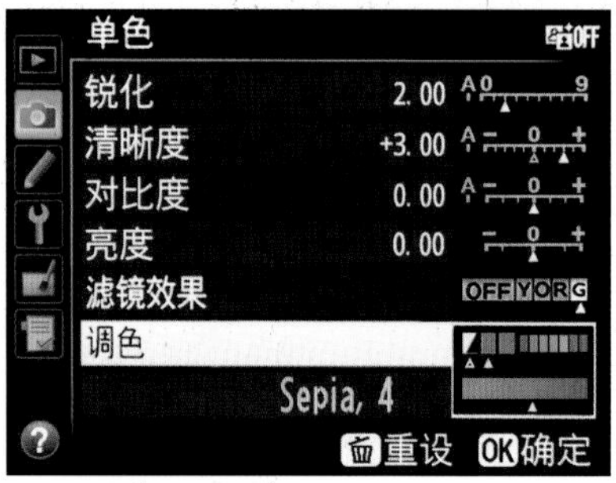

▲选择**单色**优化校准界面图

选项释义

■OFF（无）：没有滤镜效果的原始黑白画面。

■Y（黄）：可使蓝天更自然，白云更清晰。

■O（橙）：可稍压暗蓝天，使夕阳的效果更强烈。

■R（红）：使蓝天更暗，落叶的颜色更鲜亮。

■G（绿）：可将肤色和嘴唇的颜色表现得更好，使树叶的颜色更加鲜亮。

原图

单色

滤镜效果——橙

滤镜效果——红

滤镜效果——绿

调色——蓝

调色——绿

调色——紫

管理优化校准

功能要点：“管理优化校准”菜单用于修改并保存相机提供的优化校准，也可以为新的优化校准命名，包含“保存/编辑”、“重新命名”、“删除”、“载入/保存”4个选项。

保存/编辑优化校准

功能要点：当需要经常使用一些自定义的优化校准时，可以将其参数编辑好，然后保存成为一个新的优化校准文件，以便于以后调用。

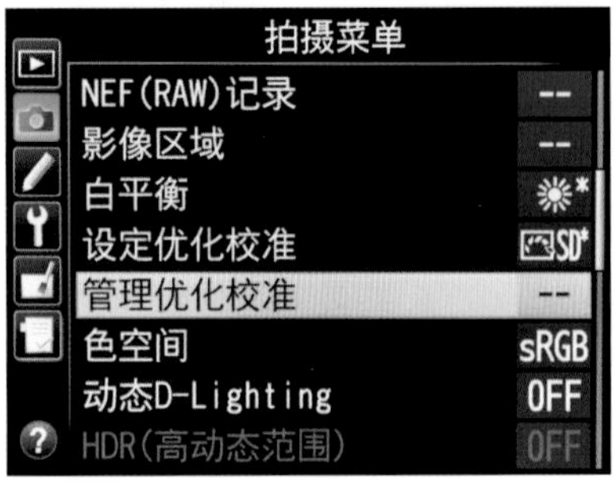

❶ 选择**拍摄菜单**中的**管理优化校准**选项

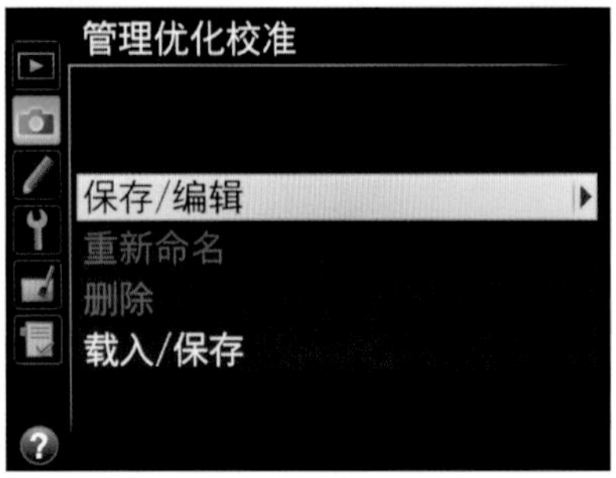

❷ 在子菜单中选择**保存/编辑**选项，按下▶方向键

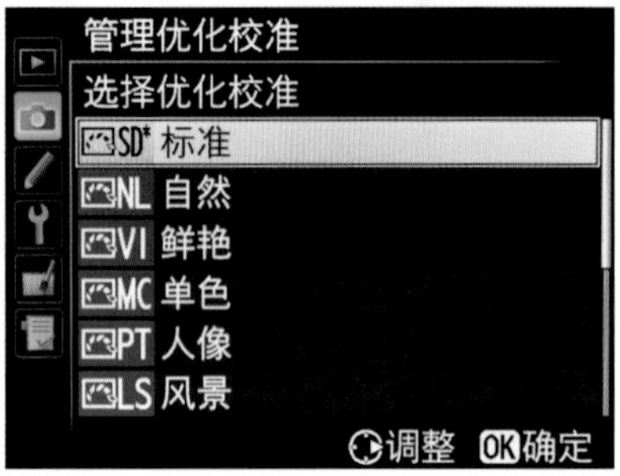

❸ 选择一个已有的优化校准作为保存/编辑的基础

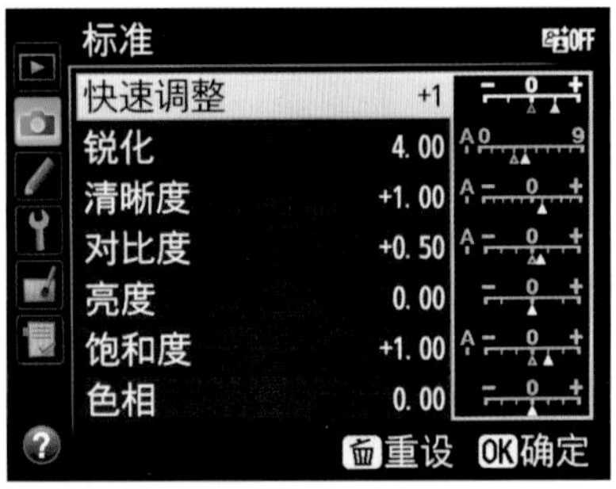

❹ 选择不同的参数并根据需要修改后，按下OK按钮确定

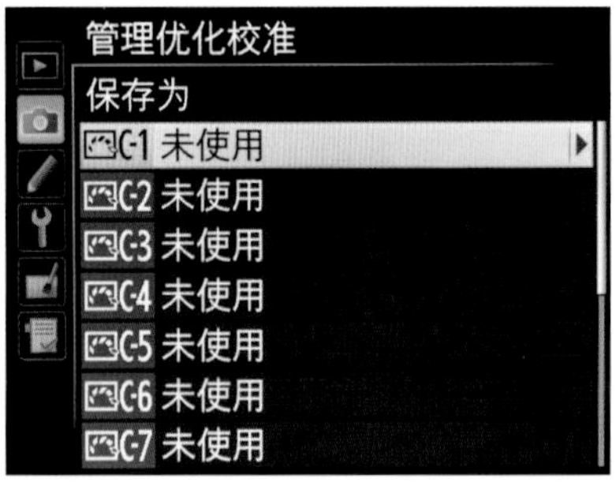

❺ 选择一个保存新优化校准预设的位置，按▶方向键

❻ 使用多重选择器选择所需字符，然后按下多重选择器中央按钮完成输入操作，输入完成后按下OK按钮完成保存操作

删除优化校准

功能简介：对于那些已经确认不会再使用的自定义优化校准选项，可以将其删除。

使用经验：删除后的优化校准预设无法再恢复回来，因此在删除前一定要确认。

操作步骤：选择**删除**选项，然后选择要删除的优化校准选项

▲ 确认是否删除该优化校准界面图

自动失真控制

功能要点：该菜单用于减轻使用广角镜头拍摄时出现的桶形失真和使用长焦镜头拍摄时出现的枕形失真。选择“开启”选项，即可启用该功能。

操作步骤：在**拍摄菜单**中选择**自动失真控制**选项

使用经验：要注意的是，开启此功能后，取景器中可视区域的边缘在最终照片中可能会被裁切掉，并且处理照片所需时间可能会增加。

▲ Adobe RGB色彩过渡更细腻

色空间

功能要点：此菜单用于控制当前所拍摄的照片使用何种色彩空间，其中包括sRGB和Adobe RGB两个选项。

使用经验：sRGB的色彩空间较小，但很适合网络发布及在计算机上查看等；而Adobe RGB的色域更广，但在生活中较少用到，主要用于商业印刷和其他用途。

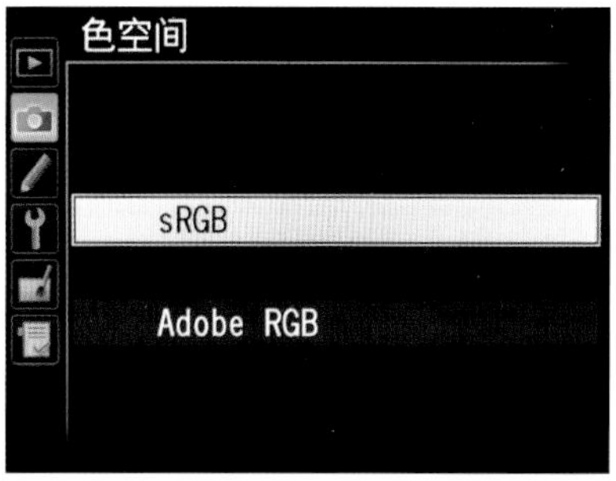

操作步骤：在**拍摄菜单**中选择**色空间**选项

▲ 通常情况下，使用sRGB色空间就足以满足包括专业摄影在内的所有拍摄需求

焦　　距 ▷ 35mm
光　　圈 ▷ F16
快门速度 ▷ 1/60s
感 光 度 ▷ ISO100

动态D-Lighting

功能要点：在拍摄光比较大的画面时容易丢失细节，当亮部过亮、暗部过暗或明暗反差较小时，启用“动态D-Lighting”功能可以进行不同程度的校正。

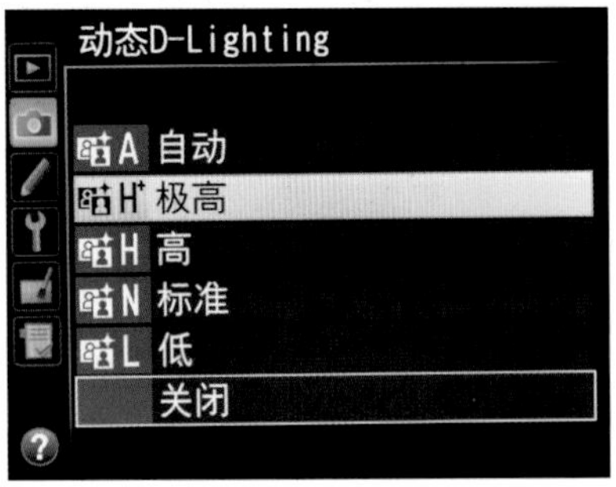

操作步骤：在**拍摄菜单**中选择**动态**D-Lighting选项

功能简介：启用“动态D-Lighting”功能，可以确保所拍摄照片中的高光和阴影区域的细节不会丢失，因为此功能会使照片的曝光稍欠一些，有助于防止照片的高光区域完全变白而显示不出细节，同时还能够避免因为曝光不足而使阴影区域的细节丢失。

应用场合：在拍摄直射光照射下或光比较强的户外风景、人像时，拍出的照片中很容易出现较暗的阴影与较亮的高光区域，此时就非常适合使用此功能。

使用经验：该功能与3D彩色矩阵Ⅲ测光模式一起使用时，效果最为明显。若选择了“自动”选项，相机将根据拍摄环境自动调整动态D-Lighting。

但需要注意的是，校正强度设置得越高，校正的效果就越明显，但也容易在暗部产生噪点，因此如非必要，不建议使用。

▲ 未使用动态D-Lighting的状态，由于逆光拍摄，人物的头发、阴影部分细节不丰富

▲ 将“动态D-Lighting”设置为“高”后的效果，处于暗部的人物面部、头发阴影部分都有了一定的细节

HDR（高动态范围）

功能要点：HDR（高动态范围）是Nikon D810提供的一个非常实用的功能，其原理是通过连续拍摄两张增加曝光量及减少曝光量的图像，然后由相机进行高动态图像合成，从而获得暗调与高光区域都能显示细节的照片。

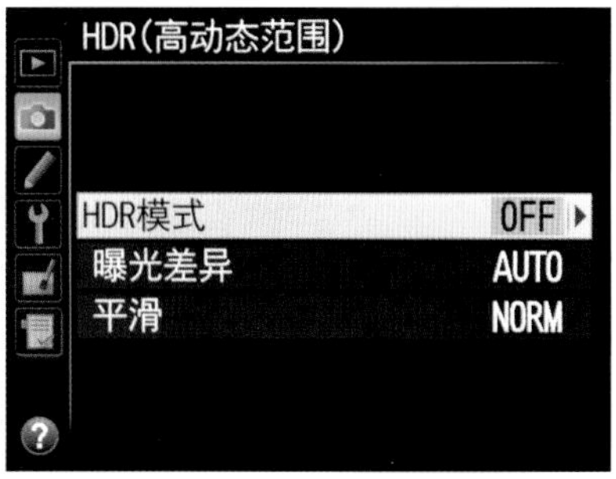

操作步骤：在**拍摄菜单**中选择**HDR（高动态范围）**选项

▲ HDR照片能够展现被摄对象的更多细节

选项释义

■HDR 模式：用于设置是否开启及是否连续多次拍摄 HDR 照片。选择"开启（一系列）"选项，将一直保持 HDR 模式的打开状态，直至摄影师手动将其关闭为止；选择"开启（单张照片）"选项，将在拍摄完成一张 HDR 照片后，自动关闭此功能；选择"关闭"选项，将禁用 HDR 拍摄模式。

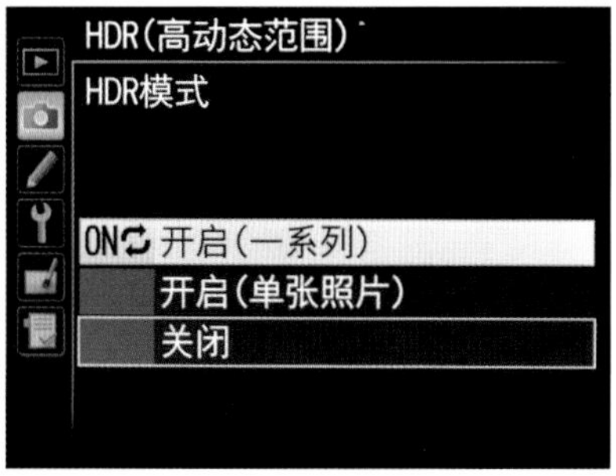

▲ 选择**HDR模式**界面图

■平滑：用于控制两幅图像之间的平滑程度，数值越高，生成的图像就越平滑。其中包括了"高"、"标准"和"低"3 个选项。选择"高"选项，可以获得更自然的过渡效果；选择"低"选项，可以获得较强的局部明暗对比效果，使被摄体边缘部位出现如绘画般的描边效果。

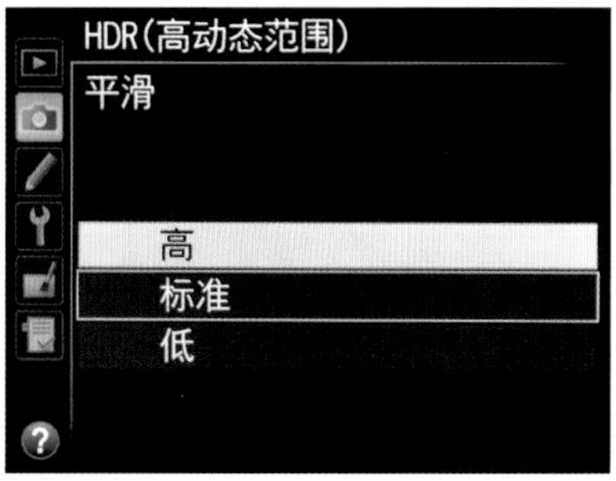

▲ 选择**平滑**界面图

■曝光差异：选择"自动"选项，将由相机自动判断合适的动态范围，然后以适当的曝光增减量进行拍摄并合成；选择"1EV~3EV"选项，可以指定合成时的动态范围，即分别拍摄增加和减少 1/2/3 挡曝光量的图像并进行合成。

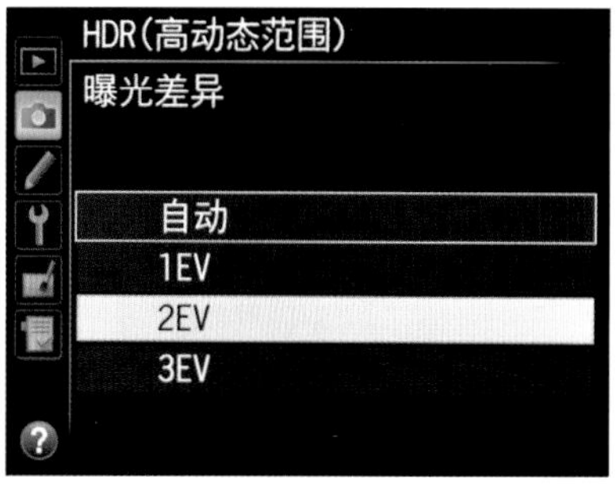

▲ 选择**曝光差异**界面图

知识链接：了解数码相机的宽容度

数码相机与胶片相机的最大区别之一就是宽容度不同，即两类相机能够记录的亮度动态范围不同。数码相机能够记录的从最亮区域到最暗区域的范围小于胶片相机，超出这个范围的画面均会表现为没有细节的黑色或白色。而如果希望在数码照片中表现更广的动态范围，比较好的方法就是利用相机的HDR功能进行拍摄，将亮部、暗部曝光均正确的影像合成在一张照片中。

使用经验：除了使用相机的HDR拍摄功能得到高动态范围照片外，还可以利用包围曝光功能分别拍摄高光、中间调、暗调部分曝光都正确的照片，再利用Photoshop等后期合成软件，将这些照片进行合成。

暗角控制

功能要点：由于镜头的成像原理，在使用镜头广角端拍摄时，有可能在所拍摄照片的四角出现暗角。而此菜单则可用于控制是否对当前镜头进行暗角校正。

功能简介：Nikon D810 提供的“暗角控制”功能包含“高”、“标准”、“低”和“关闭”4个选项，可以视拍摄产生的暗角程度来选择不同的选项。

应用场合：在使用广角镜头拍摄风景、建筑等题材时，如果出现画面四周有黑色暗边，可以用此方法进行纠正。但使用广角镜头结合闪光灯拍摄时，此功能不适用。

使用经验：暗角是任何镜头都不可避免的情况，只有轻重程度的区别。在实际拍摄过程中，除了使用相机自身的功能进行校正外，还可以通过适当收缩光圈来减轻暗角。

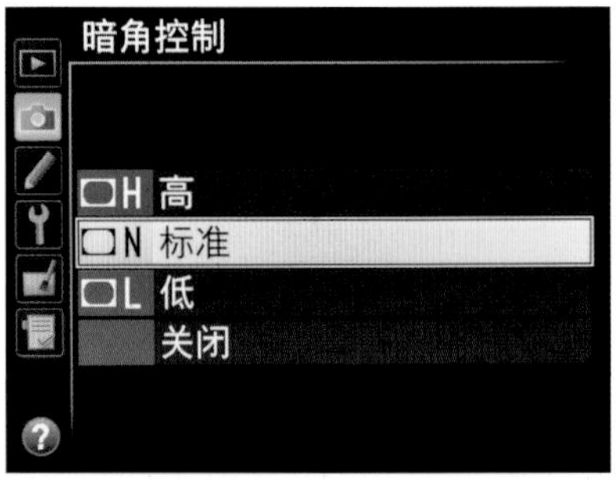

操作步骤：在**拍摄菜单**中选择**暗角控制**选项

▲ 启用“暗角校正”功能后的效果，周围的暗角现象明显地减轻了

焦　　距 ▷ 18mm
光　　圈 ▷ F7.1
快门速度 ▷ 1/200s
感 光 度 ▷ ISO100

▲ 未启用“暗角控制”功能时，画面中的暗角较明显

多重曝光

多重曝光菜单功能

功能要点：顾名思义，多重曝光就是指在拍摄一张照片时进行多次曝光，从而使多次拍摄的影像合成为一张照片。

功能简介：Nikon D810的多重曝光功能支持2~10张照片的融合。使用此功能分别拍摄2~10张照片后，相机会自动将其融合在一起，以得到一张蒙太奇效果照片。

❶ 在**拍摄菜单**中选择**多重曝光**选项

❷ 选择**多重曝光模式**选项并按下▶方向键对其进行设置

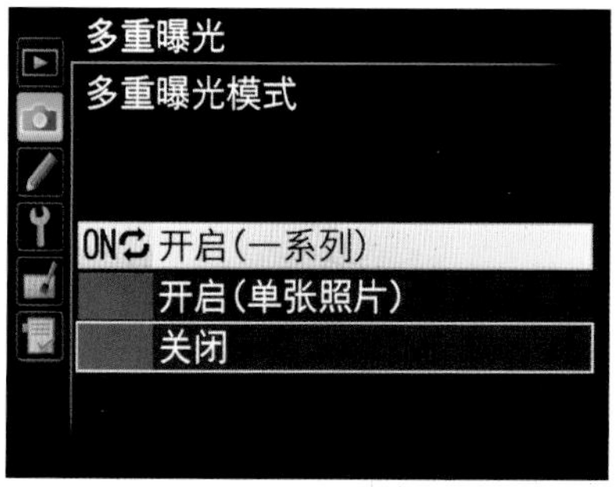

❸ 按▲或▼方向键可选择是否开启此功能以及是否连续拍摄多组多重曝光照片

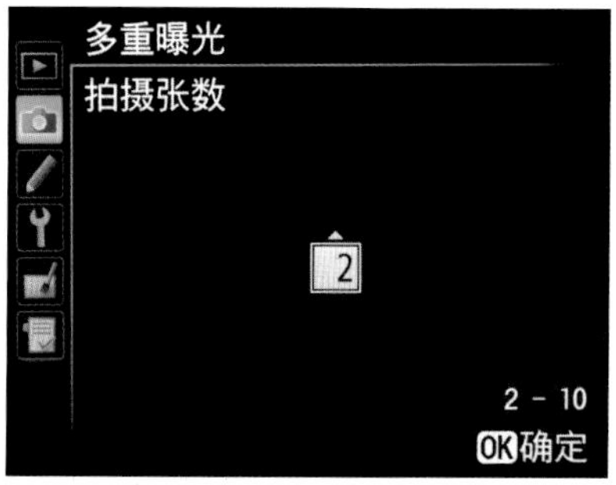

❹ 若在步骤❷中选择**拍摄张数**选项，则按▲或▼方向键可选择拍摄张数

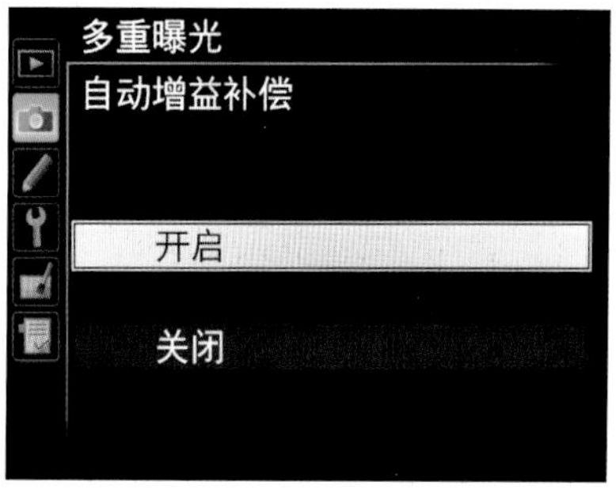

❺ 若在步骤❷中选择**自动增益补偿**选项，则按▲或▼方向键可选择**开启**或**关闭**选项

选项释义

- 多重曝光模式：选择“关闭”选项将关闭此功能；选择“开启（一系列）”选项，连续拍摄多组多重曝光照片；选择“开启（单张照片）”选项，拍摄完一组多重曝光图像后会自动关闭“多重曝光”功能。
- 拍摄张数：按▲或▼方向键可设置多重曝光的拍摄张数，即要得到最终的合成效果所需的照片张数，其数值范围的2~10。
- 自动增益补偿：设置界面中选择“开启”选项，可以根据实际记录的拍摄张数调整增益补偿；选择“关闭”选项，在记录多重曝光时不会调整增益补偿，背景较暗时推荐使用该选项。

使用经验：使用多重曝光功能进行拍摄时，为了使最终画面显得丰富而不凌乱，在拍摄用于进行多重曝光合成的素材照片时，要尽量在画面中保留大面积暗调或亮调区域。拍摄素材照片之前，就应该对最终合成图像的效果有所构想，从而于实际拍摄时在构图方面能够预留元素重复空间。

在数码后期软件十分流行的今天，许多摄影爱好者认为此功能并没有存在的必要性。但实际上，与先拍摄照片然后在计算机上进行后期合成不同，由于使用此功能后，在完成拍摄时相机即可自动生成多重曝光效果照片，因此多了即拍即得的乐趣。

利用多重曝光拍摄梦幻人像的技巧

使用“多重曝光”功能可以拍摄出梦幻般的人像蒙太奇照片，下面是具体操作方法。

首先，开启多重曝光拍摄模式，并将“拍摄次数”设置为2。

第一次拍摄时，选择逆光角度，从而得到剪影效果的人像。

第二次拍摄时，选择较亮的场景，如树林、花朵、花丛、树叶、天空等，但拍摄的场景不能过亮或绝大部分为亮调。因为多重曝光的基本原理是保留多次拍摄的亮部细节，因此，如果第二次拍摄的照片完全比第一次拍摄的照片亮，则在与第一次拍摄的照片相叠加时，将很难保留第一次拍摄的照片细节，从而也就失去了多重曝光的意义。

完成两次拍摄后，相机会自动合成两次拍摄的照片，得到最终的效果。

▲ 以点测光模式拍摄逆光照射的人像，得到剪影效果的画面

▲ 以广角镜头拍摄的山景，天空的纳入使画面看起来干净明亮

▲ 最终得到的梦幻人像

间隔拍摄

功能要点：延时摄影又称“定时摄影”，即利用相机的间隔拍摄控制功能，每隔一定的时间拍摄一张照片，最终形成一个完整的照片序列，用这些照片生成的视频能够呈现出电视上经常看到的花朵开放、城市变迁、风起云涌的效果。

例如，花蕾的开放约需3天3夜共72小时，但如果每半小时拍摄一个画面，顺序记录其开花的过程，即可拍摄144张照片，当用这些照片生成视频并以正常帧频率放映时（每秒24幅），在6s之内即可重现花朵3天3夜的开放过程，能够给人强烈的视觉震撼。延时摄影通常用于拍摄城市风光、自然风景、天文现象、生物演变等题材。

使用经验：使用Nikon D810进行延时摄影要注意以下几点。

（1）不要选择自拍、遥控或MUP（反光板预升）释放模式。

（2）开始间隔拍摄之前，应该先以当前设定试拍一张照片，并查看其效果是否是所需要的。

（3）使用M挡全手动模式，手动设置光圈、快门速度、感光度，以确保所有拍摄出来的系列照片有相同的曝光效果。

（4）不能使用自动白平衡，而需要通过手调色温的方式设置白平衡。

（5）一定要使用三脚架进行拍摄，否则在最终生成的视频短片中就会出现明显的跳动画面。

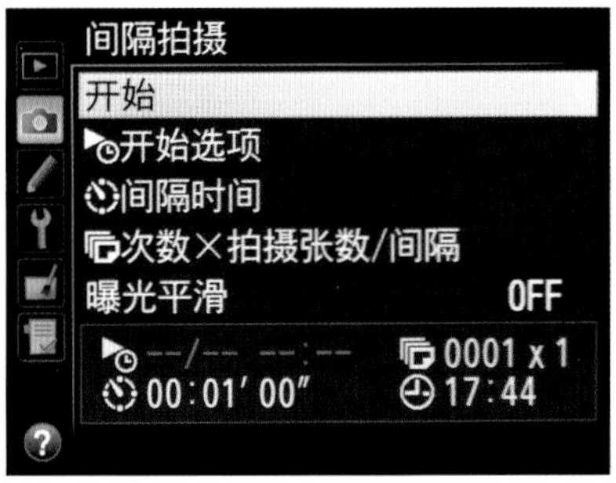

❶ 在**拍摄菜单**中选择**间隔拍摄**选项，然后按▲或▼方向键选择需要修改的选项

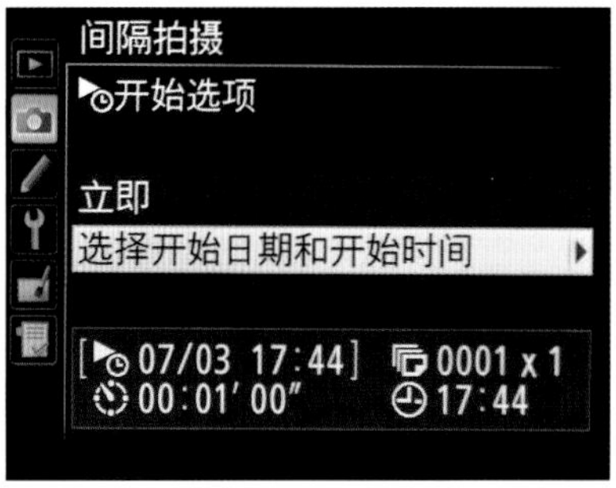

❷ 在**开始选项**设置界面中，按▲或▼方向键可选择**立即**或**选择开始日期和开始时间**选项

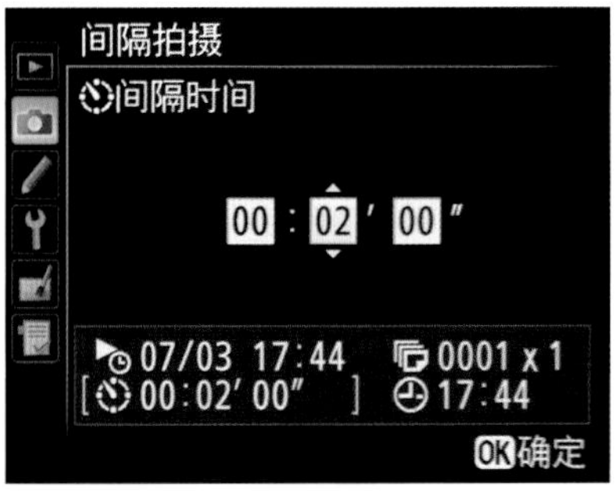

❸ 在**间隔时间**设置界面中，按◀或▶方向键选择显示小时、分钟或秒钟，然后按▲或▼方向键进行更改

❹ 在**次数×拍摄张数/间隔**设置界面中，按◀或▶方向键选择显示次数、拍摄张数或间隔数，然后按▲或▼方向键进行更改

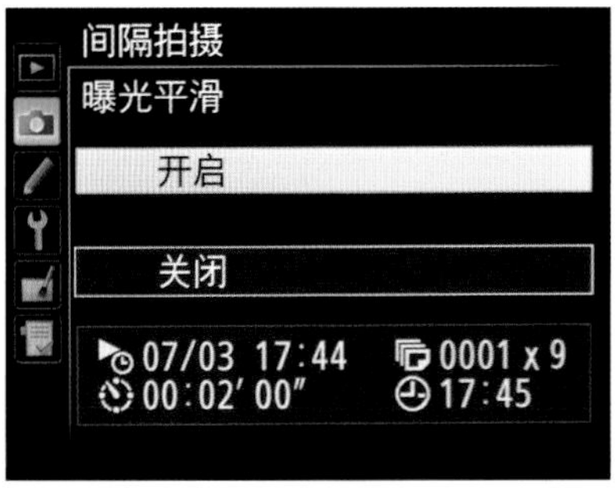

❺ 在**曝光平滑**设置界面中，按◀或▶方向键选择**开启**或**关闭**选项，选择**开启**可允许照相机在P、S和A模式下根据上一张照片调整曝光

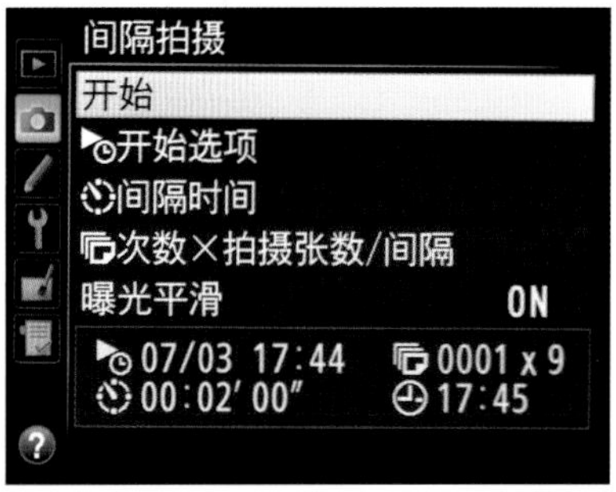

❻ 设置完成后，按▲或▼方向键选择**开始**选项，然后按下OK按钮

（6）将对焦方式切换为手动对焦。

（7）按短片的帧频与播放时长来计算需要拍摄的照片张数，例如，按25fps拍摄一个播放10s的视频短片，就需要拍摄250张照片，而在拍摄这些照片时，彼此之间的时间间隔则是可以自定义的，可以是1min，也可以是1h。

（8）为防止从取景器进入的光线干扰曝光，拍摄时要用衣服或其他东西遮挡住取景器。

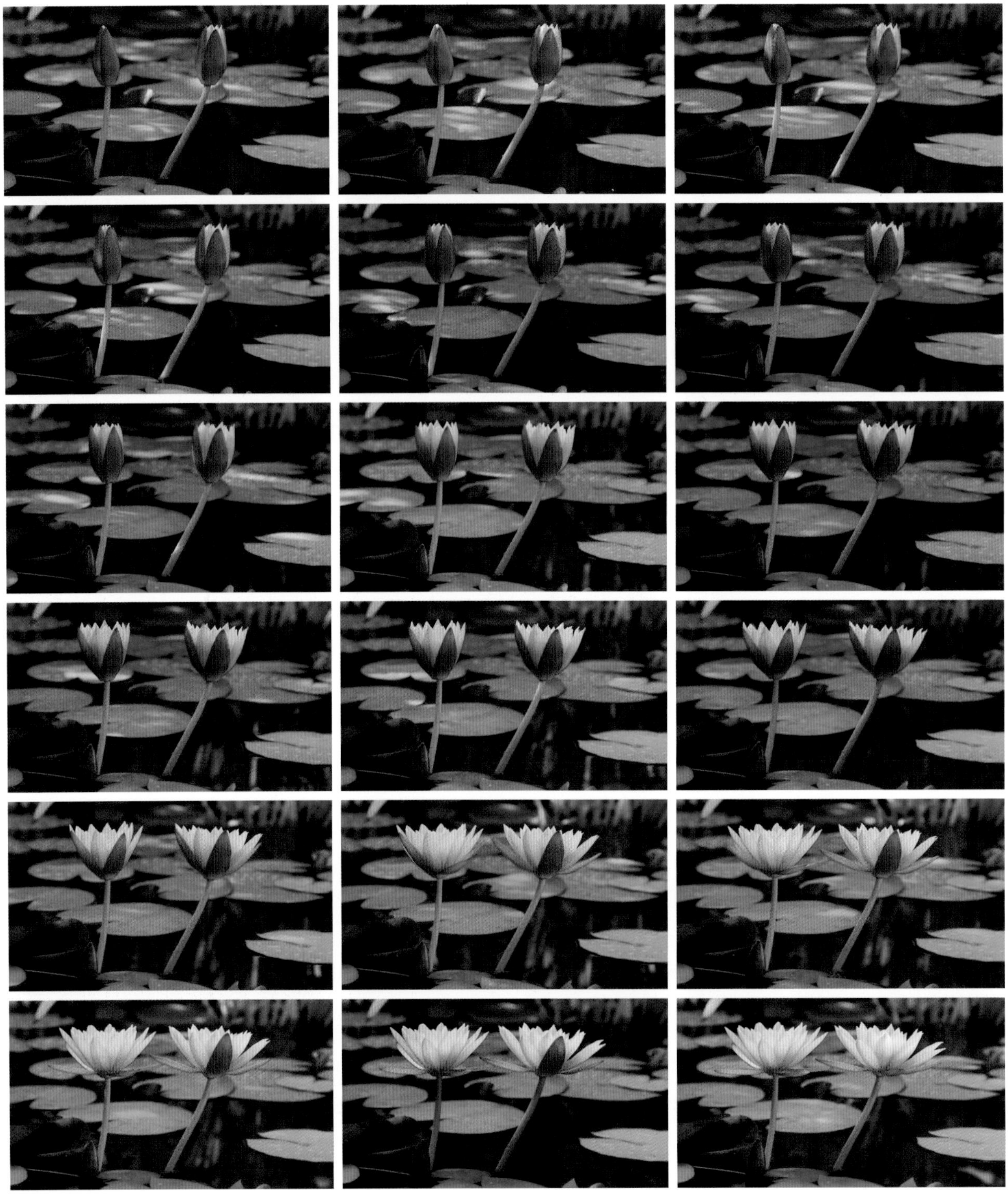

▲利用“间隔拍摄”功能将莲花开放过程全记录下来了

定时拍摄

功能要点：利用“定时拍摄”功能，可以实现在指定的时间长度内，每过一个指定的时间间隔就拍摄一张照片的流程化操作。例如，按下面展示的步骤设置各个参数后，可以指定相机在25min的时间长度内，每过5s就拍摄一张照片。

此功能的作用是以这些照片生成一个无声的视频，但按此方法所录制的无声视频最大时长为 20min。

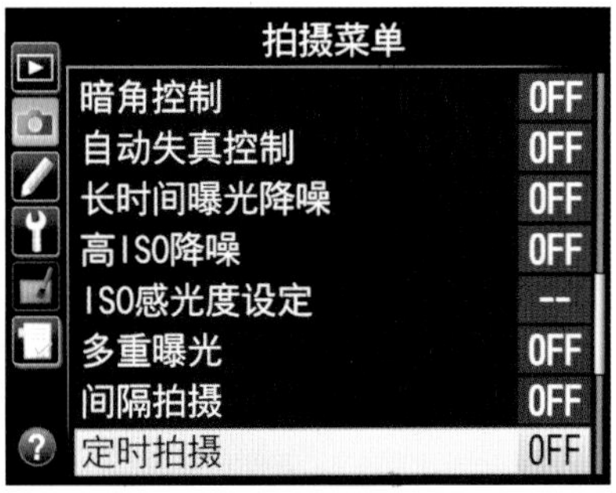

❶ 在**拍摄菜单**中选择**定时拍摄**选项

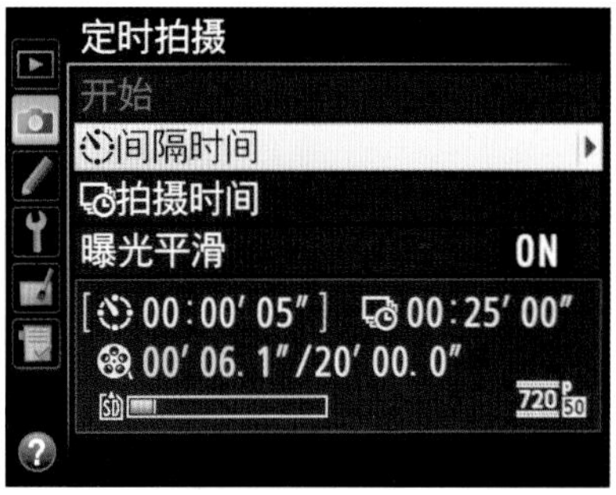

❷ 按▲或▼方向键选择需要修改的选项，然后按下▶方向键

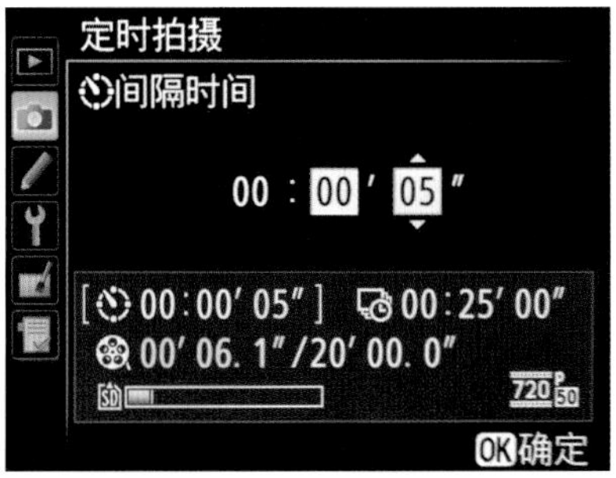

❸ 在**间隔时间**设置界面中，按◀或▶方向键选择时间选项，然后按▲或▼方向键更改间隔时间

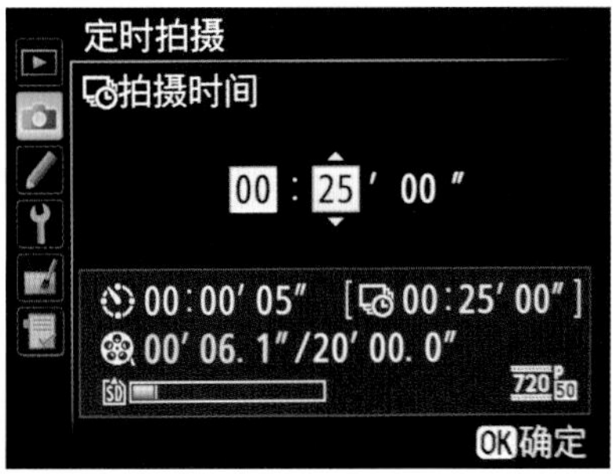

❹ 在“**拍摄时间**”设置界面中，按◀或▶方向键选择时间选项，然后按▲或▼方向键更改拍摄时间

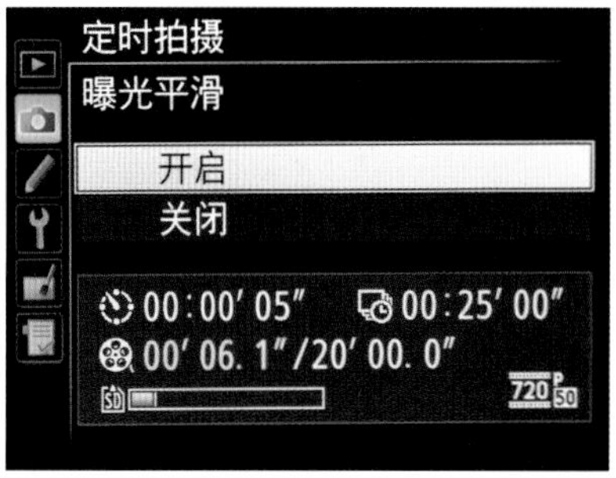

❺ 在**曝光平滑**设置界面中，按◀或▶方向键选择**开启**或**关闭**选项，选择**开启**可允许照相机在P、S和A模式下根据上一张照片调整曝光

▲ 利用“定时拍摄”功能可以拍摄自编、自导、自演的个性化动态视频

第3章

自定义与设定菜单重要功能详解

自定义设定菜单

a：自动对焦

AF点点亮

功能要点：通过设置“AF点点亮”菜单，可以在弱光或拍摄对象的色彩与对焦点色彩相近时，帮助分辨当前的对焦点以及网格等元素。

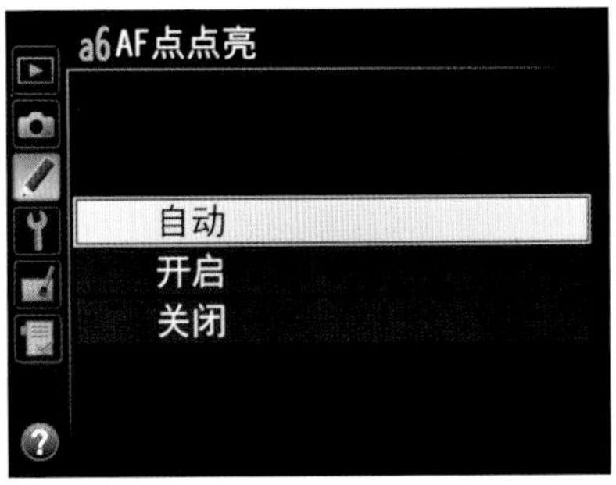

操作步骤：进入**自定义设定**菜单，选择**a自动对焦**中的a6 AF**点点亮**选项

选项释义

■ 自动：选择此选项，所选对焦点将自动加亮显示，以便与背景形成对比。

■ 开启：选择此选项，无论背景亮度如何，所选对焦点将总是被加亮显示。

■ 关闭：选择此选项，所选对焦点将不会被加亮显示。

内置AF辅助照明器

功能要点：在弱光环境下，相机的自动对焦功能会受到很大的影响，此时可以通过启用“内置AF辅助照明器”功能来提供简单的照明，以满足自动对焦对拍摄环境亮度的需求。

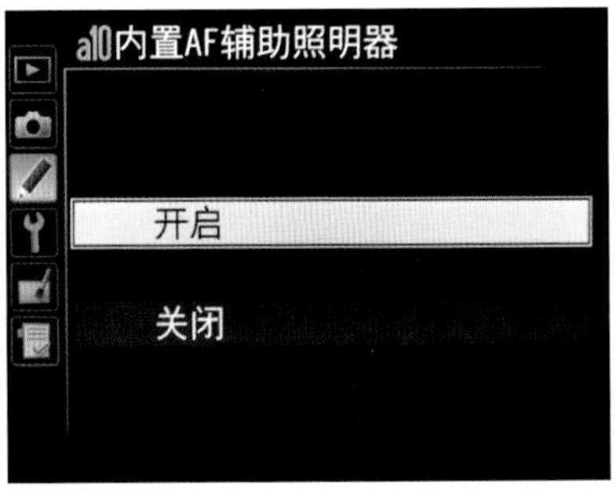

操作步骤：进入**自定义设定**菜单，选择**a自动对焦**中的a10 **内置AF辅助照明器**选项

使用经验：在一些特殊的场合，如会议或其他不希望打扰拍摄对象的场合拍摄时，还是需要关闭此功能的。另外，如果被摄对象距离相机较远，辅助照明器的作用亦不明显，因为其照亮的距离有限。

▲ 在光线昏暗的环境中拍摄时，应该开启内置AF辅助照明器功能进行照亮

焦　　距 ▷ 70mm
光　　圈 ▷ F3.2
快门速度 ▷ 1/80s
感 光 度 ▷ ISO320

c：计时/AE锁定

快门释放按钮 AE-L

功能要点：该菜单用于设置是否允许快门释放按钮锁定曝光。

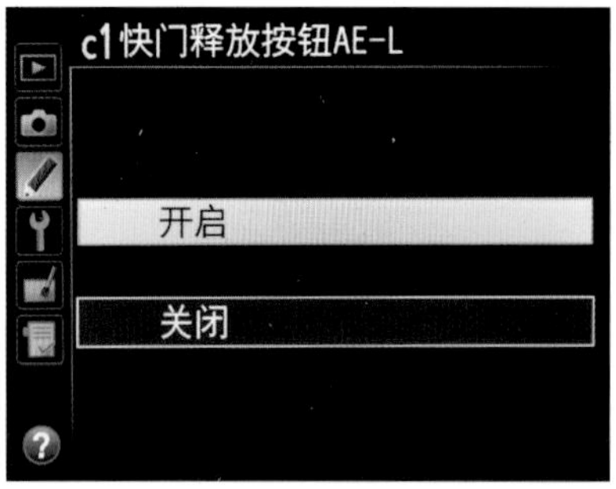

操作步骤：进入**自定义设定**菜单，选择**c计时/AE锁定**中的**c1快门释放按钮**AE-L选项

选项释义

■开启：选择此选项，在半按快门释放按钮时也将锁定曝光。

■关闭：选择此选项，仅当按下AE-L/AF-L按钮时会锁定曝光。

使用经验：对于经常采用“测光→锁定曝光→构图→拍摄”这个拍摄流程拍照的用户而言，应启用“快门释放按钮 AE-L”功能，以便使用快门释放按钮来锁定曝光，在操作时更为方便一些。

显示屏关闭延迟

功能要点：该菜单用于控制在播放、菜单查看、拍摄信息显示、图像查看以及即时取景过程中，未执行任何操作时，显示屏保持开启的时间长度。

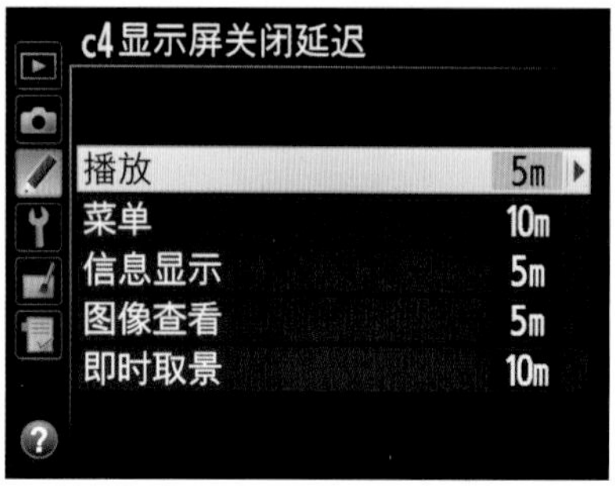

操作步骤：进入**自定义设定**菜单，选择**c计时/AE锁定**中的c4 **显示屏关闭延迟**选项

选项释义

■播放：用于设置播放照片时显示屏的关闭延迟时间。

■菜单：用于设置进行菜单设置时显示屏的关闭延迟时间。

■信息显示：用于设置按下info按钮后打开显示屏查看拍摄信息时的关闭延迟时间。

■图像查看：用于设置拍摄照片后，立即查看照片效果时显示屏的关闭延迟时间。

■即时取景：用于设置在即时取景状态下，显示屏的关闭延迟时间。

使用经验：在拍摄照片时，面对美景如果手中的相机电量却消耗殆尽，这无疑是一大憾事。可在“显示屏关闭延迟”中将各个选项设置成为较短时间，可有效减少相机的耗电量。

▲ 在拍摄人像时，可以将“图像查看”选项的时间设置得稍长一点，以有足够的时间查看人物面部是否对焦准确

焦　距▷85mm
光　圈▷F2.8
快门速度▷1/125s
感 光 度▷ISO320

d：拍摄/显示

取景器网格显示

功能要点：该菜单用于设置是否显示取景器网格。

功能简介：此菜单包含“开启”和“关闭”两个选项。选择“开启”选项时，在拍摄时取景器中将显示网格线以辅助构图。

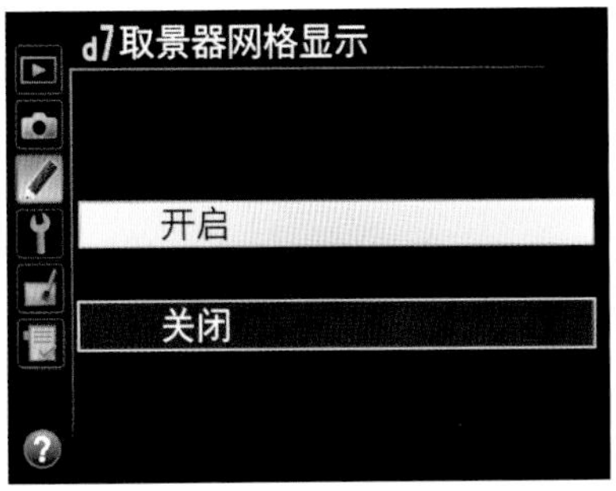

操作步骤：进入**自定义设定**菜单，选择**d 拍摄/显示**中的**d7 取景器网格显示**选项

使用经验：Nikon D810相机的“取景器网格显示”功能可以为进行精确构图提供极大的便利，如严格的水平线或垂直线构图等。

另外，4×4的网格结构，也可以帮助我们进行较准确的3分法构图，这在拍摄时是非常实用的。

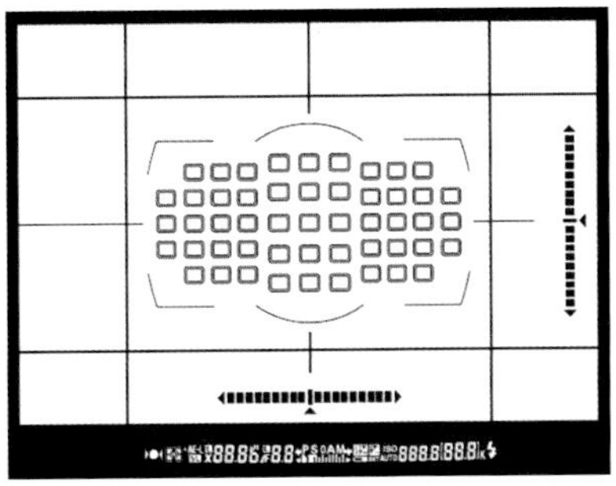

▲ 显示网格时的取景器状态

▲ 在拍摄如海景、湖景有水平线的风光照片时，开启“取景器网格显示”功能可以辅助拍出更水平的构图

焦　距 ▶ 35mm
光　圈 ▶ F16
快门速度 ▶ 2s
感 光 度 ▶ ISO100

曝光延迟模式

功能要点：该菜单用于控制拍摄时是否进行曝光延迟以及曝光延迟的时间。

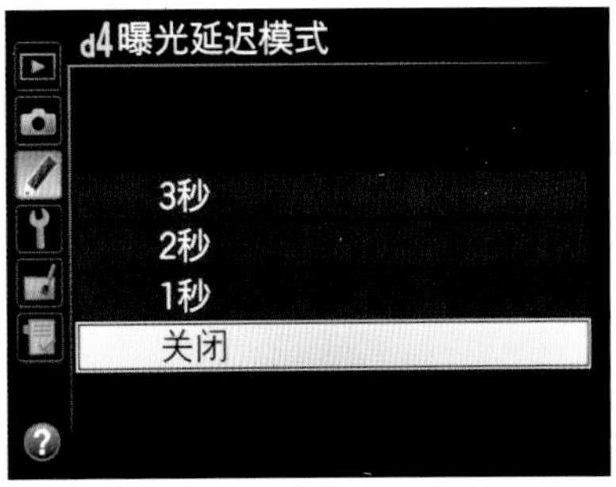

操作步骤：进入**自定义设定**菜单，选择**d 拍摄/显示**中的**d4 曝光延迟模式**选项

功能简介：在相机轻微振动可能导致照片模糊的情形下，选择1s、2s或3s可将快门释放延迟至弹起反光板后1s、2s或3s，从而使反光板弹起对相机造成的振动不会对画质产生影响。

e：包围/闪光

闪光同步速度

功能要点：该菜单用于控制闪光同步速度，也就是闪光灯闪光的速度与快门速度的同步值。

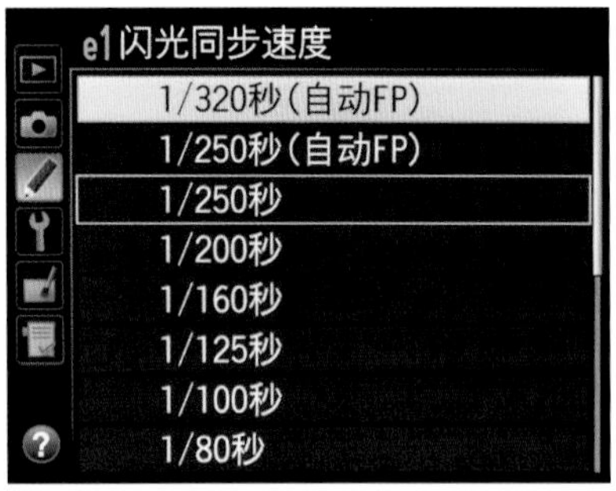

操作步骤：进入**自定义设定**菜单，选择**e 包围/闪光**中的**e1 闪光同步速度**选项

选项释义

■1/320 秒（自动 FP）及 1/250 秒（自动 FP）：若外置闪光灯支持高速闪光同步模式，选择这两个选项时，即相当于启用了高速闪光同步模式。

■1/250~1/60s：选择不同的选项，即可将闪光同步速度设置为所选值。

▲ 在拍摄夜景人像时，采用大光圈和较高的闪光同步速度，从而成功拍到了人物清晰且背景明亮、虚化的效果

焦　　距▶50mm
光　　圈▶F2.8
快门速度▶1/100s
感 光 度▶ISO400

闪光快门速度

功能要点：在Nikon D810中，该菜单用于设置在P挡程序自动模式或A挡光圈优先模式下，使用前后帘同步或防红眼时可使用的最低快门速度。

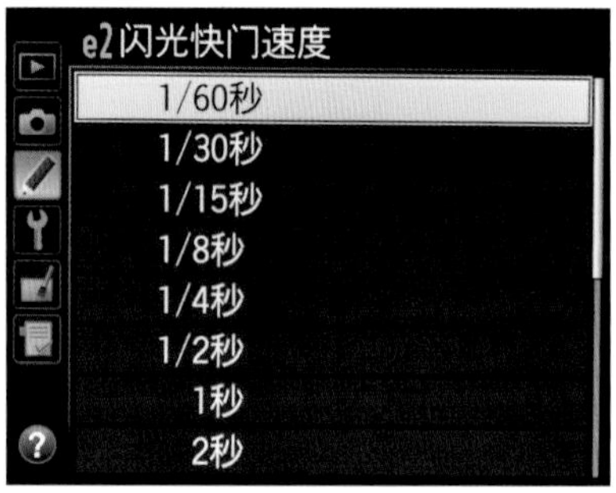

操作步骤：进入**自定义设定**菜单，选择**e 包围/闪光**中的**e2 闪光快门速度**选项

功能简介：在此菜单中，闪光快门速度的取值范围为1/60~30s。例如，希望以15s的时间进行曝光，并使用闪光灯进行照明，可以在此处选择15s的闪光快门速度。

使用经验：不论选择何种设定，在S挡快门优先模式和M挡手动模式下，或者当闪光灯设为慢同步、慢速后帘同步或防红眼+慢同步时，快门速度可慢至30s。

f：控制

自定义指令拨盘

功能要点：根据个人的操作习惯，可以利用此菜单自定义指令拨盘在转动时调整参数的方式。

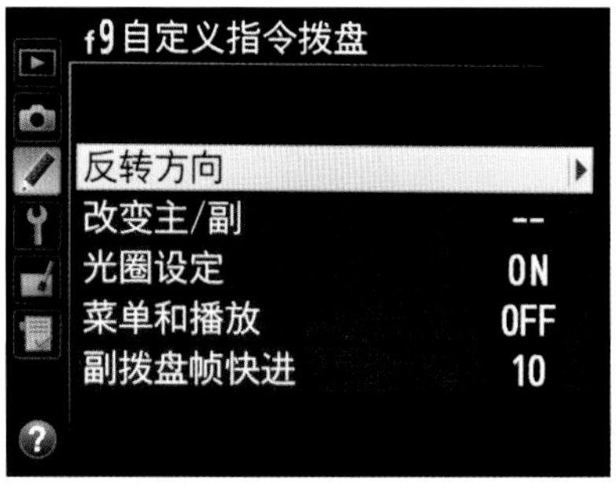

操作步骤：进入**自定义设定**菜单，选择f**控制**中的f9 **自定义指令拨盘**选项

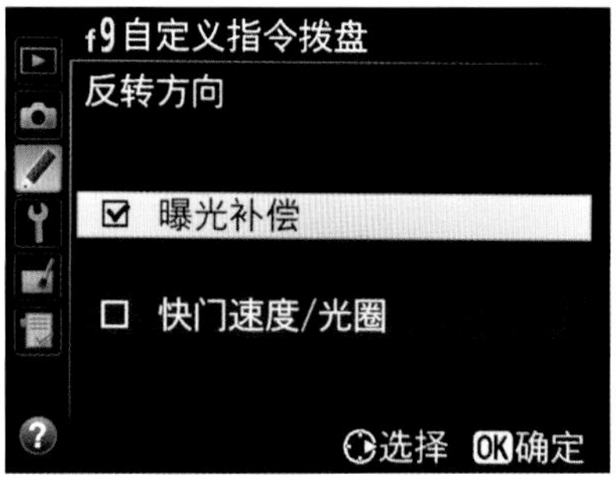

▲选择反转方向选项界面图

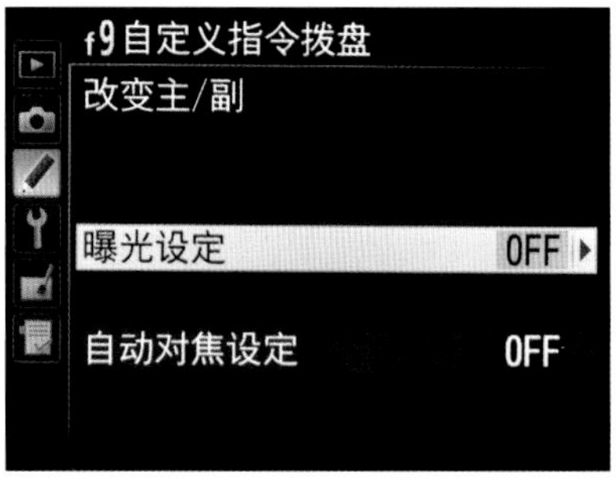

▲选择改变主/副选项界面图

选项释义

■反转方向：指令拨盘的旋转方向与此前正好相反，有曝光补偿和快门速度 / 光圈两个选项。

■改变主/副：包含曝光设定和自动对焦设定两个选项。在“曝光设定”选项下，选择“开启”选项，主指令拨盘将控制光圈，而副指令拨盘控制快门速度；选择“开启（自动）”选项，主指令拨盘将仅在光圈优先模式下用于选择光圈；选择“关闭”选项，则主指令拨盘将用于控制快门速度，而副指令拨盘将用于控制光圈。在“自动对焦设定”选项下，选择“开启”选项，按住 AF 模式按钮并旋转副指令拨盘将选择自动对焦模式；按住 AF 模式按钮并旋转主指令拨盘将选择自动对焦区域模式。选择“关闭”选项，则不反转指令拨盘的功能。

■光圈设定：选择其中一个选项，则仅使用副指令拨盘或光圈环调整光圈值。

■菜单和播放：选择“开启”或“开启（不包括影像查看）”选项，则主指令拨盘可用于选择全屏播放时显示的照片，在缩略图播放时用于左右移动光标以及上下移动菜单加亮显示条；副指令拨盘可用于在全屏播放时，根据“副拨盘帧快”中所选项的不同，向前或向后跳帧观看，以及在缩略图播放时向上或向下翻动页面。屏幕中显示菜单时，向右旋转副指令拨盘可显示所选项的子菜单，向左旋转则显示前一菜单。需要注意的是，选择“开启（不包括影像查看）”选项，可防止指令拨盘在图像查看过程中用于播放。选择“关闭”选项，则多重选择器可用于选择全屏播放时显示的照片，加亮显示缩略图和导航菜单。

▲摄影师可以对指令拨盘进行重新设置，以便更符合摄影师的操作习惯

焦　　距▷135mm
光　　圈▷F5.6
快门速度▷1/1250s
感 光 度▷ISO200

空插槽时快门释放锁定

功能要点：利用“空插槽时快门释放锁定”菜单可防止出现未安装储存卡而进行拍摄的情况出现。

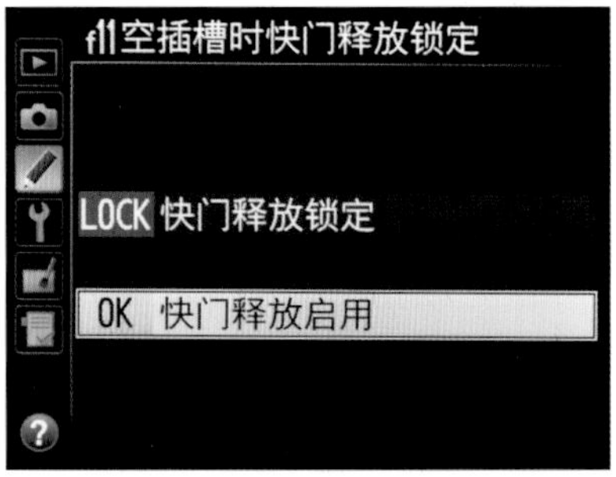

操作步骤：进入**自定义设定**菜单，选择**f控制**中的f11 **空插槽时快门释放锁定**选项

选项释义

■快门释放锁定：选择此选项，不允许无存储卡时按下快门。

■快门释放启用：选择此选项，未安装存储卡时仍然可以按下快门，但照片无法被存储。此时，照片将以demo模式出现在显示屏中。

使用经验：通常情况下，建议选择“LOCK快门释放锁定”选项，这样可以在第一时间发现是否安装了存储卡，从而避免因忘带存储卡而延误拍摄时机的情况发生。

▲ 晚霞就那么几分钟最绚丽，设置为“LOCK快门释放锁定”选项可以让摄影师第一时间发现未装存储卡，以免耽误最佳拍摄时机

焦　距 ▶ 16mm
光　圈 ▶ F11
快门速度 ▶ 1/4s
感 光 度 ▶ ISO100

设定菜单

格式化存储卡

功能要点：“格式化存储卡”功能用于删除储存卡内的全部数据。一般在新购买储存卡后，都要对其进行格式化。

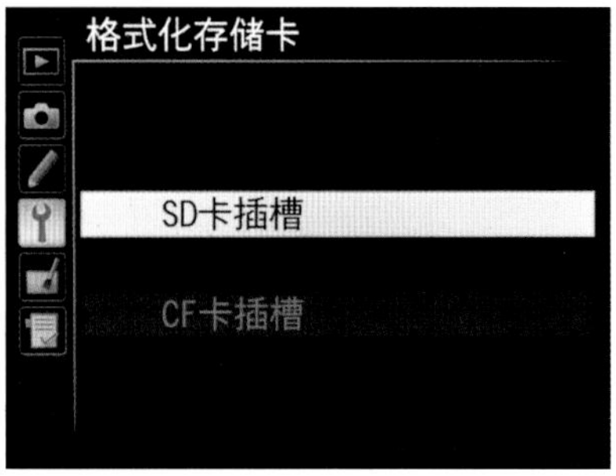

操作步骤：选择**设定**菜单中的**格式化存储卡**选项

使用经验：在格式化之前，一定要确保存储卡中的数据确实已经无用，因为格式化后，存储卡中的所有数据都将消失——包括非图像文件，以及之前设置过保护锁定的图像等。

显示屏亮度

功能要点：此菜单用于控制显示屏的亮度，可以在-5~+5进行设置。通常应将显示屏的明暗调整到与最后的画面效果接近的亮度，以便于查看所拍摄照片的效果，并可随时调整相机设置，从而得到曝光合适的画面。

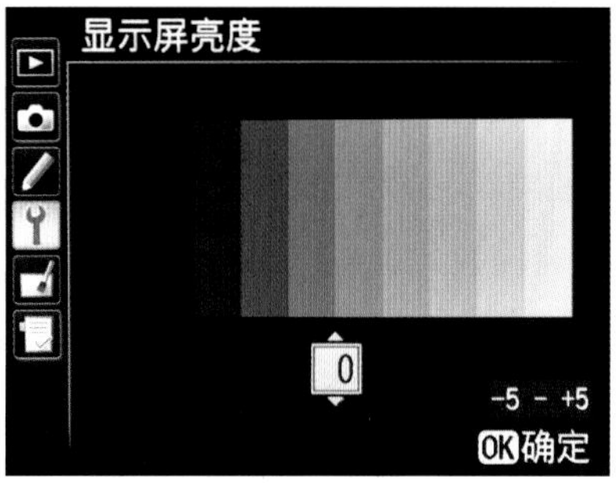

操作步骤：选择**设定**菜单中的**显示屏亮度**选项

使用经验：建议找一个显示正确的显示器，然后在计算机和相机上显示同一张照片，再调整显示屏的亮度，直至二者的显示最为相近为止，从而保证查看到的照片结果尽可能接近最终需要的结果，而不会有太大的偏差。

另外，在光线充足的环境里查看相机的显示屏时，由于屏幕会出现明亮反光，因此难以看清。但如果能够灵活运用以下几个小技巧，则能够较好地解决此问题。

（1）选择背光的方向查看显示屏，并在查看时用手遮挡阳光。

（2）购买专用显示屏遮光罩，这种遮光罩可以在屏幕上方弹出，以遮挡强光。

（3）用随身衣物罩住相机，形成较暗的观看环境，以便于看清显示屏。

焦　　距 ▶ 85mm
光　　圈 ▶ F1.8
快门速度 ▶ 1/2000s
感 光 度 ▶ ISO100

▶ 在拍摄高调作品时，设置较准确的显示屏亮度，可避免因显示屏的不准而导致画面曝光过度

自动旋转图像

功能要点：此菜单用于控制照片显示时是否将竖幅照片自动旋转为竖直方向显示。

功能简介：选择“开启”选项时，拍摄的照片中将包含相机的方向信息，这些照片在播放过程中或者在ViewNX2，CaptureNX2中查看时会自动旋转。可记录相机的3个方向：风景（横向）方向、相机顺时针旋转90º和相机逆时针旋转90º。选择“关闭”选项时，将不记录相机的方向信息。

使用经验：此命令通常是与前面所讲述过的“旋转至竖直方向”命令结合在一起使用的，如果此菜单命令选项的设置为“关闭”，则即使在“旋转至竖直方向”菜单命令中选中“开启”选项，照片也不会被自动旋转过来，因为此时拍摄的照片并没有记录拍摄时相机的方向。

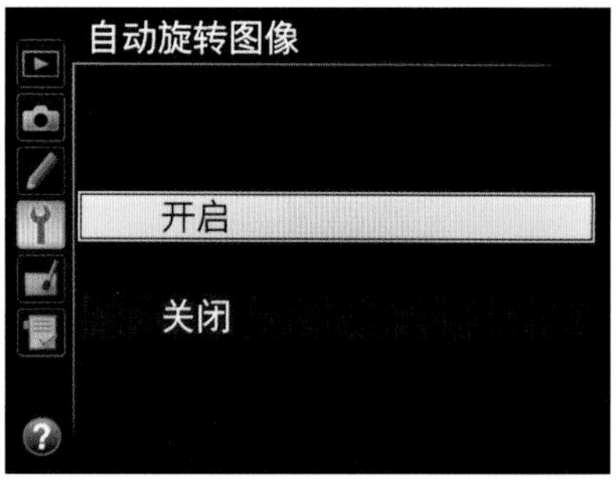

操作步骤：选择**设定**菜单中的**自动旋转图像**选项

当“自动旋转图像”设置为“关闭”时

▲旋转至竖直方向关闭

▲旋转至竖直方向开启

当“自动旋转图像”设置为“开启”时

▲旋转至竖直方向关闭

▲旋转至竖直方向开启

虚拟水平

功能要点：当进行严谨的摄影时，如果需要相机保持水平状态，则可以启用Nikon D810的“虚拟水平”功能，以便进行更准确的水平构图。

使用经验：在拍摄水平线被遮挡的风景、建筑时，使用此功能可以轻松地判断出水平线及垂直线的位置，进而获得横平竖直的画面。

操作步骤：选择**设定**菜单中的**虚拟水平**选项

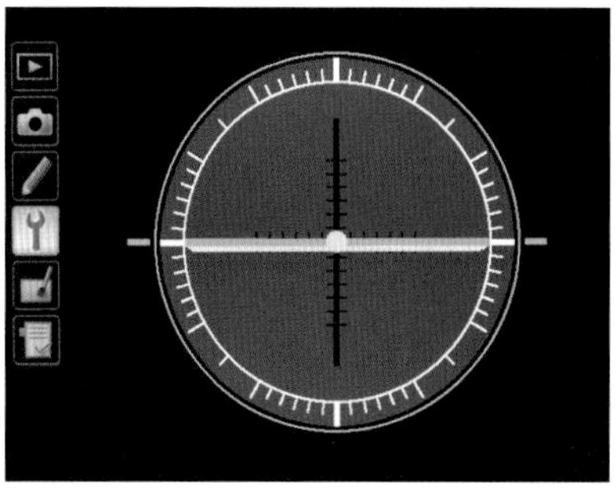

▲ 相机左右、前后均处于水平时的状态

▲ 拍摄山川时，由于没有明显的地平线，使用“虚拟水平”功能则可以轻松地拍出最好水平的构图

焦　　距 ▷ 40mm
光　　圈 ▷ F5
快门速度 ▷ 1/100s
感 光 度 ▷ ISO200

第4章

「获得正确的曝光」

灵活使用曝光模式

Nikon D810提供了程序自动、光圈优先和快门优先3种自动曝光模式，以及完全由摄影师控制拍摄参数的手动曝光模式。此外Nikon D810 还提供了场景模式（人像、风景、运动、近摄等），以方便刚刚接触摄影的爱好者在应对各种场景时能够轻松拍摄。这已经完全可以满足摄影师的拍摄需求了。

程序自动模式（P）

程序自动曝光模式在Nikon D810的控制面板及显示屏上显示为“P”。

使用这种曝光模式拍摄时，光圈和快门速度由相机自动控制，相机会自动给出不同的曝光组合，此时拨动主指令拨盘可以在相机给出的曝光组合中进行选择。除此之外，白平衡、ISO感光度、曝光补偿等参数也可以手动控制。

通过对这些参数进行不同的设置，拍摄者可以得到不同效果的照片，而且不用自己去考虑光圈和快门速度就能够获得较为准确的曝光。程序自动曝光模式常用于拍摄新闻、纪实等需要抓拍的题材。

在实际拍摄时，向右旋转主指令拨盘可获得模糊背景细节的大光圈（低F值）或“锁定”动作的高速快门曝光组合；向左旋转主指令拨盘可获得增加景深的小光圈（高F值）或模糊动作的低速快门曝光组合。此时相机控制面板的左上角会显示P*图标。

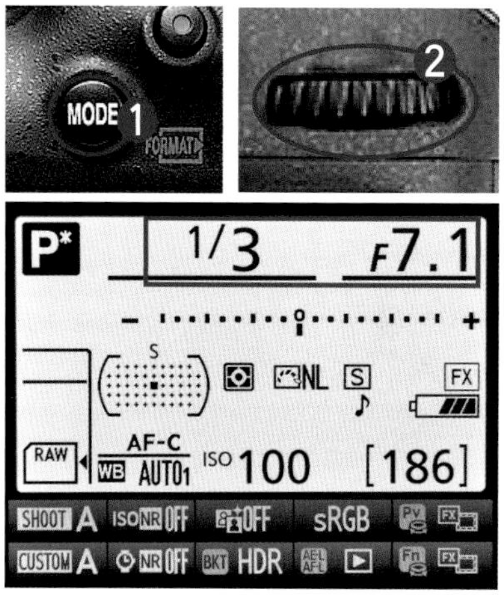

操作步骤：按下MODE按钮并转动主指令拨盘选择P模式。在P模式下，转动主指令拨盘可选择不同的光圈与快门速度组合。

使用经验：相机自动选择的曝光设置未必是最佳组合。例如，摄影师可能认为按此快门速度手持拍摄不够稳定，或者希望用更大的光圈。此时，可以利用Nikon D810的柔性程序，即在P模式下，在保持测定的曝光值不变的情况下，通过转动主指令拨盘来改变光圈和快门速度组合（即等效曝光）。

▲ 使用程序自动模式可方便进行抓拍

焦　　距 ▷ 35mm
光　　圈 ▷ F2.8
快门速度 ▷ 1/1000s
感 光 度 ▷ ISO200

快门优先模式(S)

在快门优先模式下，摄影师可以转动主指令拨盘从1/8000~30s选择所需快门速度，然后相机会根据快门速度自动计算光圈的大小，以获得正确的曝光。

在拍摄时，快门速度需要根据拍摄对象的运动速度及照片的表现形式来决定。

较高的快门速度可以凝固动作或者移动的主体，适合拍摄体育、动物等运动的题材；较慢的快门速度可以产生模糊效果，从而产生动感，常用于拍摄水流、星轨、光轨等题材。

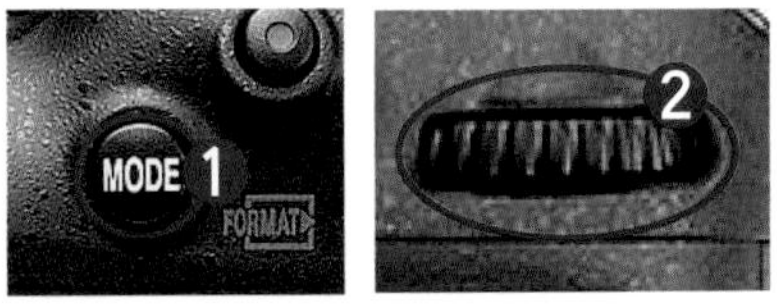

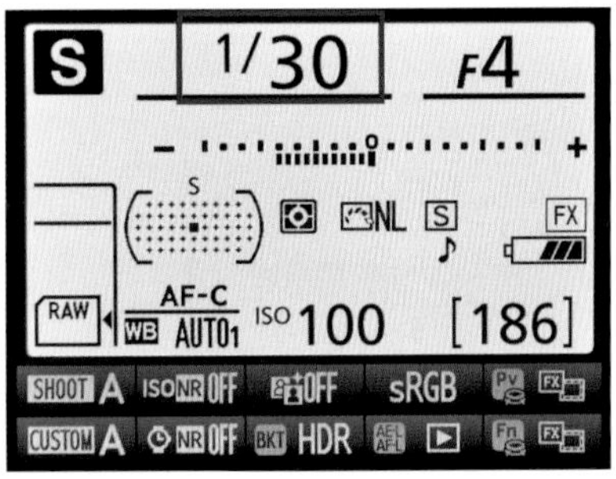

操作步骤：按下MODE按钮并转动主指令拨盘选择S模式。在S模式下，转动主指令拨盘可选择不同的快门速度值。

▲ 若想抓拍到清晰的鸟类画面，需设置较高的快门速度

焦　距 ▷ 500mm
光　圈 ▷ F6.3
快门速度 ▷ 1/1000s
感光度 ▷ ISO400

▲ 使用慢速快门拍摄溪流，使水流形成丝滑的牛奶状，看起来轻柔飘逸

焦　距 ▷ 17mm
光　圈 ▷ F22
快门速度 ▷ 2.5s
感光度 ▷ ISO100

光圈优先模式(A)

在光圈优先模式下，相机会根据当前设置的光圈大小自动计算出合适的快门速度。使用光圈优先模式可以控制画面的景深，在同样的拍摄距离下，光圈越大，景深越小，即画面中的前景、背景的虚化效果就越好；反之，光圈越小，景深越大，即画面中的前景、背景的清晰度就越高。

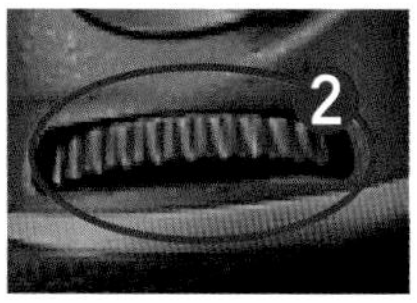

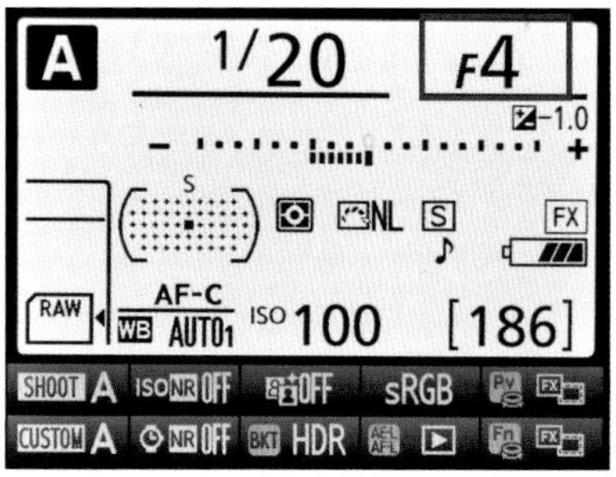

操作步骤：按下MODE按钮并转动主指令拨盘选择A模式。在A模式下，转动副指令拨盘可选择不同的光圈值。

使用经验：使用光圈优先模式应该注意如下两个问题。

（1）当光圈过大而导致快门速度超出了相机的极限时，如果仍然希望保持该光圈，可以尝试降低ISO感光度的数值，或使用中灰滤镜降低光线的进入量，以保证曝光准确。

（2）为了得到大景深而使用小光圈时，应该注意快门速度不能低于安全快门速度。

▲ 使用小光圈拍摄的自然风光，画面有足够大的景深，画面前后的景物都非常清晰

焦　　距 ▷ 25mm
光　　圈 ▷ F16
快门速度 ▷ 1/125s
感 光 度 ▷ ISO100

▲ 利用光圈优先模式以F2的大光圈，拍摄得到强烈的背景虚化效果，画面中人物很突出

焦　　距 ▷ 85mm
光　　圈 ▷ F2
快门速度 ▷ 1/4000s
感 光 度 ▷ ISO100

全手动模式(M)

在全手动模式下，所有拍摄参数都由摄影师手动进行设置，使用此模式拍摄有以下优点。

首先，使用M 挡全手动模式拍摄时，当摄影师设置好恰当的光圈、快门速度数值后，即使移动镜头再次进行构图，光圈与快门速度数值也不会发生变化。

其次，使用其他曝光模式拍摄时，往往需要根据场景的亮度，在测光后进行曝光补偿操作；而在M 挡全手动模式下，由于光圈与快门速度值都是由摄影师设定的，因此设定的同时就可以将曝光补偿考虑在内，从而省略了曝光补偿的设置过程。因此，在全手动模式下，摄影师可以按自己的想法让影像曝光不足，以使照片显得较暗，给人忧伤的感觉；或者让影像稍微过曝，拍摄出明快的高调照片。

另外，当在摄影棚拍摄并使用了频闪灯或外置非专用闪光灯时，由于无法使用相机的测光系统，而需要使用闪光灯测光表或通过手动计算来确定正确的曝光值，此时就需要手动设置光圈和快门速度，从而实现正确的曝光。

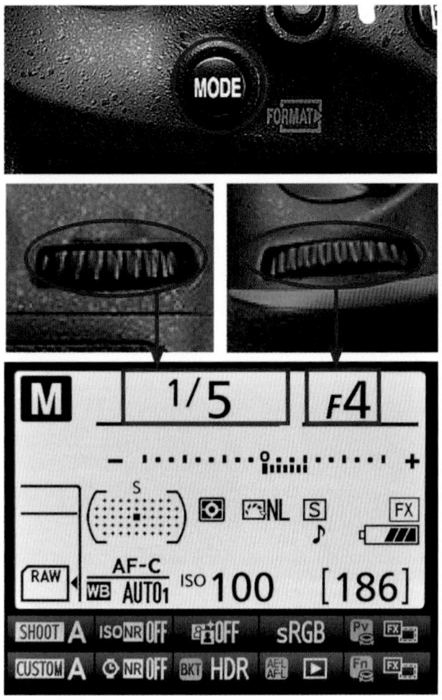

操作步骤：按下MODE按钮并转动主指令拨盘选择M模式。在M模式下，转动主指令拨盘可选择不同的快门速度，转动副指令拨盘可选择不同的光圈值。

▲ 由于室内光源很稳定，设置好合适的参数就可以随意拍摄了

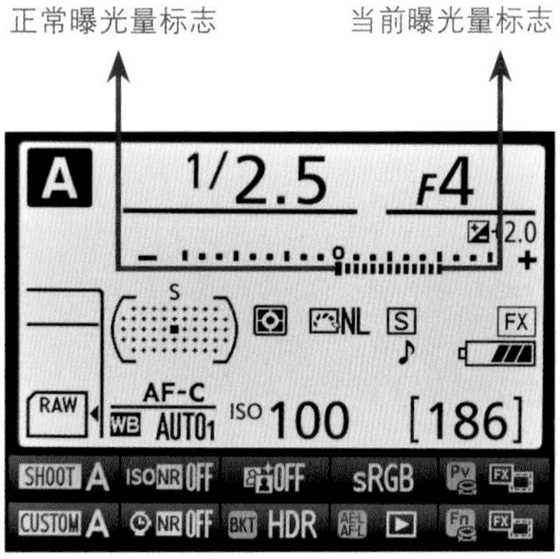

使用经验：在改变光圈或快门速度时，曝光量标志会左右移动，当曝光量标志位于正常曝光量标志的位置时，能获得相对准确的曝光。

当前曝光量标志靠近标有“－”号的右侧时，表明如果使用当前曝光组合拍摄，照片会偏暗（欠曝）；反之，当前曝光量标志靠近标有“+”号的左侧时，表明如果使用当前曝光组合拍摄，照片会偏亮（过曝）。在拍摄时要通过调整光圈、快门速度及感光度等曝光要素，使曝光量标志正好位于正常曝光量标志处（希望照片过曝或曝光不足的类型除外）。

B门曝光模式

B门并不是一个独立存在的曝光模式，但由于其不同于以前讲解过的几个曝光模式，因此有必要在此特意进行详细讲解。

使用B门模式拍摄，持续地完全按下快门按钮时快门将保持打开，直到松开快门按钮时快门被关闭，从而完成整个曝光过程，因此曝光时间取决于从快门按钮被按下到快门按钮被释放的持续时间长度，特别适合拍摄光绘、天体、焰火等需要长时间曝光并手动控制曝光时间的题材。为了避免画面模糊，使用B门模式拍摄时，应该使用三脚架及遥控快门线。

包括Nikon D810在内的所有数码单反相机，都只支持最低30s的快门速度，也就是说，对于超过30s的曝光时间，只能通过B门模式进行手动控制。

▲ 使用B门拍摄烟花，可以记录下多个烟花，竞相开放的烟花烘托出喜庆、热闹的节日气氛

焦　　距 ▶ 35mm
光　　圈 ▶ F12
快门速度 ▶ 8s
感 光 度 ▶ ISO100

▲ 拍摄星轨需要很长时间，因此需要使用B门进行拍摄

焦　　距 ▶ 24mm
光　　圈 ▶ F6.3
快门速度 ▶ 1800s
感 光 度 ▶ ISO500

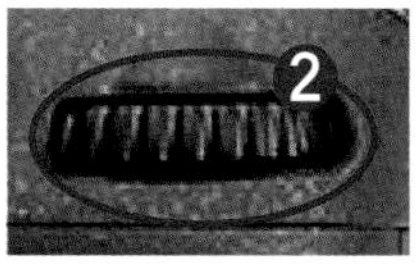

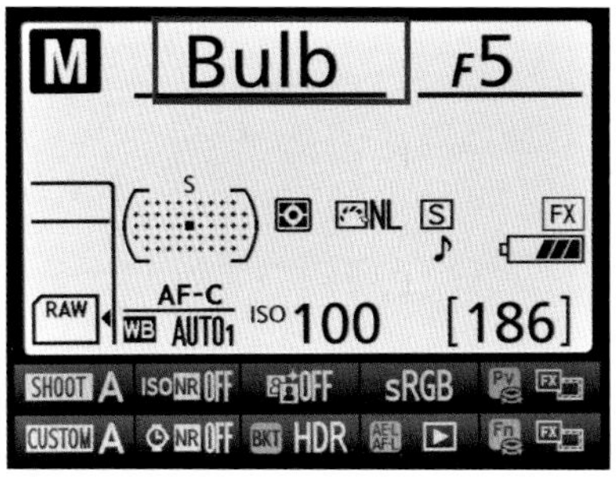

操作步骤：先将曝光模式设置为M挡全手动模式，然后向左转动主指令拨盘直至控制面板或显示屏显示快门速度为Bulb，即可切换至B门模式。

使用经验：使用B门模式但未使用遥控器拍摄时，应该在“自定义设定”菜单中将“d4 曝光延迟模式”设置为“2秒”，这样会使摄影师在按下快门释放按钮且相机升起反光板后，延迟快门释放约2s，以避免因为按下快门按钮使机身抖动而导致照片模糊。

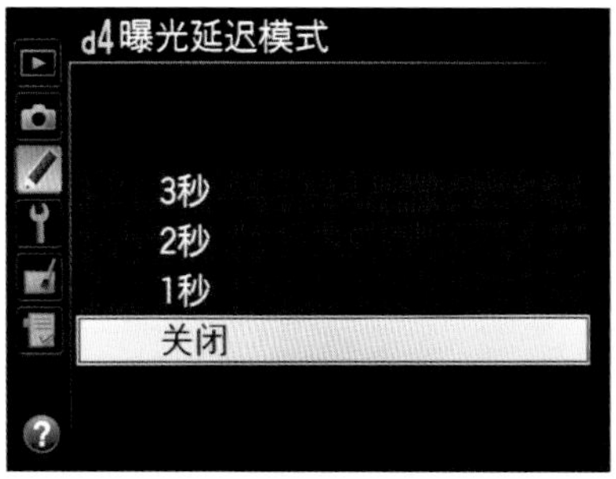

操作步骤：进入**自定义设定**菜单，选择d **拍摄/显示**中的d4 **曝光延迟模式**选项

另外，采用长时间曝光拍摄时，散射光会进入取景器，影响最终的曝光效果。为了避免出现这种问题，可以用衣物或拨动接目镜快门操作杆关闭取景器接目镜快门。

长时间曝光降噪

功能要点：曝光时间越长，则产生的噪点就越多，此时，可以启用“长时间曝光降噪”功能消减画面中的噪点。

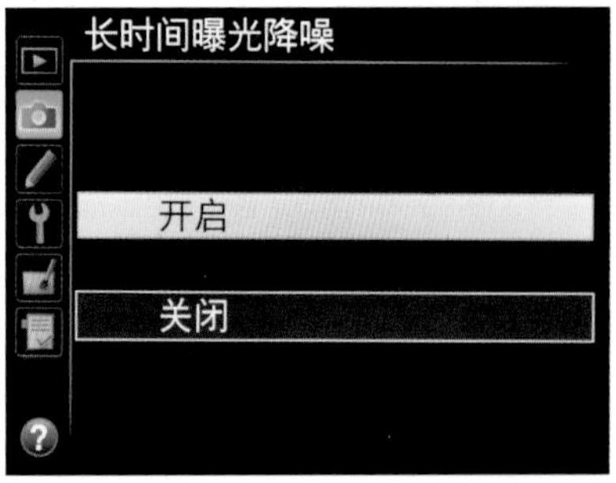

操作步骤：在**拍摄菜单**中选择**长时间曝光降噪**选项

功能简介：若选择了开启，在快门速度低于1s时，相机会将所拍摄的照片做减少噪点处理，但处理所需时间约增加一倍。例如，在使用30s的快门速度拍摄夜景时，则使用此功能消除照片中的噪点也要用30s的时间。

处理期间，在快门速度/光圈显示中“Job nr”将会闪烁，且无法拍摄照片，如果在处理完毕前关闭相机，照片会被保存，但不会执行降噪操作。

使用经验：需要注意的是，开启此功能可能会损失一定的画面细节，因此追求高画质、丰富细节的摄影爱好者需慎重使用。

如果遇到恶劣的天气（如低温），电池供应会受到低温的限制，因此为了保持电池的电量，建议关闭该功能。

▲ 用较小的光圈、较长的曝光时间拍摄城市夜景，星芒状的灯光闪烁在深蓝色的海天之下，由于拍摄时使用了“长时间曝光降噪”功能，因此画质比较纯净

焦　距 ▷ 17mm
光　圈 ▷ F9
快门速度 ▷ 15s
感 光 度 ▷ ISO100

深入掌握快门速度

快门速度的基本概念

快门是相机中用于控制曝光时间的组件，这个曝光时间即我们所说的快门速度。

快门速度以s为单位，常见的快门速度有30s、15s、8s、4s、2s、1s、1/2s、1/4s、1/8s、1/15s、1/30s、1/60s、1/125s、1/250s、1/500s、1/1000s、1/2000s及1/4000s等。

快门速度与画面亮度

在其他条件不变的情况下，快门速度提高一挡，则曝光时间减少一半，因此画面中的曝光降低一挡，画面变得更暗；反之，快门速度降低一挡，则曝光时间增加一倍，因此画面的曝光增加一挡，画面变得更亮。

固定参数：焦距：63mm　光圈：F2.8　感光度：ISO4000

▲ 快门速度：1/250s

▲ 快门速度：1/160s

▲ 快门速度：1/100s

▲ 快门速度：1/60s

▲ 快门速度：1/40s

▲ 快门速度：1/25s

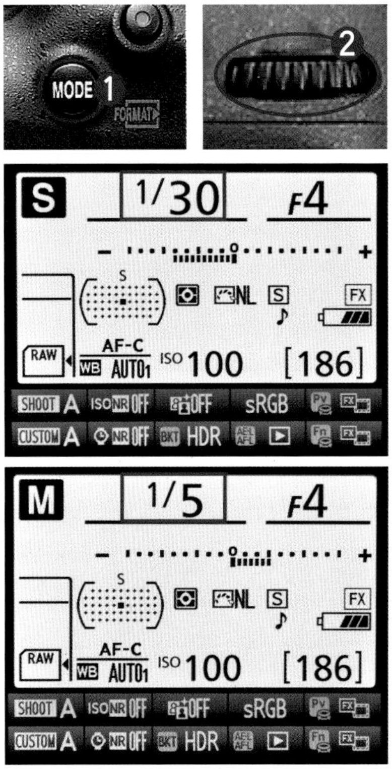

操作步骤：按下MODE按钮并转动主指令拨盘选择快门优先模式或手动模式，选择快门优先模式或手动模式时，可以转动主指令拨盘调节快门速度。

如前面所述，快门速度的快慢决定了曝光量的多少，在其他条件不变的情况下，每一倍的快门速度变化，即代表了一倍曝光量的变化。例如，当快门速度由1/120s 变为1/60s 时，由于快门速度慢了50%，曝光时间增加了一倍，因此总的曝光量也随之增加了一倍。

从左侧展示的一组照片中可以发现，在光圈与ISO 感光度数值不变的情况下，快门速度越慢、曝光时间越长，则画面感光越充分，画面就越亮。

快门速度与画面动感

拍摄动感的对象时，不同的快门速度会呈现出完全不同的画面效果。通常，快门时间越长，被摄对象在画面中留下的轨迹也越长，会营造出一种动感效果；而快门速度越短，则可将运动中的被摄对象瞬间定格在画面中，得到清晰的画面效果。

固定参数：焦距：100mm　感光度：ISO200

▲光圈：F2.8　快门速度：1/500s

▲光圈：F5　快门速度：1/125s

▲光圈：F8　快门速度：1/60s

▲光圈：F13　快门速度：1/15s

▲光圈：F16　快门速度：1/15s

▲光圈：F20　快门速度：1/8s

▲光圈：F22　快门速度：1/6s

▲光圈：F29　快门速度：1/6s

▲光圈：F32　快门速度：1/2s

通过这一组照片可看出，随着快门速度逐渐升高，喷泉的水柱线也越来越长，喷水虚化的效果越来越明显。

知识链接：认识安全快门

在快门速度的基础上，还要注意一个安全快门值。所谓的安全快门，是指在手持拍摄时能保证画面清晰的最低快门速度，其数值等同于当前所用焦距的倒数。例如当前焦距为200mm，拍摄时的快门速度应不低于1/200s。

当然，安全快门的计算只是一个参考值，它与个人的臂力、天气环境、是否有倚靠物等因素都有关系，因此可以根据实际情况进行适当的增减。

深入掌握光圈

光圈的基本概念

在曝光参数中，我们所说的光圈即指光圈值，用于控制在单位时间（快门速度）内的通光量。

常见的光圈值有F1.4、F2、F2.8、F4、F5.6、F8、F11、F16、F22、F32、F36等，相邻光圈间的通光量相差一倍，光圈值的变化是1.4倍，每递进一挡光圈，光圈口径就不断缩小，通光量也逐挡减半。比如F2光圈下的进光量是F2.8的一倍，但在数值上，后者是前者的1.4倍，这也是光圈的变化规律。

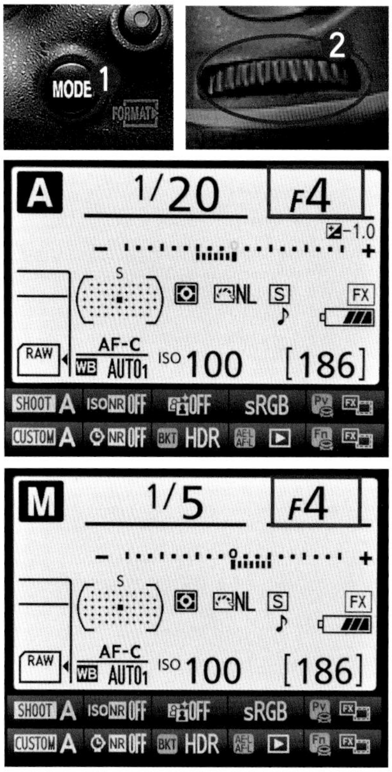

操作步骤：按下MODE按钮并转动主指令拨盘选择光圈优先模式或手动模式，在选择光圈优先模式或手动模式时，可以转动副指令拨盘调节光圈值。

光圈与画面亮度

如前所述，在其他参数不变的情况下，光圈增大一挡，则曝光量提高一倍，例如光圈从F4 增大至F2.8，即可增加一倍的曝光量；反之，光圈减小一挡，则曝光量也随之降低一半。换言之，光圈开启越大，通光量越多，所拍摄出来的照片也越明亮；光圈开启越小，通光量越少，所拍摄出来的照片也越暗淡。

固定参数：焦距：105mm　快门速度：1/125s　感光度：ISO100

▲ 光圈：F13

▲ 光圈：F6.3

▲ 光圈：F4.5

▲ 光圈：F2.8

通过这一组照片可以看出，在其他参数不变的情况下，随着光圈逐渐变大，进入镜头的光线不断增多，因此所拍摄出来的照片也逐渐变亮。

光圈与画面景深

光圈是控制景深（背景虚化程度）的重要因素。即在其他条件不变的情况下，光圈越大景深越小，反之光圈越小景深越大。在拍摄时想通过控制景深来使自己的作品更有艺术效果，就要合理使用大光圈和小光圈。

通过调整光圈数值的大小，即可拍摄不同的对象或表现不同的主题。例如，大光圈主要用于人像摄影、微距摄影，通过模糊背景来有效地突出主体；小光圈主要用于风景摄影、建筑摄影、纪实摄影等，大景深让画面中的所有景物都能清晰展现。

下面是一组在焦距、感光度为特定参数下，只改变光圈值与快门速度拍摄的照片，以此帮助更好地理解光圈与画面景深的关系。

固定参数：焦距：105mm　感光度：ISO800

▲光圈：F20　快门速度：1s

▲光圈：F13　快门速度：2s

▲光圈：F6.3　快门速度：1/10s

▲光圈：F4　快门速度：1/25s

▲光圈：F3.2　快门速度：1/40s

▲光圈：F2.8　快门速度：1/50s

从这一组照片中可以看出，当光圈从F2.8 逐渐缩小到F20时，快门速度也随之降低，因此画面曝光不变，但画面的景深却逐渐变大。使用的光圈越大，所拍出画面中背景位置的鲜花就越模糊；使用的光圈越小，所拍出画面背景的鲜花就越清晰。

快门速度与光圈的关系

快门速度与光圈之间的关系就好比自来水管的水龙头，光圈就好比水龙头的大小，快门速度就好比开放水龙头的时间。水龙头的口径越大，在同等的时间内水流量就会越多。同理可证，光圈越小，进光量就会越少，快门速度也就越慢。

快门速度	1/1000	1/500	1/250	1/125	1/60
光圈值	F2.8	F4.0	F5.6	F8.0	F11

当光圈过大，导致快门速度超出了相机的极限时，如果仍然希望保持该光圈，可以尝试降低ISO参数，或使用中灰滤镜降低光线的进入量，保证曝光准确。反之，如果光圈过小，或环境光线太弱，在此模式下，快门速度最低为30s，当到达该曝光时间时，将自动停止继续曝光。

深入掌握感光度

感光度基本概念

数码相机的感光度概念是从传统胶片感光度引入的，用于表示感光元件对光线的感光敏锐程度，即在相同条件下，感光度越高，获得光线的数量也就越多。但要注意的是，感光度越高，产生的噪点就越多，而低感光度画面则清晰、细腻，细节表现较好。

Nikon D810作为全画幅数码相机，在感光度的控制方面非常优秀。其常用感光度范围为ISO64~ISO12800，并可以向下扩展至Lo0.3~Lo1（相当于ISO50~ISO32），向上扩展至Hi 0.3和Hi 2（相当于ISO16000~ISO51200）。在光线充足的情况下，一般使用ISO64拍摄即可。

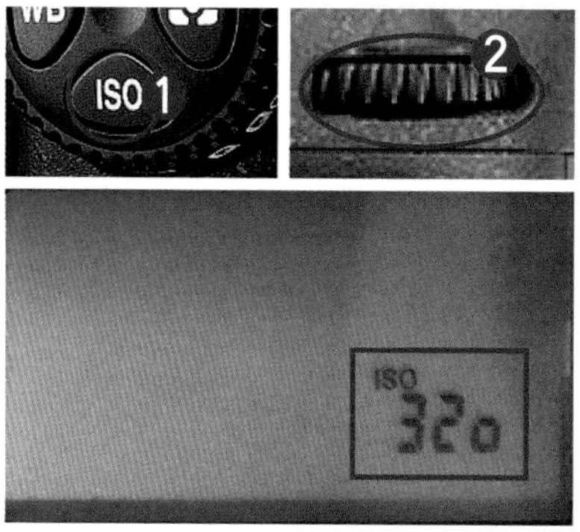

操作步骤：按下ISO按钮并同时转动主指令拨盘，即可调节ISO感光度的数值。

感光度与画面亮度

作为控制曝光的三大要素之一，在其他条件不变的情况下，感光度每增加一挡，感光元件对光线的敏锐度会随之增加一倍，即曝光量增加一倍；反之，感光度每减少一挡，曝光量则减少一半。

更直观地说，感光度的变化直接影响光圈或快门速度的设置，以F2.8、1/200s、ISO400 的曝光组合为例，在保证被摄体正确曝光的条件下，如果要改变快门速度并使光圈数值保持不变，可以通过提高或降低感光度来实现，快门速度提高一倍（变为1/400s），则可以将感光度提高一倍（变为ISO800）；如果要改变光圈值而保证快门速度不变，同样可以通过设置感光度数值来完成，例如要增加2 挡光圈（变为F1.4），则可以将ISO感光度数值降低2 倍（变为ISO100）。

固定参数：焦距：105mm　光圈：F7.1　快门速度：0.6s

▲ 感光度：ISO100

▲ 感光度：ISO160

▲ 感光度：ISO200

▲ 感光度：ISO320

从这一组照片中可以看出，当其他曝光参数不变时，ISO感光度越大，由于感光元件对光线更加敏感，因此所拍摄出来的照片也就越明亮。

感光度与噪点

感光度的变化除了对曝光会产生影响外，对画质也有着极大的影响，即感光度越低，画面就越细腻；反之，感光度越高，就越容易产生噪点、杂色，画质就越差。

在条件允许的情况下，建议采用Nikon D810 基础感光度中的最低值，即ISO100，这样可以在最大程度上保证得到较高的画质。

使用经验：使用相同的ISO 感光度分别在光线充足与不足的环境中拍摄时，在光线不足环境中拍摄的照片会产生较多的噪点，如果此时再采用较长的曝光时间，那么就更容易产生噪点。因此，在弱光环境拍摄时，更需要设置低感光度，并配合“高ISO 降噪”功能来获得较高的画质。

但低感光度的设置可能会导致快门速度很低，在手持拍摄时很容易由于手的抖动而导致画面模糊。此时，如果拍摄时没有或无法使用三脚架，应该果断地提高感光度，即优先保证能够成功完成拍摄，然后再考虑高感光度给画质带来的损失。因为画质损失在一定程度上可通过后期处理来弥补，而画面模糊则意味着拍摄失败，几乎无法补救。

固定参数：焦距：105mm　光圈：F2.8

▲ 快门速度：1/40s　感光度：ISO100

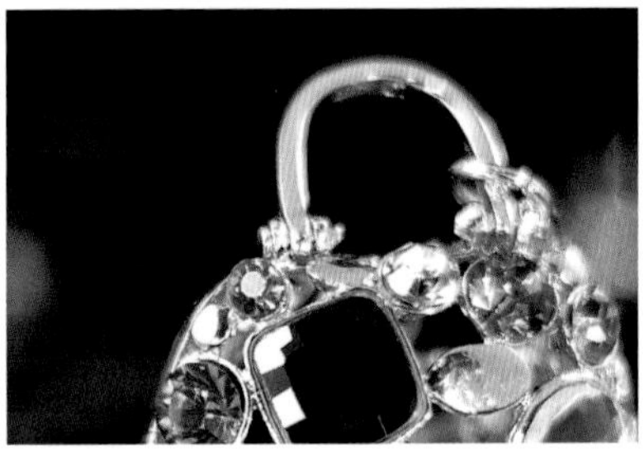

▲ 快门速度：1/160s　感光度：ISO160

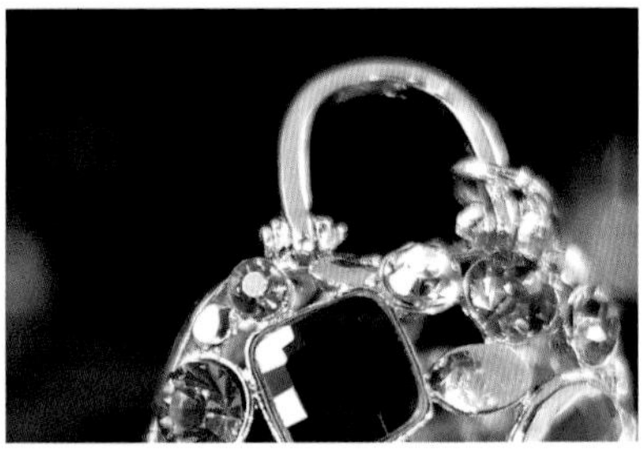

▲ 快门速度：1/160s　感光度：ISO320

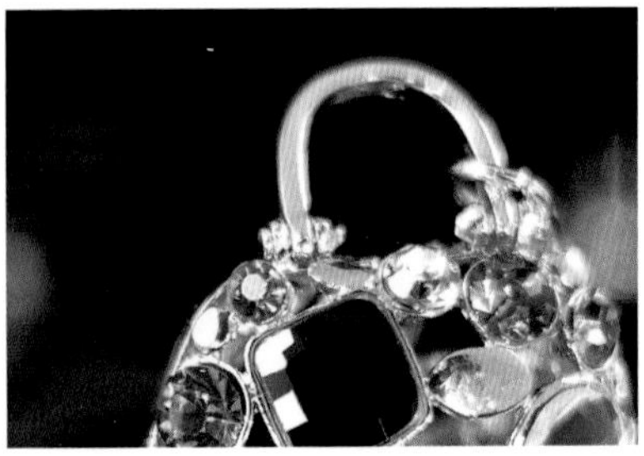

▲ 快门速度：1/200s　感光度：ISO500

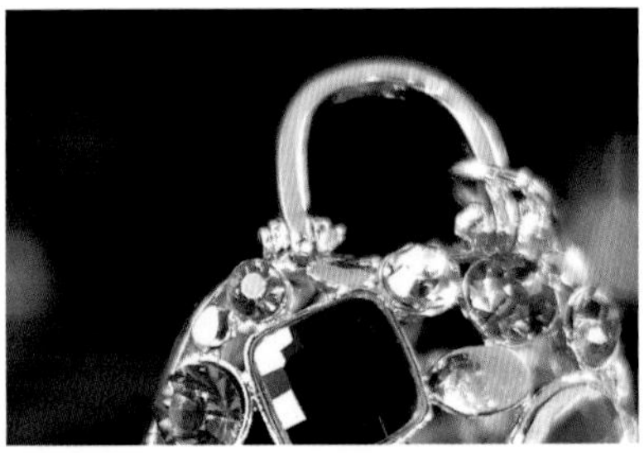

▲ 快门速度：1/250s　感光度：ISO640

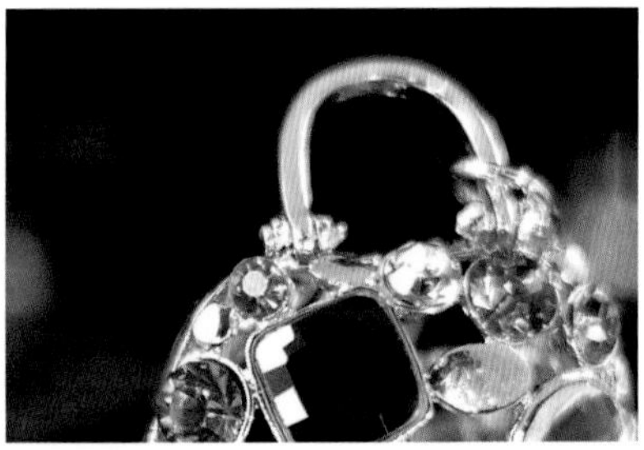

▲ 快门速度：1/320s　感光度：ISO800

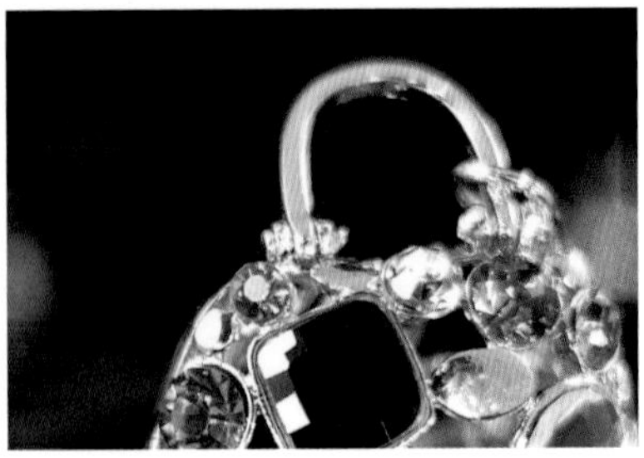

▲ 快门速度：1/500s　感光度：ISO1000

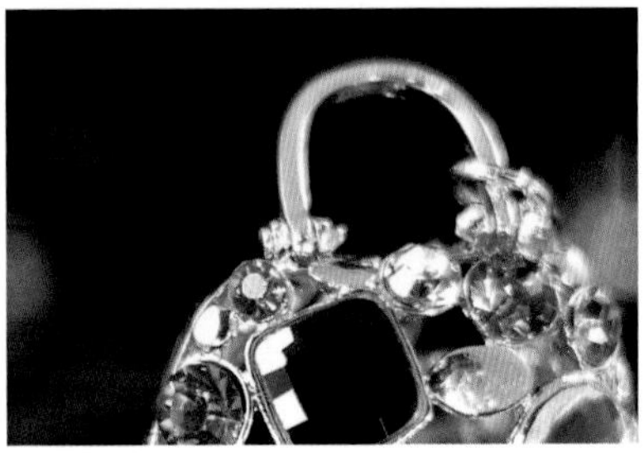

▲ 快门速度：1/640s　感光度：ISO1250

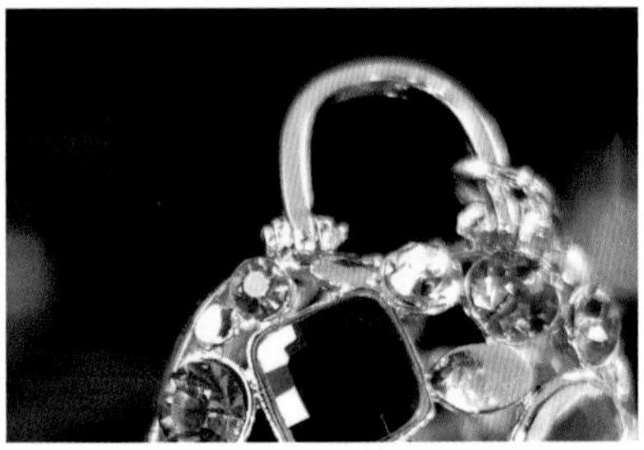

▲ 快门速度：1/800s　感光度：ISO1600

从这一组照片中可以看出，在光圈优先曝光模式下，当ISO感光度数值发生变化时，快门速度也随之发生了变化，因此照片的整体曝光量并没有变化。但仔细观察细节可以看出，照片的画质随着ISO数值的增大而逐渐变差。

通过拍摄技法解决高感拍摄时噪点多的问题

鉴于感光度越高，画面噪点也越多的问题，在实际拍摄过程中，可以参考以下一些建议：

（1）在光线允许的情况下，尽量使用低感光度，可以保证更高的画质和细节表现力。

（2）在光线不够充足的情况下，如果能够使用脚架或通过倚靠等方式，使相机保持稳定，那么也应该尽可能地使用低感光度——因为即使是设置相同的ISO感光度数值，弱光环境下也会产生更多的噪点。

（3）在暗光下手持拍摄，应优先考虑使成像清晰，其次考虑高感光度给画质带来的损失。因为画质损失可采取后期方式来弥补，而画面模糊无法补救。

▲ 设置了ISO100拍摄的夜景，可看出画面很精细

焦　　距 ▷ 18mm
光　　圈 ▷ F16
快门速度 ▷ 24s
感 光 度 ▷ ISO100

使用经验：使用高ISO感光度而产生大量噪点时，可以通过启用高ISO降噪功能，以消减画面中的部分噪点。

▲ 此图是使用17mm广角镜头手持拍摄，需选择1/40s作为安全快门，为了达到这个数值，将感光度提高至ISO1000，虽然画面会显现出一些噪点，但总要比拍得虚了要好

焦　　距 ▷ 17mm
光　　圈 ▷ F16
快门速度 ▷ 1/40s
感 光 度 ▷ ISO1000

利用“高ISO降噪”功能去除噪点

功能简介：在使用高感光度拍摄时，画面中会有一定的噪点，此时可以使用“高ISO降噪”功能对噪点进行不同程度的消减。

选项释义

■高：选择此选项，将以较大的幅度降噪，适用于弱光拍摄情况。

■标准：选择此选项，将以标准幅度降噪，照片的画质会略受影响，适用于以JPEG格式保存照片的情况。

■低：选择此选项，将以较小的幅度降噪，适用于以JPEG格式拍摄且对照片不做调整的情况。

■关闭：选择此选项，仅在需要时执行降噪，所执行的降噪量要少于将该选项设为“低”时所执行的量。适用于以RAW格式保存照片的情况。

使用经验：当将“高ISO降噪”设置为“高”时，会使相机连拍的数量大大减少。

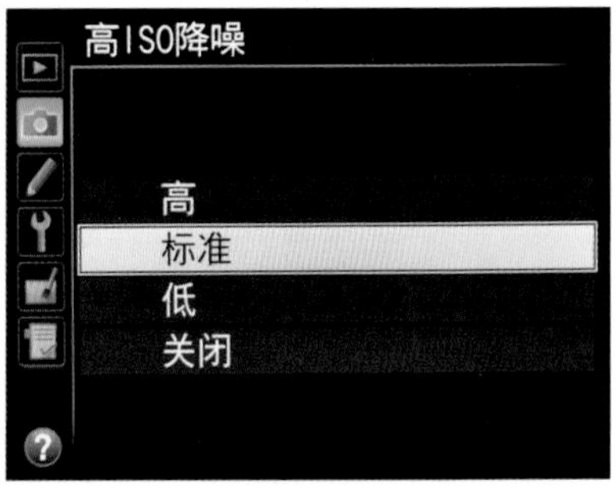

操作步骤：在**拍摄菜单**中选择**高ISO降噪**选项

▲ 未启用“高ISO降噪”功能时的局部画面，噪点明显很多，而将其设置为“高”后的局部画面，画面中的杂色及噪点都明显减少，但同时也损失了一定的细节

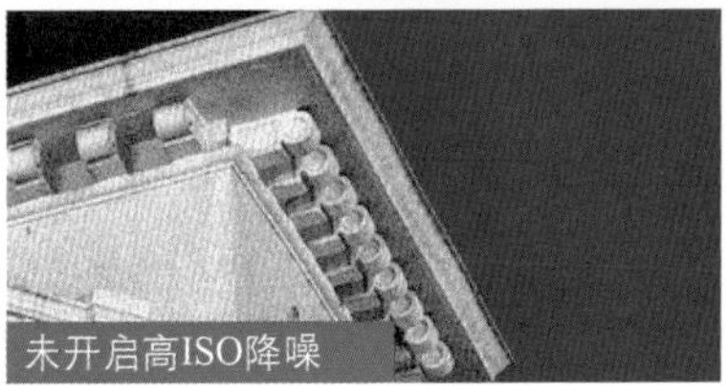

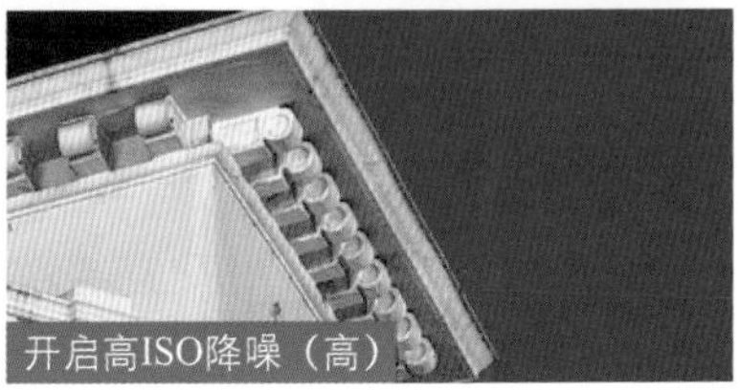

自动ISO感光度控制

即使在光线相对充足的白天拍摄，也可能会遇到需要提高ISO数值以获得更高快门速度的情况。此时可以利用“自动ISO感光度控制”功能，将ISO数值限定在100~500，让相机自动调整感光度数值。

这样既能够确保快门速度足以捕捉到要拍摄的运动对象，又免去了不断修改ISO数值的麻烦。而且由于白天的光线相对充足，即便使用ISO500这样的感光度，所拍摄得到的照片画质也仍然比较细腻，不会出现明显噪点。

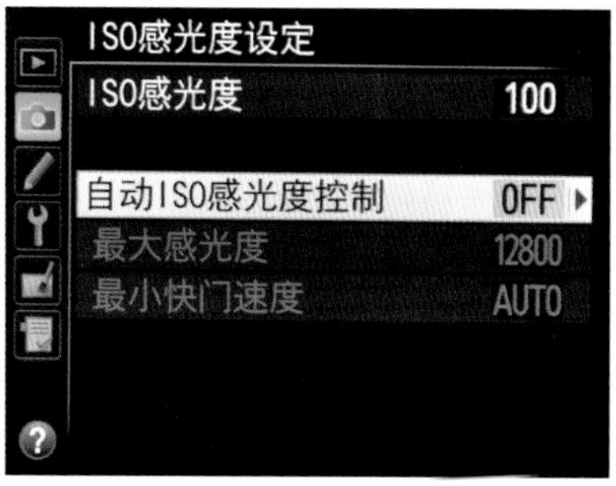

操作步骤：在**拍摄菜单**中选择**ISO感光度设定**选项，选择**自动ISO感光度控制**选项

选项释义

■最大感光度：选择此选项，可设置自动感光度的最大值。

■最小快门速度：选择此选项，可以指定一个快门速度的最低数值，即当快门速度低于此数值时，才由相机自动提高感光度数值。

适用场合：例如，当遇到像拍摄婚礼现场、演唱会这种光照强弱变化较大，又无法使用三脚架的场合时，将自动ISO范围的“最大值”设置得高一些，并将快门速度设置为安全快门速度，即可做到从容拍摄。

使用经验：当相机检测到依据当前的光圈与快门速度组合无法满足曝光需求或可能会曝光过度时，就会自动选择一个合适的ISO感光度数值，以满足正确曝光的需求。

反之，如果按当前设置的光圈与快门速度拍摄时，若相机检查为欠曝，则会自动提高ISO数值。

▲ 拍摄常变换场景的婚礼题材时，由于更倾向于拍摄到照片，不错过精彩的情景，因此可将最大感光度控制的数值设置得高一些来确保足够的快门速度

深入掌握曝光补偿

曝光补偿的基本概念

所有数码单反相机的曝光参数都来自于自动测光与手动设置曝光参数，而绝大多数摄影爱好者使用的都是相机的自动测光功能，并由此得到一组曝光参数。

但无论使用哪一种自动测光模式进行测光，相机都依赖于内置的固定的自动测光算法，因此当拍摄较亮或较暗的题材时，自动测光系统并不能够给出准确的曝光参数组合，此时就需要摄影师使用曝光补偿功能对此曝光参数组合进行校正，从而得到更准确的曝光效果。

在实际操作中，曝光补偿以“±nEV”的方式来表示。“+1EV”是指增加1挡曝光（补偿）；“-1EV”是指减少1挡曝光（补偿），以此类推。Nikon D810 的曝光补偿范围为-5.0~+5.0，可以设置以1/3挡为单位进行调整。

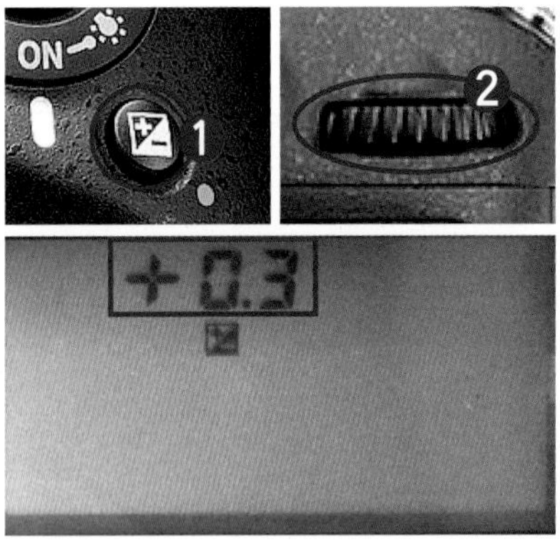

操作步骤：按下⊠按钮，然后转动主指令拨盘即可在控制面板上调整曝光补偿数值

曝光补偿对画面亮度的影响

如前所述，曝光补偿可以在当前相机测定的曝光数值基础上，做增加亮度或减少亮度的补偿性操作。例如，为了拍摄浓郁、纯粹的剪影，常常就需要降低一挡曝光补偿。而要拍摄出雪白的纱巾，则需要提高一挡曝光补偿。

曝光补偿的实现原理

曝光补偿的本质是改变光圈与快门参数，例如在光圈优先模式下，每增加一挡曝光补偿，快门速度即降低一半，从而获得增加一挡曝光的结果；反之，每降低一挡曝光补偿，则快门速度提高一倍，从而获得减少一挡曝光的结果。

固定参数：焦距：100mm　光圈：F4.5　感光度：ISO100

▲快门速度：1/20s　曝光补偿：-1 EV

▲快门速度：1/15s　曝光补偿：-0.5 EV

▲快门速度：1/10s　曝光补偿：0 EV

▲快门速度：1/8s　曝光补偿：+0.5 EV

▲快门速度：1/6s　曝光补偿：+1 EV

▲快门速度：1/4s　曝光补偿：+1.5 EV

上面展示的一组照片是增加和减少曝光补偿后拍摄的效果，从中可以看出，随着曝光补偿的增加，画面逐渐变亮。

判断曝光补偿方向

判断曝光补偿方向最简单的方法就是依据“白加黑减”这个口诀。其中“白加”中的“白”是泛指一切颜色看上去比较亮的、比较浅的景物，如雪、雾、白云、浅色的墙体、亮黄色的衣服等；同理，“黑减”中提到的“黑”，则是泛指一切颜色看上去比较暗、比较深的景物，如夜景、深蓝色的衣服、阴暗的树林、黑胡桃色的木器等。

判断曝光补偿量

选择曝光补偿量的标准很简单，就是要根据拍摄场景在画面中的明暗比例来判断。

如果明暗比例为1：1，则无须做曝光补偿，用矩阵测光就能够获得准确的曝光。

如果明暗比例为1：2，应该做-0.3挡曝光补偿；如果明暗比例是2：1，则应该做+0.3挡曝光补偿。

如果明暗比例为1：3，应该做-0.7挡曝光补偿；如果明暗比例是3：1，则应该做+0.7挡曝光补偿。

如果明暗比例为1：4，应该做-1挡曝光补偿；如果明暗比例是4：1，则应该做+1挡曝光补偿。

总之，明暗比例相差越大，则曝光补偿数值也应该越大。当然，由于Nikon D810 的曝光补偿范围为-5.0~+5.0，因此最高的曝光补偿量不可能超过这个数值。

除场景的明暗比例对曝光补偿有所影响外，摄影师的表达意图也对其有明显影响，其中比较典型的是人像摄影。在拍摄漂亮的女模特时，如果希望使其皮肤在画面中显得更白皙一些，则可以在测光的基础上再增加0.3~0.5挡曝光补偿。

在拍摄老人时，如果希望其肤色在画面中看起来更沧桑，则可以在测光的基础上做-0.3~-0.5挡的曝光补偿。

▲ 明暗比例为1：2的场景

▲ 明暗比例为3：1的场景

▲ 明暗比例为1：3的场景

增加曝光补偿还原纯白雪景

很多摄影初学者在拍摄雪景时，往往会把雪拍摄成灰色。

解决这个问题的方法是在拍摄时使用曝光补偿功能。在调整曝光补偿时，应当遵循“白加黑减”的原则，视白雪的面积大小增加1挡或2挡曝光补偿。这是由于雪对光线的反射十分强烈，使相机的测光结果出现较大的偏差。因此，如果能在拍摄前增加1挡曝光补偿，对相机经过自动测光得到的曝光参数进行修正，就可以拍摄出色彩洁白的雪景。

▲ 取景器中游标靠右

▲ 在拍摄时增加1挡曝光补偿，使雪的颜色显得很白

焦　　距 ▷ 35mm
光　　圈 ▷ F6.3
快门速度 ▷ 1/320s
感 光 度 ▷ ISO125

降低曝光补偿将背景拍摄成为黑色

在拍摄主体位于暗色背景前时，测光结果容易让暗色变成灰色，为了得到纯黑的背景以更好地突出表现主体，可以适当适当降低曝光量，以此来得到想要的效果。

▲ 取景器中游标靠左

焦　　距 ▷ 105mm
光　　圈 ▷ F2.8
快门速度 ▷ 1/1000s
感 光 度 ▷ ISO200

▶ 在拍摄时减少了1挡曝光补偿，获得了纯黑色的背景，使紫色的花朵在画面中显得特别突出

曝光控制EV步长

功能要点：该菜单用于控制参数调整曝光步长值，以便于使曝光更精细、准确。

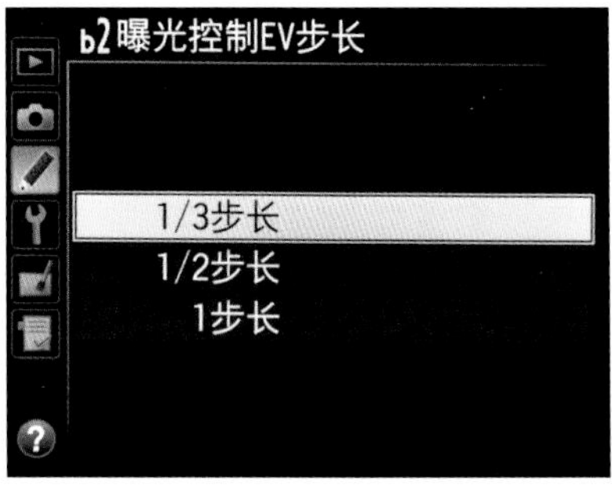

操作步骤：进入**自定义设定**菜单，选择b **测光/曝光**中的b2 **曝光控制EV步长**选项

使用经验：默认情况下，曝光调节的步长是1/3，以便于进行精细曝光调节，如快门速度从1/100s提高至1/125s即是1/3步长。

但当调整的曝光参数数值跨度较大时，如若仍使用1/3步长进行调节，则需要转动多次主指令或副指令拨盘才可以达到目的，此时就可以将其调整的步长值修改为1/2步长或1步长。

	快门速度（秒）	光圈值（f/）	包围/曝光补偿
1/3步长	1/50、1/60、1/80、1/100、1/125、1/160、……	2.8、3.2、3.5、4、5.6、……	0.3（1/3EV）、0.7（1/3EV）、1（1EV）
1/2步长	1/45、1/60、/90、1/125、1/180、1/250、……	2.8、3.3、4、4.8、5.6、6.7、8、……	0.5（1/2EV）、1（1EV）
1步长	1/30、1/60、1/125、1/500、1/1000、……	2.8、4、5.6、8、11、16、22	1（EV）

▲ 如果始终在反光较强（如雪地区域）或较弱的环境下拍摄，可以通过设置简易曝光补偿功能，实现快速根据反光区域面积大小调整曝光补偿值的目的

焦　　距 ▷ 18mm
光　　圈 ▷ F16
快门速度 ▷ 1/200s
感 光 度 ▷ ISO200

使用简易曝光补偿功能快速调整曝光补偿值

功能简介：对于经常设置曝光补偿的摄影师来说，每次都要按下曝光补偿按钮⊠再转动主指令进行设置是一件比较麻烦的事。通过“简易曝光补偿”菜单可以控制是否需要使用曝光补偿按钮⊠来设定曝光补偿。

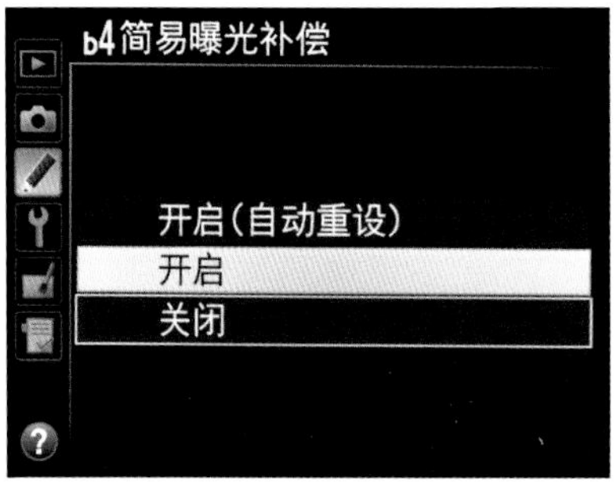

操作步骤：进入**自定义设定**菜单，选择b **测光/曝光**中的b4 **简易曝光补偿**选项

选项释义

- **开启（自动重设）**：选择此选项，在光圈优先模式下，可以旋转主指令拨盘调整曝光补偿；在快门优先和程序自动模式下，可以旋转副指令拨盘调整曝光补偿，并且在相机或测光被关闭后，相机将自动重设曝光补偿值（按下曝光补偿按钮⊠设置的数值不会被重设）。
- **开启**：此选项的功能与“开启（自动重设）”选项相同，只是在相机或测光被关闭后，不会自动重设曝光补偿参数。
- **关闭**：选择此选项，曝光补偿可通过按下曝光补偿按钮⊠并旋转主指令拨盘来设定。

自动包围曝光

自动包围曝光的功用

功能要点：无论摄影师使用的是3D彩色矩阵测光Ⅲ还是点测光，要实现准确或者说正确的曝光，有时都不能解决问题，其中任何一种方法都会给曝光带来一定程度的遗憾。有的测光方式可能会导致所拍摄的画面比正确地曝光过曝1/3EV，有的则可能欠曝1/3EV。

解决上述问题的最佳方案是使用包围曝光技法，即摄影师针对同一场景连续拍摄出3 张曝光量略有差异的照片，每一张照片的曝光量具体相差多少，可由摄影师自己确定。在实际拍摄过程中，摄影师无须调整曝光量，相机将根据设置自动在第一张照片的基础上增加、减少一定的曝光量，拍摄出另外两张照片。

按此方法拍摄出来的3张照片中，总会有一张的曝光相对准确，因此使用包围曝光能够提高拍摄的成功率。这种技术还能够帮助那些面对复杂的现场光线没有把握正确设置曝光参数的摄影师，通过拍摄出多张同一场景曝光量不同的照片来确保拍摄的成功率。

使用经验：在实际使用时，如果使用的是单拍模式，要按下3次快门才能完成自动包围曝光拍摄；如果使用的是连拍模式，按住快门即可连续拍摄3张曝光量不同的照片。

如果要取消包围曝光，转动主指令拨盘将拍摄张数设置为0即可。

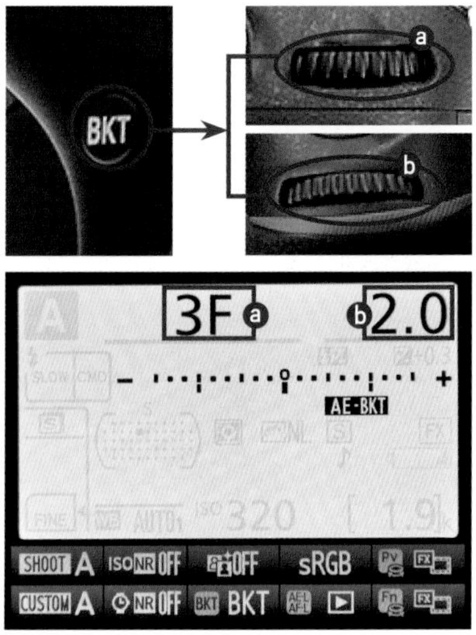

操作步骤：按下BKT按钮，转动主指令拨盘可以调整拍摄的张数（a）；转动副指令拨盘可以调整包围曝光的范围（b）。例如，如果将当前的曝光补偿设置为0，则按上图显示屏所示的参数进行设置后，拍摄时可以分别得到-2挡曝光补偿、不进行曝光补偿及+2挡曝光补偿的3张照片。

▲ 在光比较大的环境中，使用自动包围曝光拍摄了三张不同曝光量的画面，可以在后期合成一张受光面和背光面都曝光合适的HDR照片

用自动包围曝光素材合成高动态HDR照片

针对风光、建筑等题材而言，使用包围曝光功能拍摄出的不同曝光的照片，还可以进行后期的HDR合成，得到高光、中间调及暗调都充满丰富细节的照片。

在此以下面展示的3张使用自动包围曝光功能拍摄的素材照片为例，讲解如何使用Photoshop合成HDR照片。

❶ 启动Photoshop软件，打开要进行HDR合成的3幅照片。

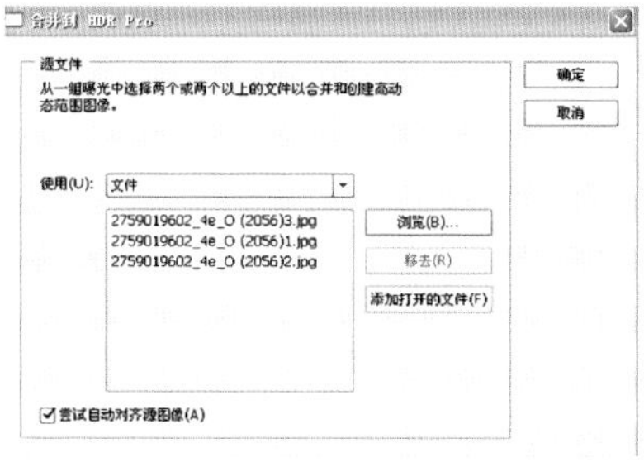

❷ 选择“文件”｜“自动”｜“合并到 HDR Pro”命令，在弹出的对话框中单击“添加打开的文件”（F）。

❸ 单击“确定”按钮退出对话框，在弹出的提示框中直接单击“确定”按钮退出，数秒后弹出“手动设置曝光值”对话框，单击向右按钮，使上方的预览图像为“素材3”，然后设置“EV”的数值。

▲ 通过HDR合成后，得到的高动态、高饱和度的画面效果

❹ 按照上一步的操作方法，通过单击向左或向右按钮，设置“素材2”和“素材1”的“EV”数值分别为0.3、1，单击“确定”按钮退出后，弹出“合并到 HDR Pro”对话框。

❺ 根据需要在对话框中设置“半径”、“数量”等参数，直至满意后，单击“确定”按钮即可完成HDR 合成。

深入掌握测光模式

要想准确曝光，前提是必须做到准确测光，Nikon D810提供了三种测光模式，这三种测光模式的区别仅在于测光面积的大小，因此在学习下面将要讲解到的三种测光模式时，要从这一角度去理解与运用。

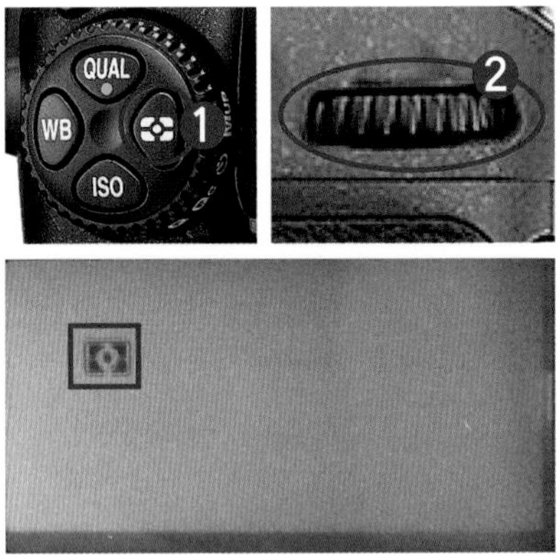

操作步骤：按下按钮并同时旋转主指令拨盘，可以在三种测光模式间切换

3D彩色矩阵测光Ⅲ模式

Nikon D810 使用的是有91000个像素的RGB感应器，当摄影师拍摄时若使用3D彩色矩阵测光Ⅲ模式，D810将从覆盖整个画面的91000个像素中收集被拍摄对象的色彩与亮度信息，并对这些信息进行平均加权计算，从而获得最适合于表现当前被拍摄对象的一组曝光参数。

使用经验：只要所拍摄场景的光比不太大，整个场景的明暗区域分布均匀，都可以优先考虑使用这种测光模式。

▲ 3D彩色矩阵测光III模式是最常用的侧光模式，适合拍摄多种题材

中央重点测光模式

中央重点测光模式基本概念

使用此测光模式时，虽然相机对整个画面进行测光，但将约75%的权重分配给位于画面中央且直径为12mm的圆形区域（此圆的直径可以更改为8mm、15mm或20mm或者平均分布于整个画面）。

例如，当Nikon D810在测光后得到曝光组合F8、1/320s，而其他区域正确的曝光组合是F4、1/200s，则由于中央位置对象的测光权重较大，最终相机确定的曝光组合可能会是F5.6、1/320s，以优先照顾中央位置对象的曝光需求。由于测光时能够兼顾其他区域的亮度，因此该模式既能实现画面中央区域的精准曝光，又能保留部分背景的细节。

使用经验：这种测光模式适合拍摄主体位于画面中央的场景，如人像、建筑物、背景较亮的逆光对象以及其他位于画面中央的对象。

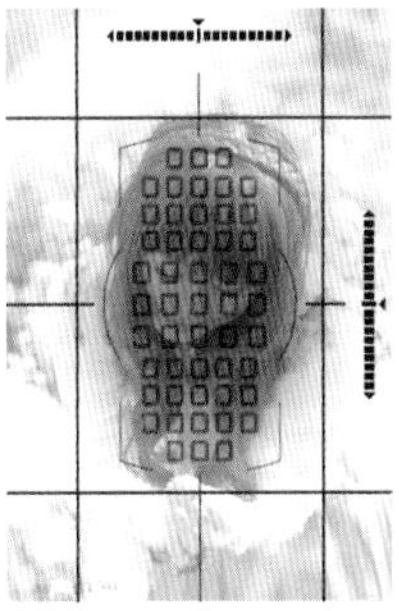

▲ 中央重点测光原理示意图

▲ 使用中央重点测光模式，可以依据画面靠中间的人物作为测光的重点，从而拍摄到人物曝光正常的照片

焦　距 ▷ 200mm
光　圈 ▷ F3.5
快门速度 ▷ 1/400s
感光度 ▷ ISO100

设置中央重点测光模式的测光面积

功能要点：在使用中央重点测光模式时，可以利用此功能改变画面中的测光面积。

功能简介：要修改此数值，可以通过“自定义设定”菜单中的“b6 中央重点区域”选项来设置中央重点测光区域的大小，该测光区域圆的直径可以设定为“8mm”、“12mm”、“15mm”、“20mm”、“全画面平均”。

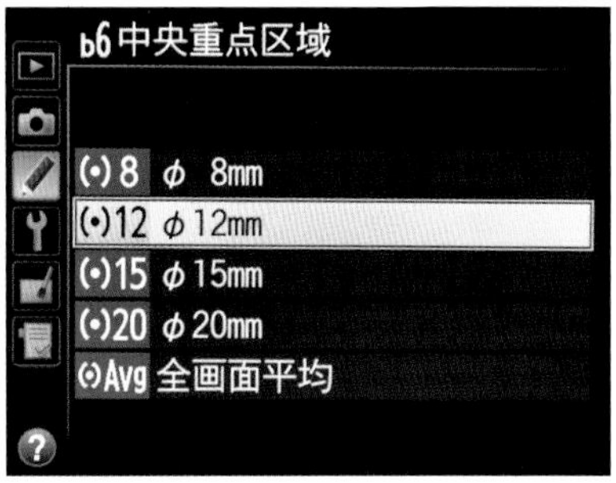

操作步骤：进入**自定义设定**菜单，选择b **测光/曝光**中的b6 **中央重点区域**选项

点测光模式 ⊡

如果拍摄时，希望通过画面中某一个较小的区域来确定曝光参数，则可以使用点测光模式。使用这种测光模式时，相机只对画面中央区域的很小部分（也就是光学取景器中央对焦点周围约1.5%的小区域，即直径大约为4mm的圆）进行测光。

通常点测光模式与自动曝光锁按钮一起使用，即先使用点测光模式测定曝光结果，然后按下自动曝光锁按钮将曝光锁定，再重新构图、对焦并拍摄。

焦　　距 ▷ 78mm
光　　圈 ▷ F5.6
快门速度 ▷ 1/800s
感 光 度 ▷ ISO100

▶ 要拍摄到这种明亮的太阳效果，可以在太阳边缘的位置进行点测光，然后锁定曝光后再重新进行拍摄

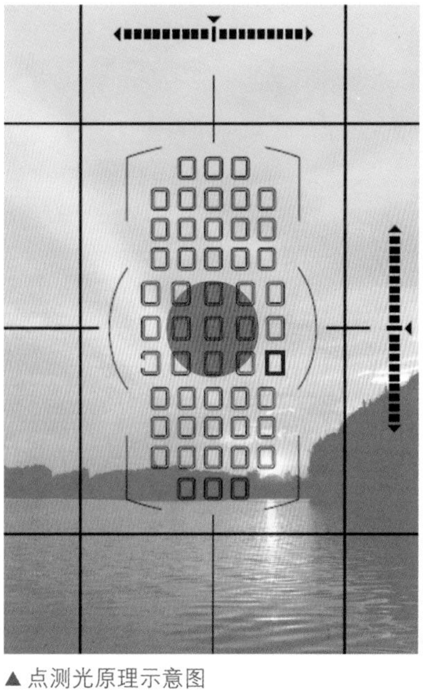

▲ 点测光原理示意图

使用经验：如果希望得到光比较大的画面，或拍摄出剪影照片，或拍摄出人像面部明暗准确的照片，均可以优先考虑使用这种测光模式。在拍摄微距时，也可以采用点测光对昆虫或花蕊等较主体的部分进行测光，从而正确地曝光被拍摄对象的细微局部。

另外，由于点测光模式的测光区域极小，因此必须要谨慎确认哪一个区域是测光区域，如果选择的测光位置有误，则拍摄出来的照片不是过曝就是欠曝。

需要特别强调的一点是，尼康相机与佳能相机在测光点与对焦点联动方面是有区别的。佳能相机（1D系列除外）的测光位置总是在中间，不能够随着对焦点移动。而使用尼康相机的点测光模式时，测光点可以随着对焦点移动，例如，当对焦点处于全部51个对焦点最上方时，则测光点也将会在此处。

亮部重点测光模式⊡*

在亮部重点测光模式下，相机将针对亮部重点测光，优先保证被拍摄对象的亮部曝光是正确的，在拍摄舞台上聚光灯下的演员、直射光线下浅色的对象时，使用此模式能够获得很好的曝光效果。

焦　　距 ▷ 200mm
光　　圈 ▷ F2.8
快门速度 ▷ 1/250s
感 光 度 ▷ ISO400

▶ 在拍摄舞台表演的照片时，使用亮部重点测光模式可以保证明亮的部分有丰富细节

微调优化曝光

功能要点：在Nikon D810中，可利用“微调优化曝光”菜单功能，实现针对每一张照片都增加或减少一定的曝光补偿值的操作。

功能简介：该菜单包含“矩阵测光”、“中央重点测光”、“点测光”、“亮部重点测光”4个选项。对于每种测光方式，均可在－1EV至+1EV之间以1/6EV步长值为增量进行微调。

使用经验：在摄影追求个性化的今天，有一些摄影师特别偏爱过曝或欠曝的照片，而利用此功能，可轻松地实现这一目的。

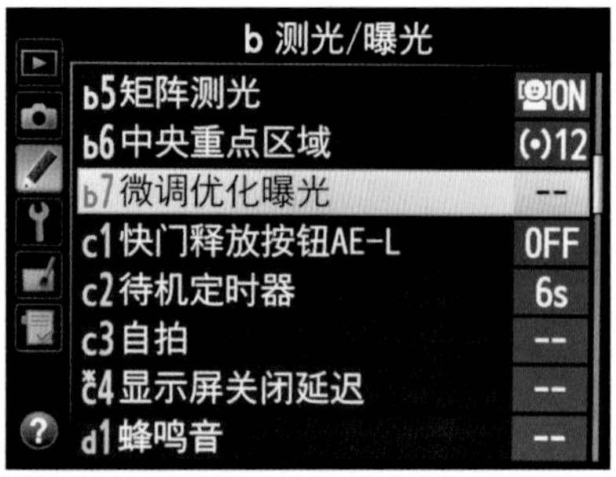

❶ 进入**自定义设定**菜单，选择b**测光/曝光**中的b7 **微调优化曝光**选项

❷ 在4种测光模式中选择一种进行微调

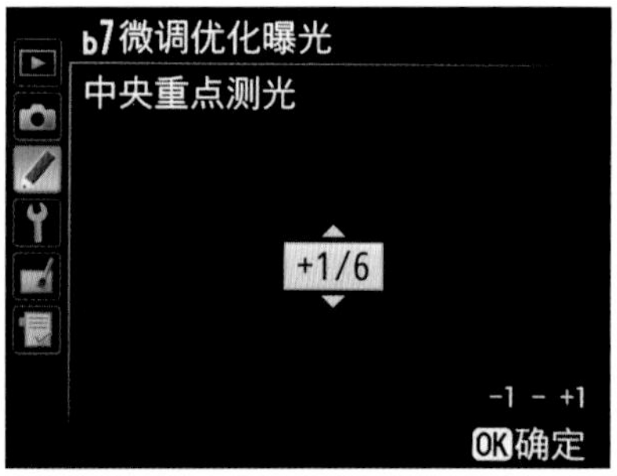

❸ 按下▲或▼方向键可以以1/6步长为增量选择曝光补偿数值

焦　　距 ▷ 120mm
光　　圈 ▷ F5.6
快门速度 ▷ 1/160s
感 光 度 ▷ ISO100

▲ 将矩阵测光选项的参数值设置为+1，可以使每一张照片都有一点过曝的效果，很适合拍摄雪景、人物等需要增加曝光补偿的题材

焦　　距 ▷ 70mm
光　　圈 ▷ F3.2
快门速度 ▷ 1/1250s
感 光 度 ▷ ISO100

一键切换测光模式的技巧

功能简介：如果拍摄时经常需要在几种测光模式间进行切换，可以运用一键切换测光模式的技巧，方法是通过“指定 Fn按钮”菜单，将Fn按钮的功能定义为按下后立即切换至所定义的测光模式，从而实现一键将当前使用的测光模式快速切换为另一种测光模式的目的。

使用经验：按同样方法，可以利用“指定预览按钮”、“指定AE-L/AF-L按钮”这两个菜单的功能，将这两个按钮定义为按下后立即切换至在其他的测光模式。例如，可以定义按下Fn按钮后立即切换至点测光模式，按下预览按钮后立即切换矩阵测光模式，按下AE-L/AF-L按钮后立即切换为中央重点测光模式。这样在拍摄时，只需要通过按下Fn按钮、预览按钮、AE-L/AF-L按钮，就可以在三种测光模式间来回切换，从而大大提高拍摄效率。

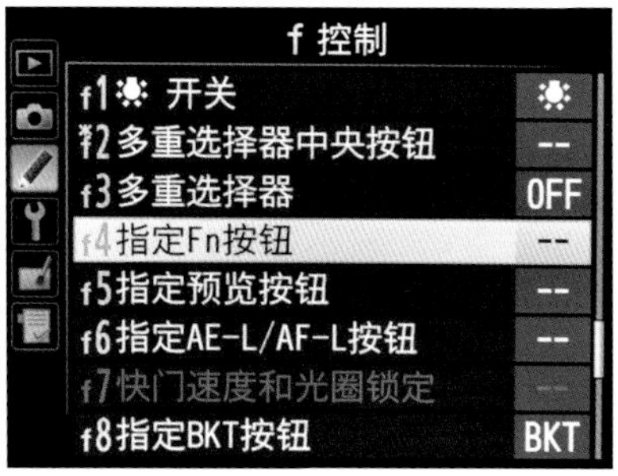

❶ 进入**自定义设定**菜单，选择**f控制**中的**f4指定Fn按钮**选项

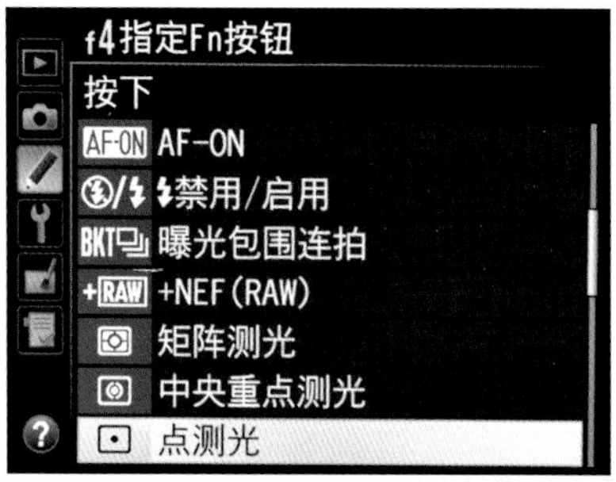

❷ 在按下选项中，按下▲或▼方向键为按下Fn按钮指定一种测光模式

焦　距 ▷ 18mm
光　圈 ▷ F7.1
快门速度 ▷ 1/500s
感 光 度 ▷ ISO200

焦　距 ▷ 200mm
光　圈 ▷ F5.6
快门速度 ▷ 1/640s
感 光 度 ▷ ISO200

◀ 在拍摄节日庆典时的大场景热闹画面时，需要用到矩阵测光；但同时如果还需要拍摄特写人物，这时要用到中央重点测光模式。如果慢慢更换测光模式，有可能会错失拍摄良机，因此一键切换测光模式的方法非常实用

利用直方图判断曝光是否正确

功能要点：通过“播放显示选项”菜单，可以设置在回放照片时是否显示直方图，并以此来判断曝光是否正确。需要依靠直方图来判断曝光是否正确的原因在于，相机的显示屏并不能够准确地反映出照片的曝光情况，尤其当拍摄环境的光线较亮或较暗时。

使用经验：在强光或弱光下拍摄时，如果曝光不准确，很容易形成曝光过度或曝光不足，在显示屏中很难分辨出来，等到在电脑上发现时，已经错失拍摄机会，此时使用直方图判断最合适不过了。

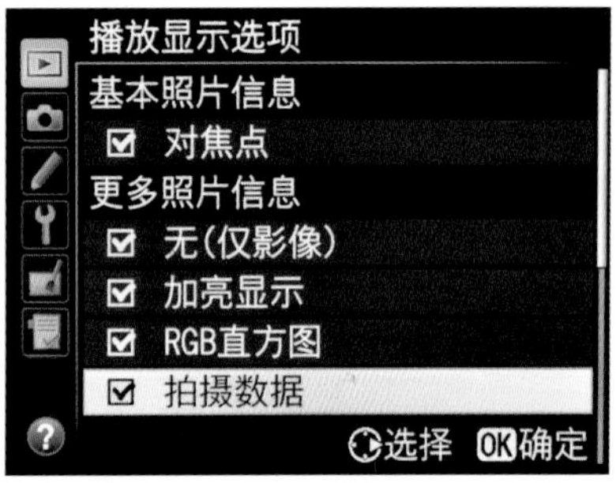

操作步骤：选择**播放**菜单中的**播放显示选项**，按▲或▼方向键选择一个选项，然后按▶方向键勾选或取消勾选此选项，设置好要显示的项目后，然后按OK按钮确认

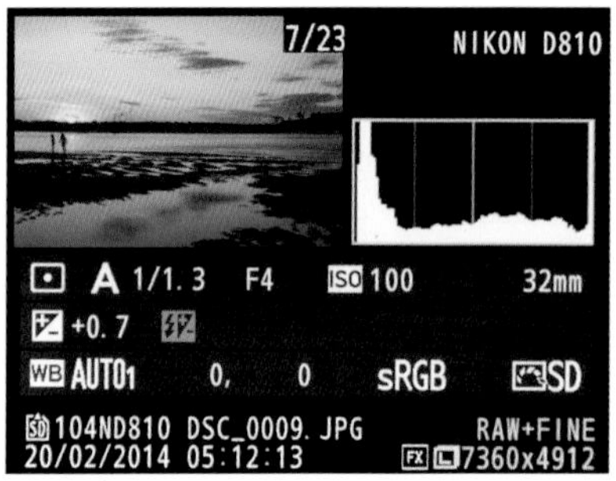

▲ 亮度直方图

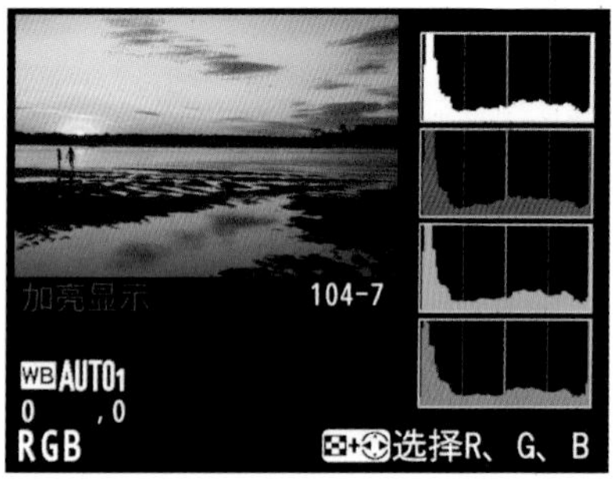

▲ RGB直方图

▲ 养成查看直方图的习惯，有助于拍出正确曝光的作品

焦　　距 ▷ 35mm
光　　圈 ▷ F7.1
快门速度 ▷ 1/200s
感 光 度 ▷ ISO100

曝光不足的照片效果图

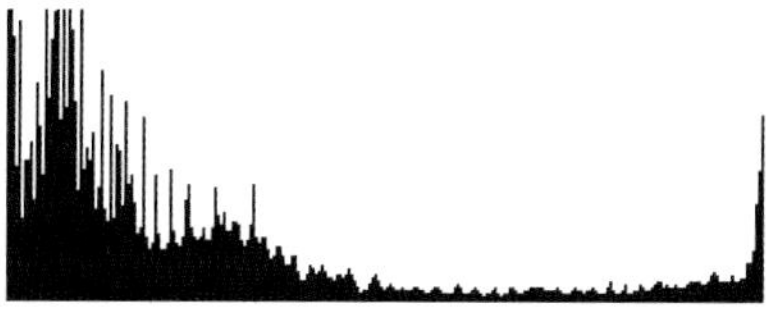

▲ 曝光不足时直方图左侧溢出，代表暗部细节缺失

曝光正常的照片效果图

▲ 曝光正常时直方图处于中间，呈高低不平的山峰状，代表细节非常丰富

曝光过度的照片效果图

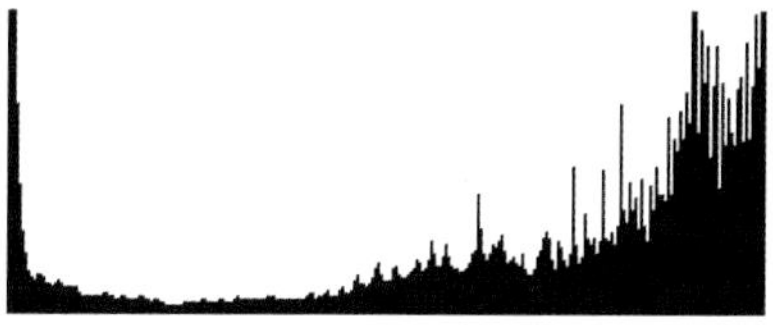

▲ 曝光过度时直方图右侧溢出，代表亮部细节缺失

高调照片效果

▲ 高调照片在画面中呈现大面积的亮调，但在直方图中查看时，右侧却没有溢出，只是直方图重心偏右并隆起，说明画面曝光没有过度，亮部仍有较多细节

焦　　距 ▷ 58mm
光　　圈 ▷ F9
快门速度 ▷ 1/1250s
感 光 度 ▷ ISO200

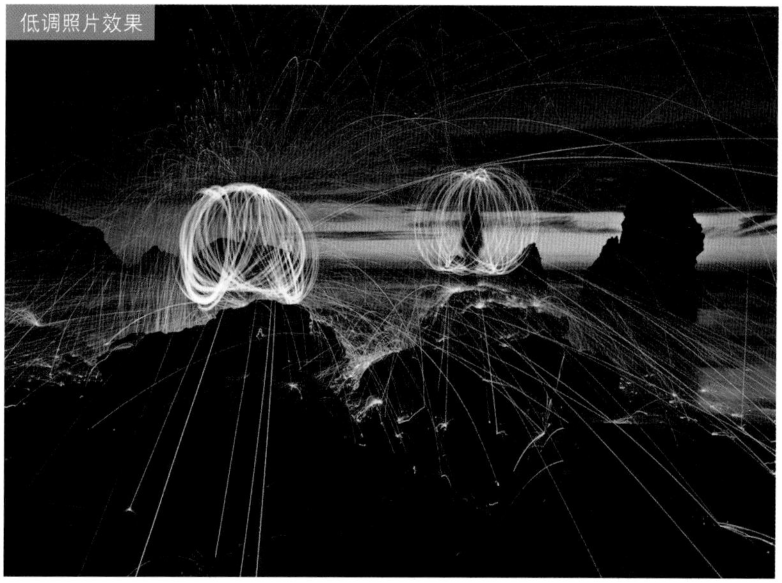
低调照片效果

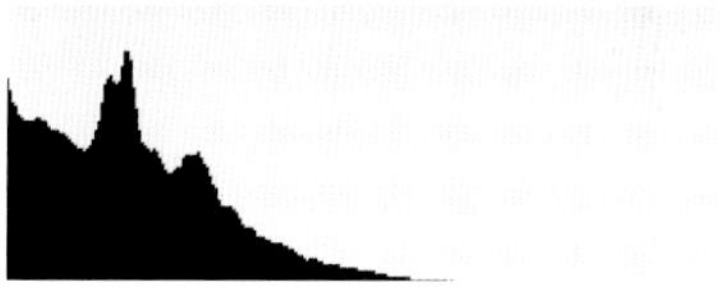

▲ 这是一幅典型的低调效果照片，画面中暗调面积较大，直方图中的线条主要分布在左侧，但这是摄影师刻意追求的效果，与曝光不足有本质上的不同

焦　　距 ▷ 35mm
光　　圈 ▷ F8
快门速度 ▷ 5s
感 光 度 ▷ ISO100

第5章

「对焦与释放模式」

拍摄静止对象应该选择的对焦模式

Nikon D810相机提供了AF-S单次伺服自动对焦和AF-C连续伺服自动对焦、2种自动对焦模式。

单次伺服自动对焦模式（AF-S）

单次伺服自动对焦在合焦（半按快门时对焦成功）之后即停止自动对焦，此时可以保持半按快门的状态重新调整构图，此自动对焦模式常用于拍摄静止的对象。

这种对焦模式是风光摄影中最常用的对焦模式之一，特别适合于拍摄静止的对象， 例如山峦、树木、湖泊、建筑等。当然，在拍摄人像、动物时，如果被摄对象处于静止状态，也可以使用这种对焦模式。

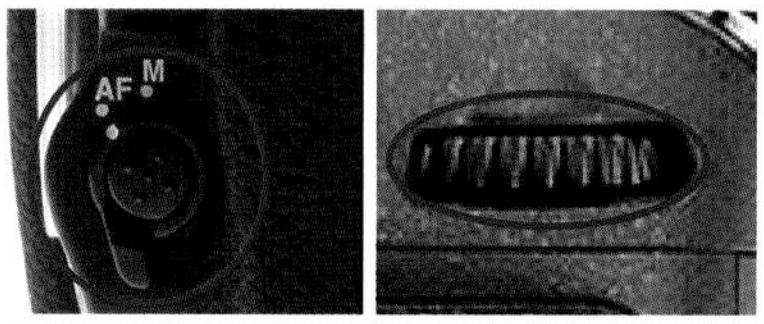

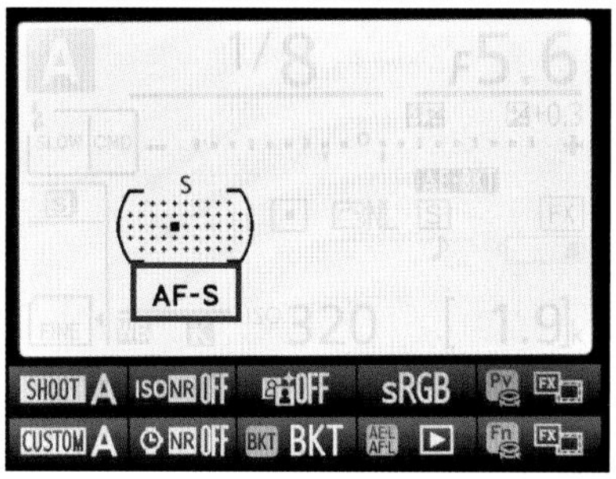

操作步骤：按下**AF**模式按钮，然后转动主指令拨盘，可以在两种自动对焦模式间切换。

焦　　距 ▷ 24mm
光　　圈 ▷ F16
快门速度 ▷ 2s
感 光 度 ▷ ISO100

◀ 在拍摄类似风光这种几乎完全静止的题材时，最适合使用单次伺服自动对焦模式

设置AF-S模式下快门优先释放方式

功能要点：“AF-S优先选择”菜单是用于控制采用AF-S单次伺服自动对焦模式时，每次按下快门释放按钮时都可拍摄照片，还是仅当相机清晰对焦时才可拍摄照片。

使用经验：无论选择哪个选项，当显示对焦指示（●）时，对焦将在半按快门释放按钮期间被锁定，且对焦将持续锁定直至快门被释放。

选项释义

■释放：选择此选项，则无论何时按下快门释放按钮均可拍摄照片。由于在使用AF-S 对焦模式时，相机仅对焦一次，因此如果半按快门对焦后过一段时间再释放快门，则有可能因被摄对象的位置发生了大幅度变化，导致拍摄出来的照片处于完全脱焦、虚化的状态。

■对焦：选择此选项，则仅当显示对焦指示（●）时方可拍摄照片。

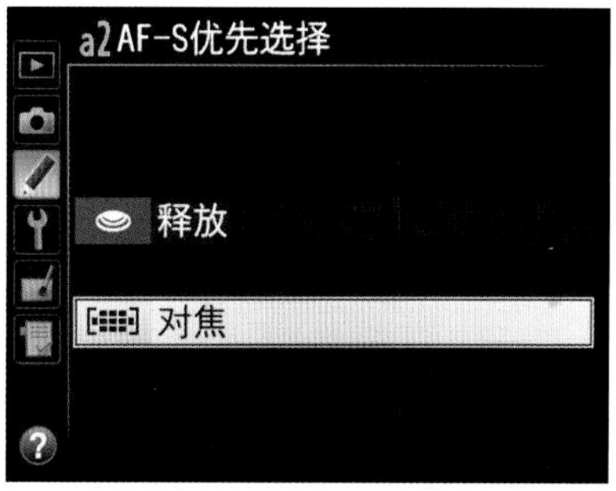

操作步骤：进入**自定义设定**菜单，选择**a自动对焦**中的a2 AF-S**优先选择**选项

拍摄运动对象应该选择的对焦模式

连续伺服自动对焦模式（AF-C）

在连续伺服自动对焦模式下，半按快门时，相机会进行一次自动对焦，保持半按状态，相机会一直跟踪运动物体进行对焦。

这种模式具有焦点预测功能，当运动物体以恒定的速度移动时，相机的对焦系统会根据该速度预测图像拍摄瞬间的焦点位置。

此对焦模式适合拍摄体育运动、儿童、野生动物等题材。此外，如果拍摄者自身处于运动状态，在拍摄静止物体时也可以使用。

▲ 在室内拍摄玩耍中的猫咪，不仅需要使用高速连拍，还需要使用连续自动对焦模式，以使抓拍到的镜头都能够清晰

设置锁定跟踪对焦

当拍摄运动对象时，经常会遇到被拍摄的对象移动到某一个遮挡物的后面，或者被另外一个运动对象遮挡的情况。针对这种情况，摄影师应该提前设置“锁定跟踪对焦”菜单，以确定是保持此对象仍处于对焦状态，还是让相机脱开焦点，然后重新对焦拍摄。

使用经验：如果被拍摄的对象前方无遮挡，则此选项可设置为“关闭”。但如果被拍摄对象前方有遮挡，如在有行人的街道上或有比赛运动员的体育场中，则需要开启此功能，以保证当其被遮挡后，相机不会马上脱焦，而是继续锁定被拍摄对象进行跟踪对焦。

选项释义

■5（长）/4/3（标准）/2/1（短）：选择此选项，当与拍摄对象间的距离突然改变时，相机将在调整与拍摄对象间的距离前等候一段指定的时间。这样可防止当拍摄对象被恰巧经过这一画面的物体短暂遮挡时，相机进行重新对焦的情况发生。

■关闭：选择此选项，当与拍摄对象间的距离改变时，相机将立即调整对焦。该选项适用于拍摄距离迅速变化的一系列对象。

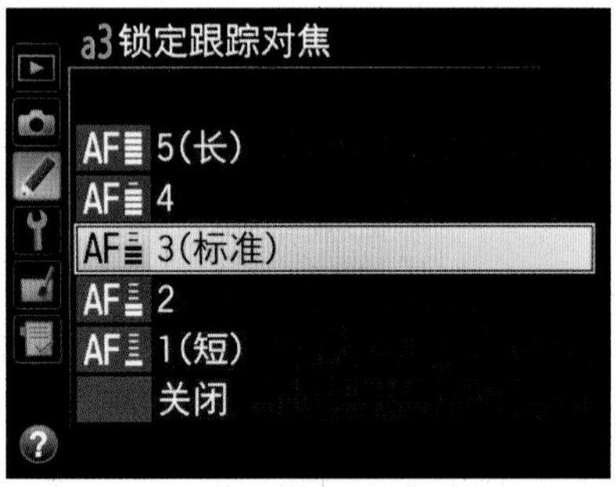

操作步骤：进入**自定义设定**菜单，选择**a 自动对焦**中的**a3 锁定跟踪对焦**选项

设置AF-C模式下快门优先释放方式

功能要点：使用“AF-C优先选择”菜单可以控制采用AF-C连续伺服自动对焦模式时，每次按下快门释放按钮时都可拍摄照片，还是仅当相机清晰对焦时才可拍摄照片。

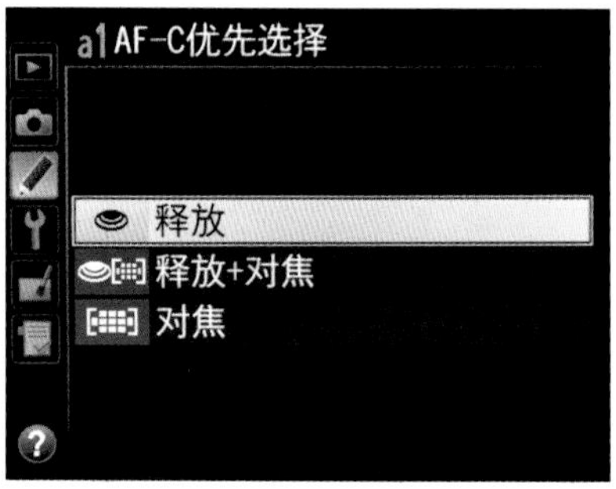

操作步骤：进入**自定义设定**菜单，选择a **自动对焦**中的a1 AF-C**优先选择**选项

选项释义

■ 释放：选择此选项，则无论何时按下快门释放按钮均可拍摄照片。如果确认“拍到”比“拍好”更重要，例如，在突发事件的现场，或记录不会再出现的重大时刻，可以选择此选项，以确保至少拍到了值得记录的画面，至于是否清晰就靠运气了。

■ 释放＋对焦：选择此选项，则即使相机未完成对焦也可拍摄照片。但在连拍模式下，若拍摄对象较暗或画面呈低对比度，则相机将降低每秒拍摄的照片幅数以改善对焦。因此，如果很重视相机的连拍速度，最好不要选择此选项。

■ 对焦：选择此选项，则仅当显示对焦指示（●）时方可拍摄照片。选择此选项拍摄得到的照片是最清晰的，但在相机对焦的过程中，有可能出现被摄对象已经消失或拍摄时机已经丧失的情况。

使用经验：在该模式下，无论选择哪个选项，对焦都不会被锁定，相机将连续调整对焦直至快门被释放。

▲ 在拍摄这类不常见的比赛场景时，将AF-C优先选择设置为“释放”选项，以确保拍摄到精彩瞬间

焦　　距 ▷ 52mm
光　　圈 ▷ F7.1
快门速度 ▷ 1/400s
感 光 度 ▷ ISO200

利用蜂鸣音提示对焦是否成功

功能要点：蜂鸣音最常见的作用就是在对焦成功时发出清脆的声音，以便确认是否对焦成功。

除此之外，蜂鸣音在自拍时会用于自拍倒计时提示。

选项释义

■音量：选择此选项，可以设置蜂鸣音的音量大小，包含“3”、“2”、“1”和“关闭”4个选项。数值越小，则发出的蜂鸣音也越小。当选择了“关闭”以外的选项时，♪图标将出现在控制面板中。

■音调：选择此选项，可以设置蜂鸣音的“高”或“低”声调。

使用经验：在拍摄舞台剧、戏剧等需要安静、严肃的场合时，建议将音量关闭，以免打扰观众或演员；而在进行微距摄影或于弱光环境下拍摄而不容易对焦时，开启音量可以辅助确认相机是否成功对焦；在拍摄合影、自拍时，开启蜂鸣音可以使被摄者预知相机在何时按下快门，以做好充分准备。

操作步骤：进入**自定义设定**菜单，选择**d拍摄/显示**中的**d1 蜂鸣音**选项

▲ 拍摄体积较小的昆虫如蜘蛛时，开启“蜂鸣音”可以提示对焦是否准确，从而省去来回放大查看对焦点是否清晰的麻烦

焦　距 ▷ 105mm
光　圈 ▷ F8
快门速度 ▷ 1/320s
感 光 度 ▷ ISO200

深入掌握选择自动对焦区域模式

自动对焦区域模式

Nikon D810提供了51个对焦点，为精确对焦提供了极大的便利。在自动对焦模式下，这些对焦点如何工作，或者说工作模式是怎样的，取决于摄影师定义的自动对焦区域模式，通过选择不同的自动对焦区域模式，可以改变对焦点的数量及对焦方式，以满足不同拍摄题材的需求。

在Nikon D810相机中，可选择单点AF、动态区域AF、3D跟踪、群组区域AF、自动区域AF等对焦区域模式，这些模式在相机中的显示方式如下表所示。

自动对焦区域模式		控制面板	取景器显示	显示屏显示
单点区域自动对焦		S	S	S
动态区域自动对焦	9个对焦点	d 9	d 9	D9
	21个对焦点	d21	d21	D21
	51个对焦点	d51	d51	D51
3D跟踪		3d	3d	3D
群组区域自动对焦		GrP	GrP	GRP
自动区域AF		Auto	Auto	AUTO

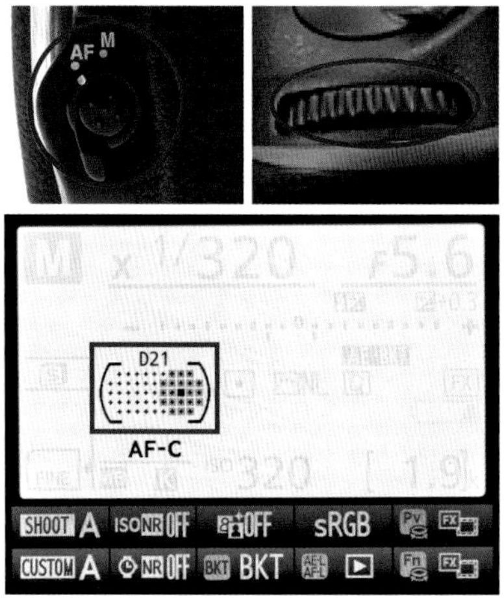

操作步骤：按下AF模式按钮，然后转动副指令拨盘，可以在5种自动对焦区域模式间切换。

◀ 使用 85mm F1.8 镜头全开光圈拍摄这样的浅景深画面，对对焦精度提出了很高的要求。选择单点 AF 模式并将焦点定位于模特眼睛，可以保证精确合焦

焦　　距 ▷ 85mm
光　　圈 ▷ F1.8
快门速度 ▷ 1/4000s
感 光 度 ▷ ISO200

选项释义

■单点 AF：选择此选项，摄影师可以使用多重选择器选择对焦点，拍摄时相机仅对焦于所选对焦点上的拍摄对象，此选项适合拍摄静止的对象。

■动态区域 AF：在 AF-C 连续伺服自动对焦模式下，选择此区域模式后，当拍摄对象暂时偏离摄影师所选对焦点时，相机会自动使用周围的对焦点进行对焦。

■3D 跟踪：在 AF-C 连续伺服自动对焦模式下，如果所拍摄的对象在三维空间中发生纵向或横向变化，偏离了摄影师所选的对焦点，相机会自动跟踪对焦被摄对象。可以简单地将此对焦区域模式理解为动态对焦区域模式的升级版本，后者仅能够甄别被摄对象在平面上的变化，而前者能够甄别其在三维空间上的变化，因此更适合拍摄运动幅度较大或运动不规律的对象，如体育赛事中的运动员。

■群组区域 AF：这种对焦模式适用于难以使用单个对焦点进行拍摄的拍摄对象。

■自动区域 AF：选择此选项，拍摄时相机将自动选择对焦点，如果拍摄的场景中有人，则相机能够自动识别其面部，并优先对焦于人的面部。

深入理解动态区域AF

如前所述，当摄影师在连续伺服自动对焦模式中选择了动态区域AF时，若被摄对象偏离所选对焦点，相机将根据来自周围对焦点的信息进行对焦。根据被摄对象的移动情况，可从9、21和51中选择对焦点的数量。

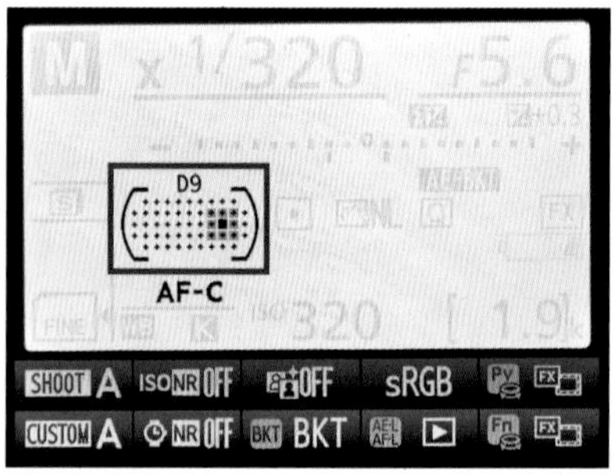

操作步骤：设置自动对焦区域模式为动态区域AF，并选择9个对焦点时的显示状态（红框内）。

选项释义

■9 个对焦点：若被摄对象偏离所选对焦点，相机将根据来自周围 8 个对焦点的信息进行对焦。当有时间进行构图或拍摄正在进行可预测运动趋势的对象（如跑道上赛跑的运动员或赛车）时，可以选择该选项。

■21 个对焦点：若被摄对象偏离所选对焦点，相机将根据来自周围 20 个对焦点的信息进行对焦。当拍摄正在进行不可预测运动趋势的对象（如足球场上的运动员）时，可以选择该选项。

■51 个对焦点：若被摄对象偏离所选对焦点，相机将根据来自周围 50 个对焦点的信息进行对焦。当被摄对象运动迅速，不易在取景器中构图时（如小鸟），可以选择该选项。

使用动态区域AF模式对焦时，虽然在取景器中看到的对焦点状态与单点自动对焦模式下的状态相同，但实际上根据选择选项的不同，在当前对焦点的周围会隐藏着用于辅助对焦的多个对焦点。

例如在选择9个对焦点的情况下，在当前对焦点的周围会有8个用于辅助对焦的对焦点，在显示屏中可以看到这些辅助对焦点。

使用经验：有些摄影爱好者对Nikon D810在动态区域AF模式下提供三种不同数量对焦点选项感到迷惑，认为只需要提供对焦点数量最多的一个选项即可，实际上这是个错误的认识。

不同数量的对焦点，将影响相机的对焦时间与精度，因为在此模式下，使用的对焦点越多，相机就越需要花费时间利用对焦点对被摄对象进行跟踪，因此对焦效率就越低，同时，由于对焦点数量增加，其覆盖的被摄区域就变大，则对焦时就有可能受到其他对象的影响，导致对焦精度下降。

控制对焦点工作状态

手选对焦点

在某些情况下会出现自动对焦无法准确对焦的现象，这时可使用手动对焦功能进行更精准的对焦。在单点自动对焦、动态区域自动对焦以及3D 跟踪区域模式下，都可以按下机身上的多重选择器，以调整对焦点的位置。在群组区域自动对焦模式下，按此方法则可以选择一组对焦点。

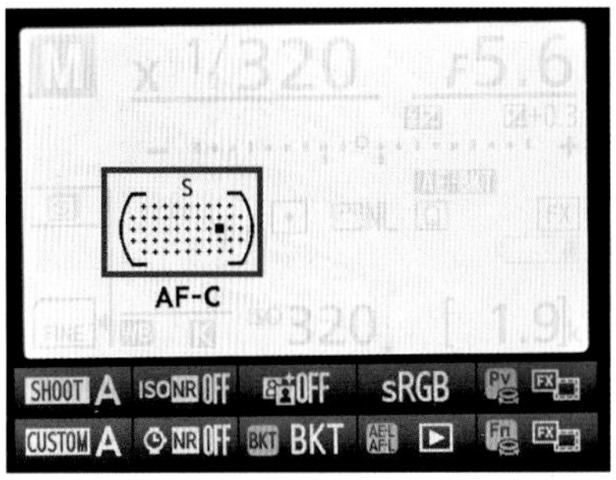

操作步骤：旋转对焦选择器锁定开关至●位置，使用多重选择器即可选择对焦点。选择对焦点后，可以再次将对焦选择器锁定开关旋转到L位置，以防止按下多重选择器时改变所选对焦点。

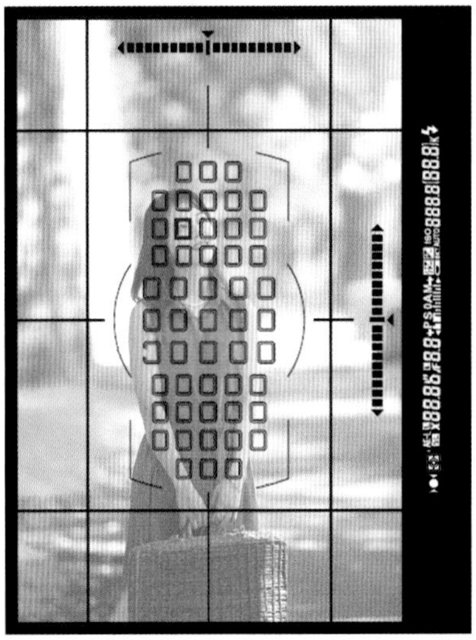

▲ 手选对焦点进行对焦时的取景器示意图

◀ 画面背景中的绿树较杂乱，为了使人物在画面中更好地凸显出来，故使用手选对焦点针对人物眼部进行测光、对焦，并配合大光圈以虚化背景，以确保人像的脸部在画面中最清晰

设置对焦点循环方式

功能要点：当使用多重选择器手选对焦点时，可以通过“对焦点循环方式”菜单控制对焦点循环的方式，即可控制当选择最边缘的一个对焦点时，再次按下多重选择器的方向键，对焦点将如何变化。

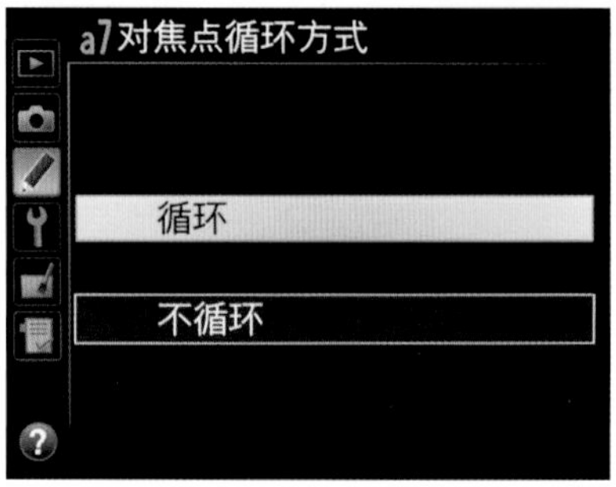

操作步骤：进入**自定义设定**菜单，选择a **自动对焦**中的a7 **对焦点循环方式**选项

选项释义

■循环：选择此选项，则选择对焦点时可以从上到下、从下到上、从左到右、从右到左进行循环。右边缘处的对焦点加亮显示时（①），按▶方向键可选择显示左边缘处相应的对焦点（②）。

■不循环：选择此选项，则对焦区域显示将被限制在最外部对焦点之内。例如，在选定最右侧的一个对焦点（①）时，即使按▶方向键，则对焦点也不会再移动。

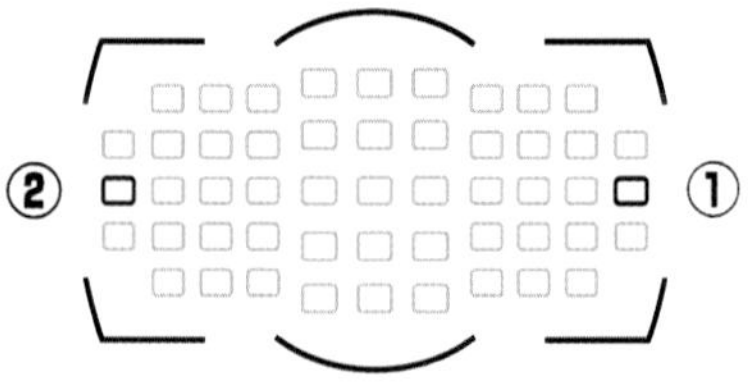

设置对焦点数量

功能要点：虽然Nikon D810提供了51个对焦点，但并非拍摄所有题材时都需要使用这么多的对焦点，拍摄时用户可以根据实际拍摄需要选择可用的自动对焦点数量。

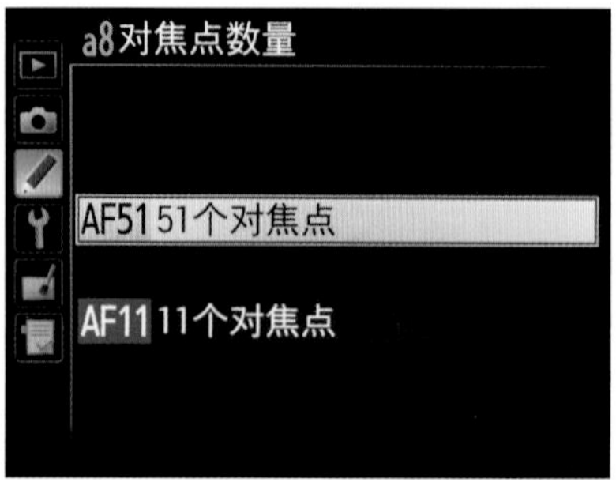

操作步骤：进入**自定义设定**菜单，选择a **自动对焦**中的a8 **对焦点数量**选项

选项释义

■51个对焦点：选择此选项，则从51个对焦点中进行选择，适用于需要精确捕捉拍摄对象的情况。

■11个对焦点：选择此选项，则从11个对焦点中进行选择，常用于快速选择对焦点的情况。

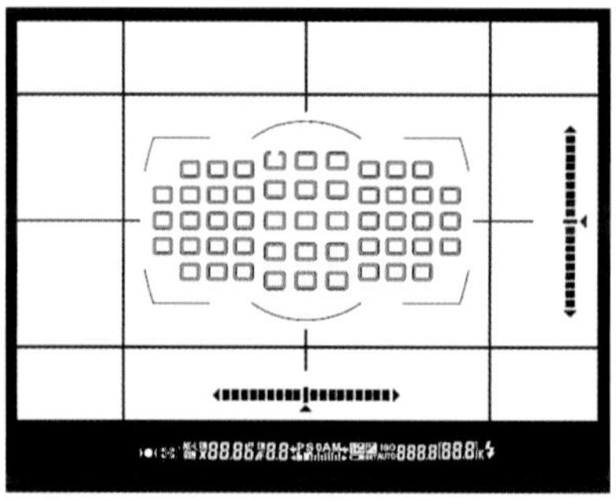

▲ 51个对焦点

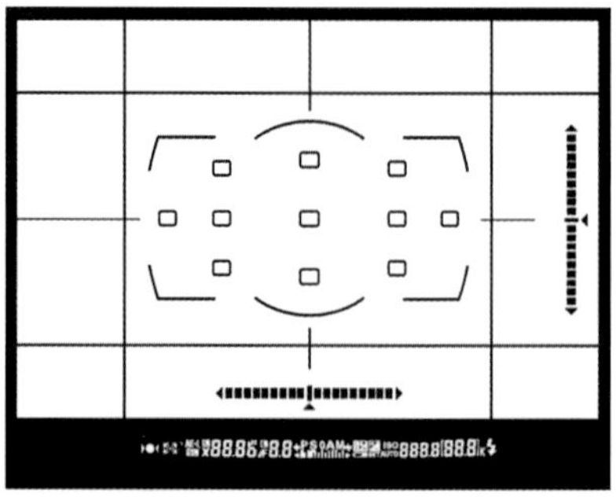

▲ 11个对焦点

应用场合：在拍摄多个主体、希望大面积都获得清晰表现、需要精确对焦的题材时（如多人合影、微距、风光摄影），适合使用51个对焦点。

在拍摄人像时，使用11个对焦点就已经完全可以满足拍摄要求了，同时也可以避免由于对焦点过多而导致手选对焦点时过于复杂的问题。

▲ 51个对焦点适合拍摄多个主体

▲ 11个对焦点适合拍摄单个主体

拍摄难以自动对焦的对象

在实际拍摄过程中，相机的自动对焦系统并不会100%成功，例如，拍摄时遇到以下情况，则自动对焦系统往往无法正确完成对焦操作，有时甚至无法对焦。

（1）画面主体处于杂乱的环境中，例如杂草后面的花朵。

（2）画面属于高对比、低反差的画面，例如日出、日落。

（3）弱光环境，例如野外夜晚。

（4）距离太近的题材，例如昆虫、花卉等。

（5）主体被覆盖，例如动物园笼子中的动物、鸟笼中的鸟等。

（6）对比度很低的景物，例如纯的蓝天、墙壁。

（7）距离较近且相似程度又很高的题材，如细密的格子纸。

当遇到相机的自动对焦系统失效时，应该转而使用相机的手动对焦系统进行对焦。

操作步骤：扳动对焦模式切换器，使其上的白点与M位置对齐，即可切换至手动对焦模式。

▲在微距摄影中，由于需要很高的对焦精度，此时手动对焦才是更好的选择

焦　　距▷65mm
光　　圈▷F11
快门速度▷1/250s
感 光 度▷ISO160

了解不同释放模式的区别

针对不同的拍摄任务，需要将快门设置成为不同的释放模式。例如，要抓拍高速移动的物体，为了保证成功率，可以通过设置使相机能够在一次按下快门后，连续拍摄多张照片。

Nikon D810提供了7种快门释放模式，分别是单张拍摄S、低速连拍CL、高速连拍CH、安静快门释放Q、安静连拍快门释放Qc、自拍以及反光板升起MUP，下面分别讲解它们的使用方法。

操作步骤：按下释放模式拨盘锁定解除按钮，转动释放模式拨盘，即可在不同的快门释放模式之间切换。

单拍模式（S）

单拍模式即在每次按下快门时，直至快门释放为止，仅拍摄一张照片，常用于摆姿人像、静物、花卉、植物、风光及建筑等题材中。

▲ 使用单拍模式可拍摄各种静止的题材

连拍模式（CL、CH）及其参数控制

了解连拍模式

在连拍模式下，每次按下快门时将连续拍摄多张照片。Nikon D810有两种连拍模式，高速连拍模式（CH）最高连拍速度能够达到约7张/秒（需安装EN-EL18电池或AA电池的MB-D12手柄，画幅格式为DX画幅，否则最高连拍速度只有6张/秒）；低速连拍模式（CL）在1.2×及DX格式下，其最高连拍速度能达到约6张/秒。

连拍模式适用于拍摄运动的对象（如运动人像、动物、新闻、体育、动物等），当将被摄对象的连续动作全部抓拍下来以后，可以从中挑选满意的画面。

使用经验：如果最大连拍数量少于正常值时相机在中途将停止连拍，可能是“高ISO降噪”功能被设置为“高”了，应该选择“标准”、“低”或“关闭”选项。因为当启用“高ISO降噪”功能时，相机将花费更多时间进行降噪处理，因此将数据转存到储存空间的耗时更长，相机在连拍时更容易被中断。

在以下情况时，连拍速度可能会变慢：当剩余电量较低时，连拍速度会下降；当选择了“高ISO降噪”功能或在弱光环境下，即使设置了较快的快门速度，连拍速度也可能变慢；若开启闪光灯闪光，则只能拍摄一张照片。

▲ 拍摄奔跑中的猫咪时可开启连拍模式，将其奔跑的过程清晰地记录下来

焦　　距 ▷ 135mm
光　　圈 ▷ F6.3
快门速度 ▷ 1/800s
感 光 度 ▷ ISO400

设置CL模式拍摄速度

功能要点：Nikon D810提供了低速连拍模式，如果要设置此模式下每秒拍摄的照片张数，可以在“CL模式拍摄速度”菜单中进行选择。

功能简介：此菜单中有1~6fps共6个选项供选择，即每秒分别拍摄1~6张照片。

操作步骤：进入**自定义设定**菜单，选择**d 拍摄/显示**中的d2 **CL模式拍摄速度**选项

使用经验：拍摄人像时，除室内棚拍外，建议至少启用低速连拍功能，从而在人物有所动作时提高拍摄的成功率。毕竟对大多数爱好者来说，并不是每次都能准确地把握住最精彩的那个瞬间。

对于动态对象（如飞鸟、动物）而言，要凝固其动势的瞬间，使用低速或高速连拍模式是必需的，此时和连续伺服自动对焦模式搭配使用效果更好。

设置最多连拍张数

功能要点：虽然可以使用高速或低速连拍模式一次性拍摄多张照片，但由于内存缓冲区是有限的，因此最多连拍张数实际上也是有上限的。

利用“最多连拍张数”菜单设置一次最多连拍的张数。在连拍模式下，可将一次最多能够连拍的照片张数设为1~100之间的任一数值。

使用经验：虽然可以使用高速或低速连拍模式一次性拍摄出多张照片，但由于内存缓冲区是有限的，因此连续拍摄时所能拍摄的张数实际上也是有上限的。

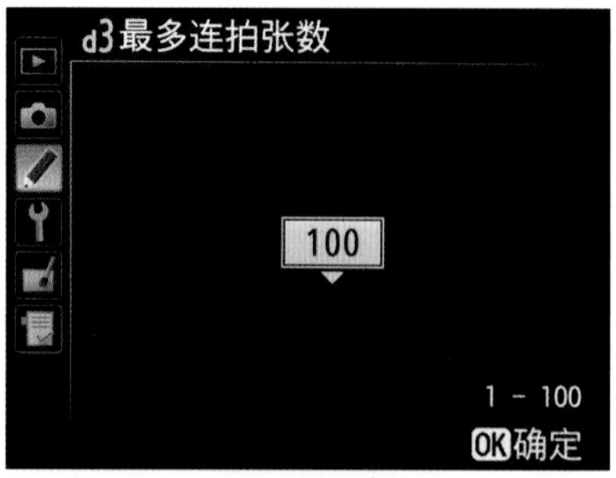

操作步骤：进入**自定义设定**菜单，选择**d 拍摄/显示**中的d3 **最多连拍张数**选项

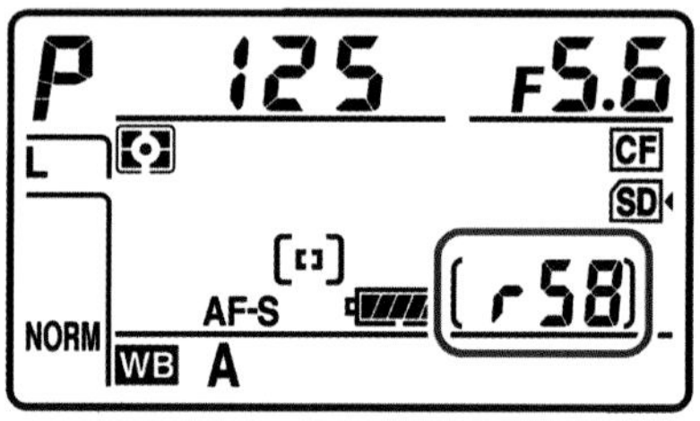

▲ 红色线框中即是当前可保存的连续拍摄照片数量

▲ 将“最多连拍张数”数值设置较高一些，将孩子的每个表情、动作都清晰地记录下来

自拍模式（⏲）及其参数控制

设置自拍模式

Nikon D810的自拍模式可以在“自定义设定”菜单中修改“c3自拍”参数，从而获得2s、5s、10s和20s的自拍延迟时间。

值得一提的是，所谓的“自拍”快门释放模式并非只能用于给自己拍照。例如，在需要使用较低的快门速度拍摄时，可以将相机置于一个稳定的位置，并进行构图、对焦等操作，然后通过设置自拍快门释放模式的方式，避免手按快门导致相机产生震动，进而拍出满意的照片。

▲ 将自拍延迟时间设为10s，摄影师可以从容地在按下快门后进行摆姿，然后静待拍摄就可以了

焦　距▷50mm
光　圈▷F5.6
快门速度▷1/100s
感 光 度▷ISO400

设置自拍控制选项

功能简介：Nikon D810 提供了较为丰富的自拍控制选项，可以设置拍摄时的延迟时间、拍摄张数、拍摄间隔。

在进行自拍时，可以指定一个从按下快门按钮起（准备拍摄）至开始曝光（开始拍摄）的延迟时间，其中包括了“2s”、“5s”、“10s”和“20s”4个选项。利用自拍延时功能，可以为拍摄对象留出足够的时间，以便摆出想要拍摄的造型等。

选项释义

■自拍延迟：可以设置2s、5s、10s、20s的自拍延迟时间。

■拍摄张数：选择1~9张拍摄照片的数量。

■拍摄间隔：选择拍摄张数超过1张时两次拍摄之间的间隔时间，有0.5s、1s、2s、3s等选项可供选择。

应用场合：此功能在拍摄人像（如自拍、合影、旅游纪念等）、夜景、水流、星轨、车流、创意光绘、烟花、闪电等题材时，也经常使用。

使用经验：要进行自拍，必须要设置延迟拍摄的时间或拍摄张数等参数，以免刚设置好曝光参数，还没有在镜头前摆好姿势，相机就已经完成拍摄操作了。

例如，可以将“拍摄张数”设置为5张，“拍摄间隔”设置为3秒，这样可以一次自拍5张照片，由于每两张照片之间有3秒的间隔时间，足以摆出不同的姿势。

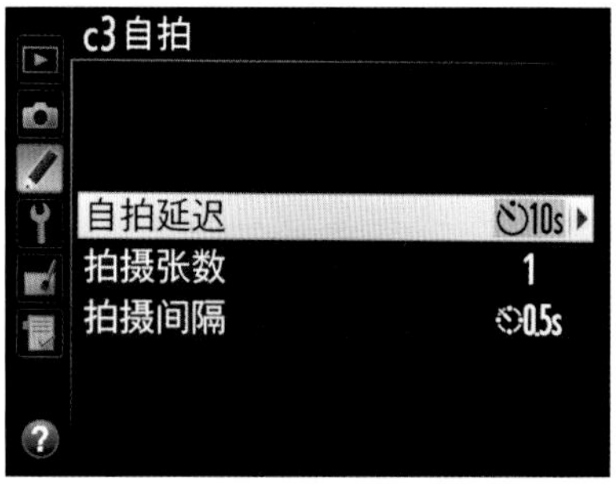

操作步骤：进入**自定义设定**菜单，选择**c计时/AE锁定**中的c3 **自拍**选项

安静快门及安静连拍快门释放模式（Q、Qc）

选择此模式时，相机将关闭蜂鸣音并最小化反光板降回原位时发出的声音，以使相机在拍摄时发出最小的声响。安静连拍快门释放模式，指关闭蜂鸣进行连拍，连拍速度定为约3 幅/秒。

使用经验：在拍摄舞台剧、戏剧等需要安静、严肃的场合时，建议开启此功能，以避免打扰观众或演员。

▲ 在拍摄舞台表演时一定要使用安静快门释放模式，最大限度地降低拍摄所发出的声音，以避免干扰演员和破坏演出气氛

焦　　距 ▷ 300mm
光　　圈 ▷ F4.5
快门速度 ▷ 1/500s
感 光 度 ▷ ISO4000

反光板弹起模式（MUP）

反光板是一片表面上镀有银色反光物质的玻璃，作用是将通过镜头的光线反射到五棱镜中，再通过五棱镜反射到光学取景器中，从而使摄影师能够通过目镜进行取景拍摄。

由于相机的感光元件位于反光板的后面，因此在按下快门的瞬间，反光板会迅速升起，使光线直接到达感光元件上进行曝光。完成曝光后反光板会自动归位。

实践证明，反光板升起的动作会给相机带来轻微的振动。当使用低速快门拍摄，或使用长焦镜头、微距镜头摄影时，这种轻微的振动会使影像发生一定程度的模糊，而要避免这个轻微振动对画面造成的影响，则应该使用“反光板弹起”功能。

使用此模式拍摄时，第一次按下快门时反光板会升起，当第二次按下快门时才可拍摄照片，拍摄后反光板则回到原处。

在反光板升起30s内，若没有进行任何操作，则相机自动拍摄一张照片。再次按下快门按钮时，反光板会重新被升起。

▲ 在拍摄对细节要求非常高的微距照片时，使用反光板弹起模式能够降低糊片的概率

焦　　距 ▷ 180mm
光　　圈 ▷ F8
快门速度 ▷ 1/250s
感 光 度 ▷ ISO500

操作步骤：按下释放模式拨盘锁定解除按钮，转动释放模式拨盘选择MUP，即可启用反光板升起模式。

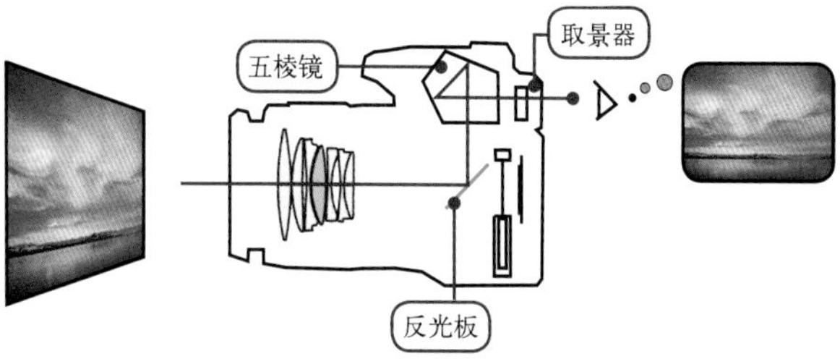

▲ 取景时反光板处于下垂状态

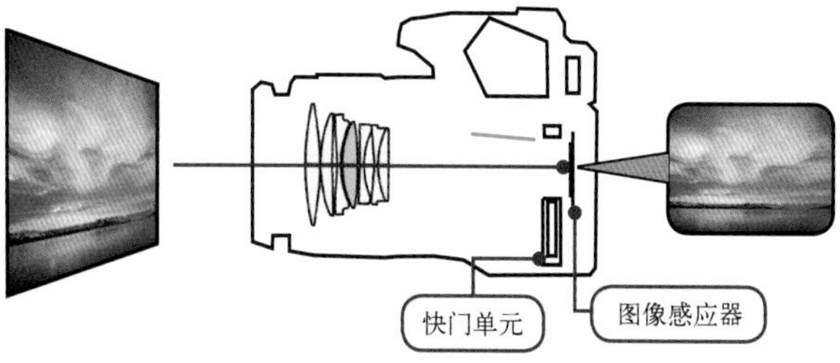

▲ 拍摄时反光板将弹起

第6章

即时取景与视频拍摄

即时取景拍摄功能的用途

能够使用更大的屏幕进行观察

即时取景拍摄能够直接将显示屏作为取景器使用，由于显示屏的尺寸比光学取景器要大很多，所以能够显示视野内100%的清晰图像，从而更加方便地观察被摄景物的细节。拍摄时摄影师不用再将眼睛紧贴着相机，构图也变得更加方便。

易于精确合焦以保证照片更清晰

由于即时取景显示拍摄可以将对焦点位置的图像放大，所以拍摄者在拍摄前就可以确定照片的对焦点是否准确，从而保证拍出的照片是清晰的。

▲ 以小猫的眼睛作为对焦点，对焦时放大观察宠物猫的眼部，从而拍摄出清晰的照片

具有实时面部优先拍摄的功能

即时取景显示拍摄具有即时面部优先模式的功能，当使用此模式拍摄时，相机能够自动检测画面中人物的面部，并且对人物的面部进行对焦。对焦时会显示对焦框，如果画面中的人物不止一个，就会出现多个对焦框，可以在这些对焦框中任意选择希望合焦的面部。

▲ 使用实时面部优先模式，能够轻松地拍摄出面部清晰的人像

能够对拍摄的图像进行曝光模拟

使用即时取景显示模式拍摄时，不但可以通过显示屏查看被摄景物，而且还能够在显示屏上反映出不同参数设置带来的明暗和色彩变化。例如，可以通过设置不同的白平衡模式并观察画面色彩的变化，以从中选择出最合适的白平衡模式选项。

▲ 在显示屏上进行白平衡的调节，画面的颜色也随之改变

即时取景显示拍摄相关参数查看与设置

如前所述，使用即时取景显示模式拍摄有诸多优点，下面详细讲解即时取景状态下相关参数的查看与设置方法。

操作步骤：在确认打开相机的情况下，将即时取景选择器转至即时取景拍摄图标位置，然后按下Lv按钮。在设置适当的拍摄参数后，半按快门进行对焦，再完全按下快门即可拍摄到静态的照片

信息设置

在即时取景状态下，按下info按钮，将在屏幕中显示可以设置或查看的参数。

对于曝光模式、光圈值、快门速度值等参数而言，其设置方法与使用取景器拍摄照片时基本相同，故此处不再进行详细讲解。

连续按下info 按钮，可以在不同的信息显示模式之间进行切换，从而以不同的取景模式进行显示。右侧四张图展示了4种不同信息显示模式。

▲ 在基本取景模式下，可以显示大量拍摄参数

▲ 在精减取景模式下，仅在显示屏的底部显示基本参数，其他参数均被隐藏

▲ 在带网格取景模式下，可以显示一种取景网格，以便于进行水平或垂直构图校正

▲ 根据来自相机倾斜感应器的信息显示虚拟水平信息，以帮助我们判断相机是否处于水平状态

设置即时取景状态下的自动对焦模式

Nikon D810在即时取景状态下提供了两种自动对焦模式，即AF-S单次伺服自动对焦模式和AF-F全时伺服自动对焦模式，分别适用于静态或动态环境下的实时拍摄。

操作步骤：将对焦模式选择器旋转至AF位置，按下AF模式按钮，此时显示屏中将高亮显示对焦模式图标，转动主指令拨盘即可在两种自动对焦模式之间切换

选项释义

■AF-S 单次伺服自动对焦：此模式适用于拍摄静态对象，半按快门释放按钮可以锁定对焦。

■AF-F 全时伺服自动对焦：此模式适用于拍摄动态的对象，或相机在不断地移动、变换取景位置等情况，此时相机将连续进行自动对焦。半按快门按钮可以锁定当前的对焦位置。

选择即时取景状态下的AF区域模式

在即时取景状态下可选择以下4种AF 区域模式。无论使用哪种区域模式，都可以使用多重选择器移动对焦点的位置。

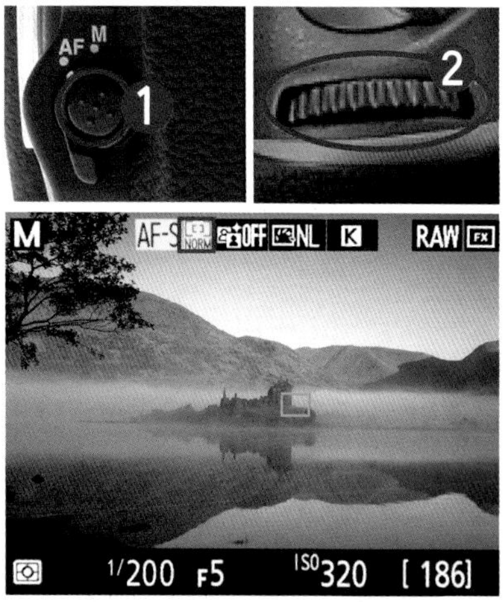

操作步骤：按下AF模式按钮，此时显示屏中将高亮显示对焦区域模式图标，转动副指令拨盘即可在各种对焦区域模式间切换

选项释义

■脸部优先：相机自动侦测并对焦于面向相机的人物脸部，适用于人像拍摄。实测结果表明，该模式在对焦速度及成功率方面的性能还是非常高的。

■宽区域：适用于以手持方式拍摄风景和其他非人物对象。

■标准区域：此时的对焦点较小，适用于需要精确对焦画面中所选点的情况。使用该模式时推荐搭配使用三脚架。

■对象跟踪：可跟踪画面中移动的拍摄对象，将对焦点置于拍摄对象上并按下多重选择器中央按钮即可开始跟踪，对焦点将跟踪画面中移动的所选拍摄对象。要结束跟踪，再次按下多重选择器中央按钮即可。

▲ 在复杂的环境中拍摄时，使用“脸部优先”可以轻松地对人物面部对焦，拍摄到人物清晰、背景模糊的作品

焦　距▷85mm
光　圈▷F1.8
快门速度▷1/200s
感 光 度▷ISO100

调整显示屏亮度

Nikon D810可以在即时取景状态下调整显示屏的亮度，以便于进行取景和拍摄。

但要注意的是，此处调整的仅是显示屏的亮度，而非照片的曝光，在拍摄时要特别注意二者的区别，以免在曝光方面出现问题。

操作步骤：按下[info]按钮，然后按下▲或▼方向键选择显示屏亮度选项，按下▶方向键后，按下▲或▼方向键调整显示屏的亮度，按下OK按钮保存

拍摄动画的基本流程

在拍摄短片前，首先要准备一张足够大的高速存储卡，尤其在拍摄全高清短片时，每分钟拍摄的视频约占据330M的存储空间，一张8G的存储卡也仅能拍摄20多分钟而已。

另外，在条件允许的情况下，尽量使用脚架进行拍摄，以保证稳定。当然，也可以启用VR防抖功能，但会使相机更容易发热，使用时要特别注意。

下面列出了一个短片拍摄的基本流程，供用户在拍摄短片时参考。

❶ 在相机背面的右下方将即时取景选择器旋转至动画即时取景[动画]位置。

❷ 按下[Lv]按钮，反光板将弹起，镜头视野将出现在相机显示屏中，且已修改了曝光效果。此时，取景器中将无法看见拍摄对象。

❸ 在拍摄动画前，可以通过自动或手动的方式先对主体进行对焦，并选择AF区域模式。

❹ 按下动画录制按钮，即可开始录制动画。

❺ 录制完成后，再次按下动画录制按钮即可结束录制。

▲ 在拍摄前可以先进行对焦

▲ 录制动画时，会在左上角显示一个红色的圆点及REC标志

▲ 拍摄视频时建议使用三脚架，以保证画面的清晰稳定

▲ 使用Nikon D810拍摄视频截图

拍摄短片的注意事项列举如下表。

项　目	说　明
最长短片拍摄时间	拍摄高品质动画的最长时间为20 分钟，一次录制时间超过此限制时，拍摄将自动停止
单个文件大小	最大不能超过4G，否则拍摄将自动停止
选择拍摄模式	如在短片拍摄过程中切换拍摄模式，录制将被强制中断
对焦	在短片拍摄时，若使用AF-F全时伺服自动对焦模式，则可以实现连续自动对焦，但并非完全准确，因受环境的影响，有些时候可能出现无法连续自动对焦的情况
闪光灯	在拍摄短片时，无法使用外置闪光灯进行补光
录制短片时拍摄照片	在录制短片的同时，可以完全按下快门进行照片拍摄。但在按下快门的同时，即退出短片拍摄模式，而进入即时取景的静态照片拍摄模式
锁定曝光/对焦	在拍摄短片时，可以根据对AE-L/AF-L按钮进行的功能设定来锁定曝光、对焦，或同时锁定二者
不要对着太阳拍摄	高亮度的阳光可能会导致感光元件的损坏
噪点	周围温度较高，长时间在即时取景状态下使用、长时间用于录制动画以及长时间在连拍释放模式下工作都容易产生噪点

动画菜单重要功能详解

帧尺寸/ 帧频

功能要点：在“帧尺寸/帧频”菜单中可以选择短片的图像尺寸、帧频，选择不同的图像尺寸拍摄时，所获得的视频清晰度不同，占用的空间也不同。Nikon D810支持的短片记录尺寸见下表。

使用经验：与短片拍摄相关的菜单，需要切换至短片拍摄模式时才会显示出来，其中还包括了一些与即时显示拍摄时相同的设置，在下面的讲解中将不再重述。

操作步骤：选择**拍摄菜单**中的**动画设定**选，按▲或▼方向键选择**画面尺寸/帧频**选项，选择需要的画面尺寸/帧频，然后按OK按钮即可

画面尺寸/帧频		最大比特率	最大时间长度
画面尺寸（像素）	帧频	（高品质/标准）	（高品质/标准）
1920×1080	60p	42/24	10分钟/20分钟
1920×1080	50p		
1920×1080	30p	24/12	
1920×1080	25p		
1920×1080	24p		
1280×720	60p		20分钟/29分钟59秒
1280×720	50p		

动画品质

功能简介：Nikon D810提供了“高品质”和“标准”两种动画品质，使用“高品质”和“标准”品质拍摄时，单个视频动画的最长录制时间分别为20分钟和29分59秒。

使用经验：当录制时间达到最长录制时间后，相机会自动停止摄像，这时最好让相机休息一会再开始下一次录像，以免相机过热而损坏相机。

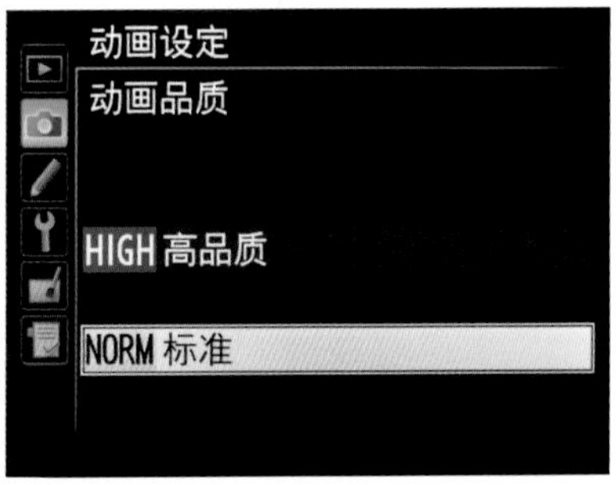

操作步骤：在**动画设定**菜单中选择**动画品质**选项，按▲或▼方向键选择需要的动画品质，按OK按钮确认即可

麦克风

功能要点：使用相机内置麦克风可录制单声道声音，通过将带有立体声微型插头（ME-1）的外接麦克风连接至相机，就可以录制立体声，然后配合“麦克风”菜单中的参数设置，可以实现多样化的录音控制。

选项释义

■自动灵敏度：选择此选项，则相机会自动调整灵敏度。

■手动灵敏度：选择此选项，可以手动调节麦克风的灵敏度。

■麦克风关闭：选择此选项，则关闭麦克风。

❶ 在**动画设定**菜单中，按▲或▼方向键选择**麦克风灵敏度**选项

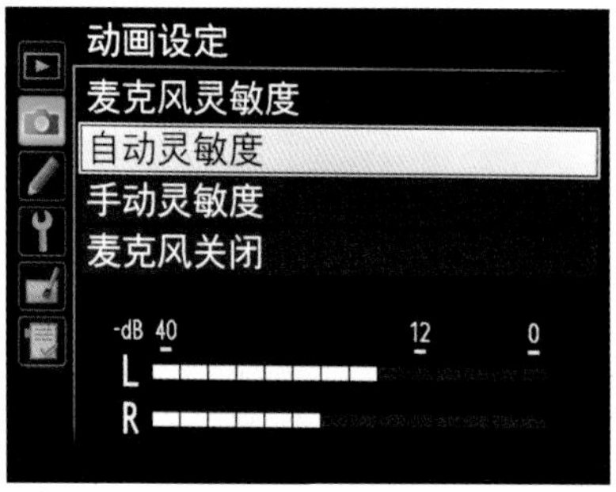

❷ 按▲或▼方向键选择**自动灵敏度**选项，可由相机自动控制麦克风的录音灵敏度

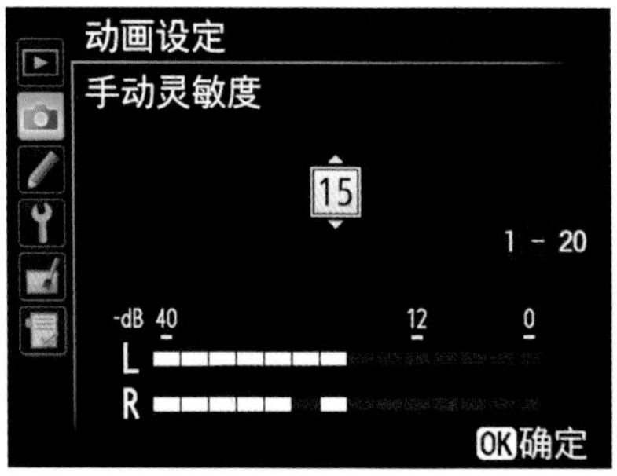

❸ 若在步骤❷中选择**手动灵敏度**选项，按▲或▼方向键可以手工设置麦克风的录音灵敏度

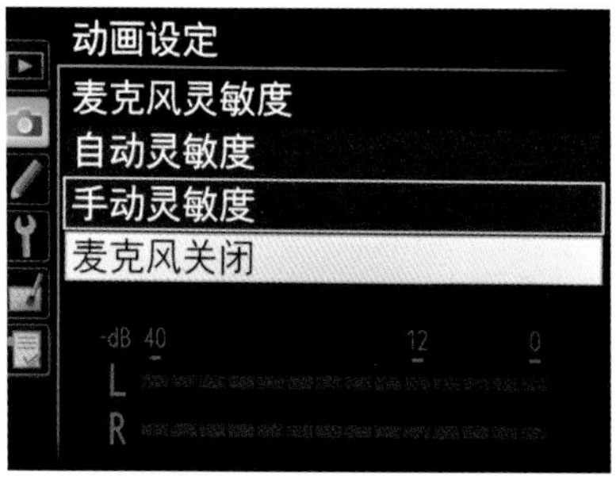

❹ 若在步骤❷中选择**麦克风关闭**选项，则禁止相机在拍摄动画时录制声音

目标位置

Nikon D810可以为拍摄的动画指定保存的位置，即指定是将动画保存至SD卡插槽中，还是保存至CF卡插槽中。

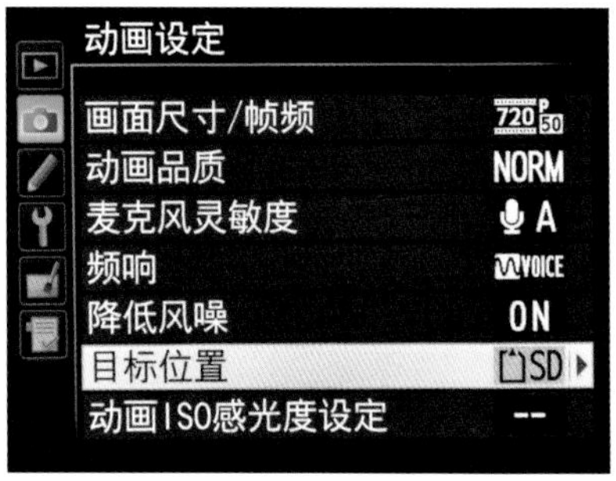

❶ 按▲或▼方向键选择**目标位置**选项

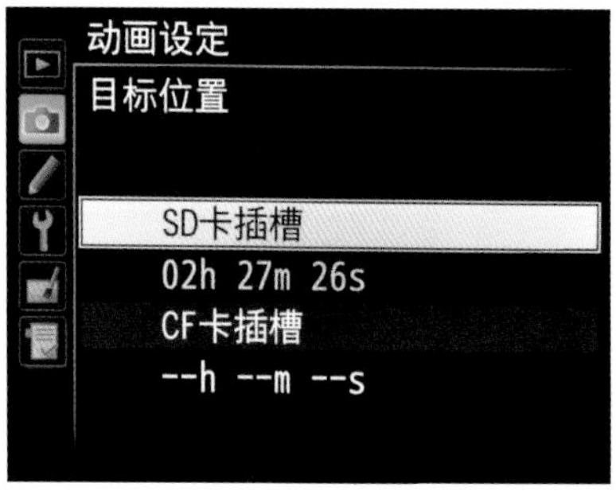

❷ 按▲或▼方向键可选择**SD卡插槽**或**CF卡插槽**选项

第7章

「摄影构图」

明确构图的两大目的

构图目的之一 ——赋予画面形式美感

有些摄影作品无论是远观还是近赏都无法获得别人的赞许，有些摄影作品则恰恰相反。这两种摄影作品之间比较大的区别就是，后者更具有形式美感，而这恰好是前者所不具备的。

而构图的目的之一就是赋予画面形式美感，因为无论照片的主体多么重要，如果整个画面缺乏最基本的形式美感，这样的照片就无法长时间吸引观赏者的注意。

利用构图手法赋予画面形式美感，最简单的一个方法就是让画面保持简洁，这也是为什么许多摄影师认为“摄影是减法艺术”的原因。此外，灵活运用最基本的构图法则，这些构图法则在摄影艺术多年发展历程中，已经被证明是切实有效的。

焦　　距 ▷ 17mm
光　　圈 ▷ F22
快门速度 ▷ 1/50s
感 光 度 ▷ ISO100

▶ 采用水平视角拍摄的建筑一角，画面中的直线、斜线、网格线有条不紊地交织在一起，复杂的建筑结构使画面看起来很有形式美感

构图目的之二——营造画面的兴趣中心

一幅成功的摄影作品，其画面必然有一个鲜明的兴趣中心点，其在点明画面主题的同时，也是吸引观者注意力的关键所在。

这个兴趣中心点可能是整个物体或者物体的一个组成部分，也可能是一个抽象的构图元素，或者是几个元素的组合等，在拍摄时摄影师必须通过一定的构图技巧，来强化画面的兴趣中心，使之在画面中具有最高的关注度。

焦　　距 ▷ 50mm
光　　圈 ▷ F7.1
快门速度 ▷ 1/800s
感 光 度 ▷ ISO100

▶ 较高的快门速度将水中溅起的“皇冠”定格在画面中，漂亮的水花在较暗的背景衬托下，成为了画面的视觉中心

认识各个构图要素

主体

主体指拍摄中所关注的主要对象，是画面构图的主要组成部分，是集中观者视线的视觉中心，也是画面内容的主要体现者，可以是人也可以是物，可以是任何能够承载表现内容的事物。

一幅漂亮的照片会有主体、陪体、前景、背景等各种元素，但主体的地位是不能改变的，而其他元素的完美搭配都是为了突出主体，并以此为目的安排主体的位置、比例。

在摄影中要突出主体可以采用多种手段，最常用的方法是对比，例如虚实对比、大小对比、明暗对比、动静对比等。

拍摄要点：

❶ 由于人物位于树木的阴影中，因此比背景中受光的树木要暗，为了保证准确曝光，应使用点测光模式对人物的皮肤进行测光，按下AE-L/AF-L按钮锁定曝光后，再进行构图、对焦、拍摄。

❷ 适当增加0.7挡左右的曝光补偿。

▲ 摄影师通过虚实的手法，使作为主体的女孩在杂乱的环境中突出

焦　　距 ▷ 200mm
光　　圈 ▷ F3.5
快门速度 ▷ 1/125s
感 光 度 ▷ ISO100

陪体

陪体在画面中起衬托的作用，正所谓“红花需绿叶扶”，如果没有绿叶的存在，再美丽的红花也难免会失去活力。“绿叶”作为陪体时，它是服务于“红花”的，要主次分明，切忌喧宾夺主。

一般情况下，可以利用直接法和间接法处理画面中的陪体。直接法就是把陪体放在画面中，但要注意陪体不能压过主体，往往安排在前景或是背景的边角位置。间接法，顾名思义，就是将陪体安排在画面外。这种方法比较含蓄，也更具有韵味，形成无形的画外音，做到画中有“话”，画外亦有“话”。

▲ 模特手里拿着的气球不仅丰富了画面色彩，也将模特衬托得更加俏皮、可爱

焦　　距 ▷ 50mm
光　　圈 ▷ F5
快门速度 ▷ 1/125s
感 光 度 ▷ ISO200

环境

环境是指靠近主体周围的景物，它既不属前景，也不属背景。环境可以是景、是物，也可以是鸟或其他动物，主要起到衬托、说明主体的作用。

一幅摄影作品中，我们除了可以看到主体和陪体以外，还可以看到作为环境的一些元素。这些元素烘托了主题、情节，进一步强化了主题思想的表现力，并丰富了画面的层次感。

▲ 画面中模特坐在开满花的树下，紫色花朵、嫩黄的树叶衬托出了模特温婉的气质

焦　　距 ▷ 35mm
光　　圈 ▷ F4
快门速度 ▷ 1/250s
感 光 度 ▷ ISO100

掌握构图元素

用点营造画面的视觉中心

点在几何学中的概念是没有体积，只有位置的集合图形，直线的相交处和线段的两端都是点。在摄影中，点强调的是位置。

从摄影的角度来看，如果拍摄的距离足够远，任何事物都可以成为摄影画面中的点，大到一个人、房屋、船等，只要距离够远，在画面中都可以以点的形式出现；同样道理，如果拍摄的距离足够近，小的对象（如一颗石子、一个田螺、一朵小花）也是可以作为点在画面中存在的。

从构图的意义方面来说，点通常是画面的视觉中心，而其他元素则以陪体的形式出现，用于衬托、强调充当视觉中心的点。

焦　　距 200mm
光　　圈 F6.3
快门速度 1/320s
感 光 度 ISO100

▲ 树下剪影的人物作为点的元素出现，既丰富了画面的构成形式，又活跃了画面热情洋溢的气氛

拍摄要点：

❶ 使用点测光模式，对天空区域进行测光，并适当降低0.7~1.3挡的曝光补偿，以避免天空区域曝光过度，同时也能够让剪影更加干净、纯粹。

❷ 使用单个对焦点，对远处的人物进行对焦，以保证主体的清晰度。

❸ 设置“背阴”白平衡，让画面中拥有更多的暖调色彩。

利用线赋予画面形式美感

线条无处不在，每一种物体都具有自身鲜明的线条特征。

在摄影中，线条既是表现物体的基本手段，也是传递画面形象美的主要方法。

拍摄经验：在实际拍摄时，要通过各种方法来寻找线条，如仔细观察建筑物、植物、山脉、道路、自然地貌、光线，都能够找到漂亮的线条，并在拍摄时通过合适的构图方法将其在画面中强调出来，使画面充满美感。

▲ 摄影师巧妙地利用围栏在地面上的投影，形成放射状的线条，使画面更具视觉冲击力，同时还增加了极强的纵深感

焦　距▷ 20mm
光　圈▷ F14
快门速度▷ 1/400s
感光度▷ ISO400

找到景物最美的一面

在几何学中，面的定义是线的移动轨迹。因为肉眼能看到的物体大都是以面的形式存在的，所以面是摄影构图中最直观、最基本的元素。

在不同角度拍摄同一物体时，可以拍摄到不同的面。这些面中有的可能很美，也有的可能很平凡，这时候就需要我们去寻找、发现物体最美的一面。

▲ 画面中的天空与水面在夕阳的照射下形成两个面，从而将夕阳的壮丽突显出来，渲染出夕阳时分宁静的暖意

焦　距▷ 200mm
光　圈▷ F6.3
快门速度▷ 1/1250s
感光度▷ ISO100

利用高低视角的变化进行构图

平视拍摄要注意的问题

平视角度拍摄即相机镜头与被摄对象处在同一水平线上。平视角度拍摄所得画面的透视关系、结构形式和人眼看到的大致相同，给人以心理上的亲切感。

平视角度是最不容易出特殊画面效果的角度，平视角度拍摄需要注意以下问题：

首先是选择、简化背景。平视角度拍摄容易造成主体与背景景物的重叠，要想办法避免杂乱的背景或用一些可行的技术与艺术手法简化背景。

再次，要注意避免地平线分割画面。

可利用前景人为地加强画面透视，打破地平线无限制的横穿画面，或者利用高低不平的物体如山峦、岩石、树木、倒影等来分散观众的注意力，减弱地平线横穿画面的力量。

还可以利用纵深线条，即利用画面中从前景至远方所形成的线条变化，引导观众视线向画面纵深运动，加强画面深度感，减弱横向地平线的分割力量。

利用空气介质、天气条件的变化，如雨、雪、雾、烟等增强空间透视感，也是不错的方法。

▲ 采用上下对称的构图以平视角度拍摄湖水，使观者感受到平稳、庄重的感觉，展现出一幅静逸、宁静的湖景

拍摄要点：

❶ 显示“电子水准仪”以便水平构图。

❷ 在镜头前安装偏振镜以消除天空中的偏振光，得到湛蓝的天空效果。

俯视拍摄要注意的问题

俯视角度拍摄即相机镜头处在正常视平线之上，由高处向下拍摄被摄体。

所谓“高瞻远瞩”，俯视角度拍摄有利于展现空间、规模、层次，可以将远近景物在平面上充分展开，而且层次分明，有利于展现空间透视及自然之美，有利于表现某种气势、地势，如山峦、丘陵、河流、原野等，介绍环境、地点、规模、数量，如群众集会、阅兵式等，展示画面中物体间的方位关系。

俯视拍摄角度会改变被摄事物的透视状况，形成一定的上大下小的变形，这种变形在使用广角镜头拍摄时更加明显，例如，在人像摄影中这种角度能够使眼睛看上去更大，而脸更瘦一些。

运用这种角度拍摄要注意的是，俯视角度拍摄有时表示了一种威压、蔑视的感情色彩，因为当我们去俯视一个事物时，自身往往处在一个较高的位置，心理上处于一种较优越的状态。因此，在拍摄人像时要慎重使用。

▲ 以俯视角度拍摄城市鸟瞰图，结合冷、暖色的对比，更加凸显了城市的热闹与繁华

拍摄要点：

❶ 使用三脚架保持相机稳定，然后调整好相机的角度与焦距，以确定画面的基本构图。

❷ 使用镜头广角端拍摄，从而在不影响构图的前提下，尽可能多取景，以凸显鸟瞰摄影的气势。

❸ 通过长时间的曝光，实现画面的正常曝光。

❹ 长时间曝光以及在弱光环境下拍摄，画面很容易产生噪点，因此应使用尽可能低的ISO感光度，以降低画面中产生的噪点。

仰视拍摄要注意的问题

仰视拍摄即相机镜头处于视平线以下，由下向上拍摄被摄体。仰角度拍摄有利于表现处在较高位置的对象，利于表现高大垂直的景物，当景物周围拍摄空间比较狭小时，仰拍可以充分利用画面的深度来包容景物的体积。

由于仰视拍摄改变了人们通常观察事物的视觉透视效果，所以其有利于表达作者的独特的感受，使画面中的物体造成某种优越感，表示某种赞颂、胜利、高大、敬仰、庄重、威严等，以给人们象征性的联想、暗喻和潜在意义，具有强烈的主观感情色彩。

使用仰视拍摄时要注意的是，如果在拍摄时使用中焦或长焦镜头，则由于仰视产生的景物向上汇聚的趋势就会变得比较弱。为了使景物本身的线条产生明显的向上汇聚效应，拍摄时需要使用广角镜头。

▲ 仰视拍摄建筑，使其显得非常高大，向上的冲击力也特别强

拍摄经验：仰视拍摄有利于简化背景，比如以干净的天空、墙壁、树木等作背景，将主体背后处于同一高度的景物避开，在简化背景的同时，还可以加强画面中动作的力度。另外，仰视拍摄时往往使地平线处于画面的下方，可以增加画面的横向空间展现，使画面显得宽广、高远。

5种常见景别

远景

远景是从远距离拍摄所得到的画面景别，通常包括广阔的空间和较多的景物，易于表现环境和气势，但不利于交代具体的细节。

远景画面的特点是空间大、景物层次多、主体形象矮小、陪衬景物多，能够在很大范围内全面地表现环境。

在构图中要关注画面中的线条和图案，如江河、山峦形成的线条，以及田野、特殊地形、云层彩霞等形成的图案。通过在画面中合理布置这些线条、图案来为画面增加形式感。

拍摄经验：拍摄远景在很大程度上是要表现画面的整体气势，正如绘画理论中提到的“远取其势”，所以摄影师要从大处着眼，以气势取胜。

▲ 远景拍摄的山间田园场面，画面中绿地、山峦占据了很大比例，人物在画面中起到视觉兴趣点的作用

焦　　距 ▷ 22mm
光　　圈 ▷ F16
快门速度 ▷ 1/25s
感 光 度 ▷ ISO100

全景

凡是能够说明被抓捕对象全貌的画面统称为全景，如人像照片的全貌是全身照片，建筑物的全貌是表明其整体结构的照片。

小到表现一只完整的鸟、瓢虫的照片，大到可供上千辆汽车驰行的桥梁类的照片都可称之为全景照。全景的范围大小取决于拍摄对象的体积、面积。

拍摄经验：处理全景画面需要注意确保主体形象的完整性。拍摄时既要避免“缺边少沿”，破坏了事物外部轮廓线的完整性；也不能“顶天立地”，要在主体周围适当的保留一些空间。

▲ 全景拍摄人像，可将人物整体及环境都表现出来

焦　　距 ▷ 28mm
光　　圈 ▷ F5.6
快门速度 ▷ 1/320s
感 光 度 ▷ ISO100

中景

中景是指在有限的环境中表现某一对象的主要部分，能够表现对象的细节，既可以表现主体，又可以交代环境，同时也有利于表现故事情节及对象之间的联系等。就人像摄影而言，中景是指人的腰腹以上（坐姿）或膝部以上（站姿）的景别，用于表现出人物的动作或姿态，以及人与人、人与物之间的相互关系。

中景画面的主体比全景高大、突出，但由于画面容纳景物的量少，所以在交代环境方面明显不足，气势方面相对弱了许多。例如，报纸杂志用的新闻图片多数是中景，因为中景构图不但突出了主体，而且对环境要素也可以做适当交代。

焦　距 ▷ 50mm
光　圈 ▷ F2.8
快门速度 ▷ 1/100s
感 光 度 ▷ ISO200

▶ 以中景景别拍摄人物的上半身，可以重点表现人物的表情及手臂的造型

近景

在距离主体比中景更近位置的摄影画面，统称为近景。近景画面中只包括被摄体的主要部分，针对性较强，拍摄时可以对不必要的内容进行省略。

就人像摄影而言，近景是指包括人的胸部以上部分的景别。采用这种景别来拍摄人像时，画面要注重表现人物的神态、情绪和细节，拍摄时要注意“近取其神”，处理好人物的头部姿态和面部表情。另外，如果画面摄入了人物的手，还要特别注意其手部动作。

采用这种景别拍摄其他景物时，要注重表现物体的局部特征，注意以“近取其质”的原则来拍摄，运用光线表现物体的质地、纹理、层次。

▲ 利用特写表现女孩，突出了其美丽、动人的大眼睛

焦　距 ▷ 155mm
光　圈 ▷ F2.8
快门速度 ▷ 1/500s
感 光 度 ▷ ISO200

特写

对于人像摄影而言，特写通常指包括人的肩部以上部分的景别，对于其他被拍摄对象而言，则是指表现事物细部的景别。在拍摄时，运用长焦镜头或微距镜头近距离拍摄，都可获得特写景别画面。

在特写画面中，被摄物体的细部被强行“放大”，观者的注意力被“强制”集中到事物的局部上，从而形成了凝视、审视的视觉效果。这种景别的画面能够调动观众从局部联想全貌的想象力，使画面有一定的联想性。

由于特写只能表现人体的某一部位，一件物品、一个建筑或一朵花的局部，无法表现环境，因此拍摄特写应在“特”字上下工夫，应该要表现出被拍摄对象特殊的造型、纹理、结构，使画面清晰逼真、细节鲜明突出，给观众带来强烈的视觉印象，例如，蜻蜓的翅膀、蜜蜂的眼睛、美女弯翘的睫毛、老人沧桑的手部、纸币上细腻的花纹等。

▲ 以特写景深拍摄猫咪的头部，明亮的大眼睛、好奇的眼神，给人憨态可掬的感觉，极好地表现出小家伙可爱的一面

拍摄经验：用特写景别拍摄时，如果使用的不是长焦镜头，通常需要走近被拍摄对象以获得局部特写效果，因此需要注意每一个镜头都有最近对焦距离的限制。以AF-S 尼克尔 24-70mm F2.8 G ED为例，其最近对焦距离为38cm，即当相机与被拍摄对象合焦部位之间的距离小于38cm时，相机就无法合焦拍摄了。

开放式及封闭式构图

封闭式构图要求作品本身的完整，通过构图把被摄对象限定在取景框内，不让它与外界发生关系。封闭式构图追求画面内部的统一、完整、和谐与均衡，适用于表现完美、通俗和严谨的拍摄题材。

开放式构图不讲究画面的严谨和均衡，而是引导观众突破画框的限制，对画面外部的空间产生联想，以达到增加画面内部容量与内涵的目的。

在构图时，可以有意在画面的周围留下被切割得不完整形象，同时不必追求画面的均衡感，利用画面外部的元素与画面内部的元素形成一种想象中的平衡、和谐感。如果利用这种构图形式来拍摄人像，画面中人像的视线与行为落点通常在画面外部，以暗示其与画面外部的事物有呼应与联系。

焦　　距 ▷ 85mm
光　　圈 ▷ F3.5
快门速度 ▷ 1/640s
感 光 度 ▷ ISO400

◀ 封闭式构图拍摄小宝宝得到了完整的画面，将其娇小的身形表现得很好

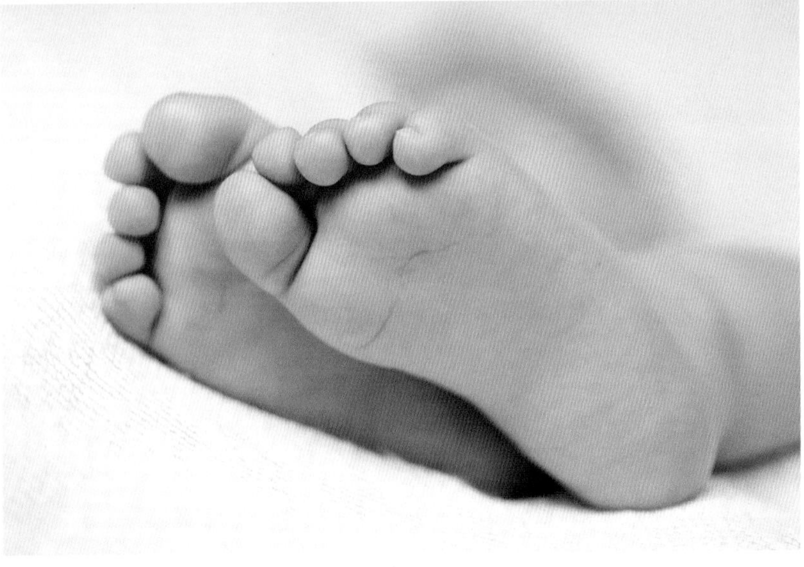

焦　　距 ▷ 150mm
光　　圈 ▷ F2.5
快门速度 ▷ 1/320s
感 光 度 ▷ ISO200

◀ 开放式构图拍摄的孩子嫩嫩的小脚丫，画面的不完整给人想象的空间

常见常用构图法则

黄金分割法构图

许多艺术家在创作过程中都会遵循一定的原则，而在构图方面，艺术家们最为推崇并遵循的原则就是“黄金分割”，即画面中主体两侧的长度对比为1：0.618，这样的画面看起来是最完美的。

具体来说，黄金分割法的比例为5：8，它可以在一个正方形的基础上推导出来。

首先，取正方形底边的中心点为x，并以x为圆心，以线段xy为半径作圆，其与底边直线的交点为z点，这样将正方形延伸为一个比例为5：8的矩形，即a：c=b：a=5：8，而y点则被称为“黄金分割点”。

对摄影而言，真正用到黄金分割法的情况相对较少，因为在实际拍摄时很多画面元素并非摄影师可以控制的，再加上视角、景别等多种变数，因此很难实现完美的黄金分割构图。

但值得庆幸的是，经过不断的实践运用，人们总结出黄金分割法的一些特点，进而演变出了一些相近的构图方法，如九宫格法。在具体使用这种构图方法时，通常先将整个画面用四条线进行等分，而线条形成4个交点即称为黄金分割点，我们可以直接将主体置于黄金分割点上，以引起观者的注意，同时避免长时间观看而产生的视觉疲劳。

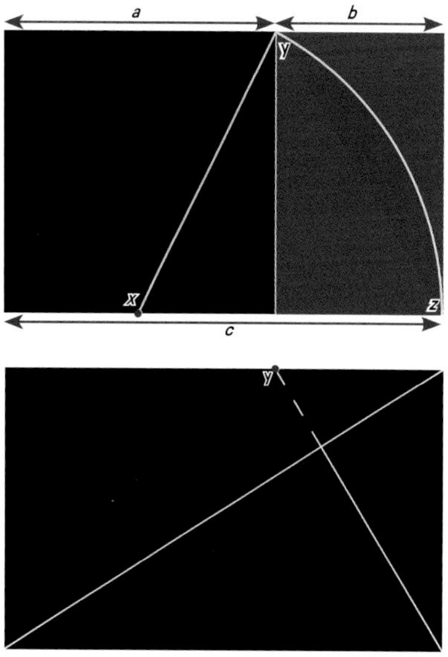

▲ 黄金分割法构图示意图

拍摄经验：在实际拍摄中，往往无法精确地将景物安排为黄金构图比例，只能依据目测和摄影者当时的感觉来取景，所拍得的画面大概符合构图标准，能反映出创作意图即可。

▲ 将女孩置于画面的黄金分割点处，得到舒服的画面效果，也使其在画面中突出

焦　　距 ▷ 85mm
光　　圈 ▷ F2
快门速度 ▷ 1/800s
感 光 度 ▷ ISO200

当被摄对象以线条的形式出现时，可将其置于画面三等分的任意一条分割线位置上。这种构图方法本质上利用的仍然是黄金分割的原则，但也有许多摄影师将其称为三分线构图法。

焦　　距 ▷ 56mm
光　　圈 ▷ F10
快门速度 ▷ 1/1000s
感 光 度 ▷ ISO200

▶ 将水平线置于三分线上，画面具有一种视觉上的美感，同时也显得稳定、和谐

知识链接：用网格线显示功能拍摄三分法构图

Nikon D810有“取景器网格显示”功能，开启取景器网格，可以在拍摄时快速地进行三分法构图。

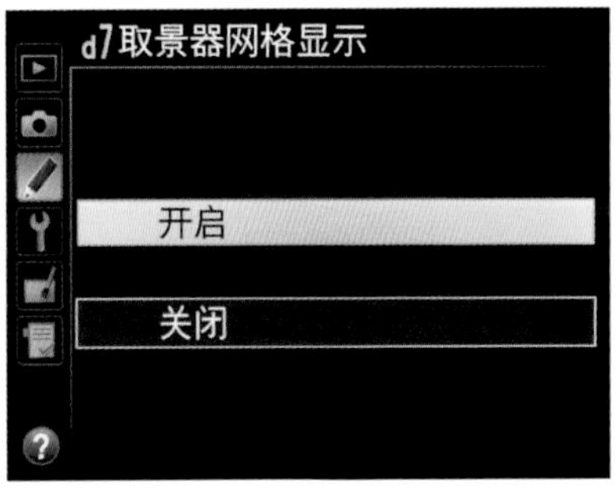

操作步骤：选择**自定义设定**中的**d拍摄/显示**选项，然后按▲或▼方向键选择**d7 取景器网格显示**选项

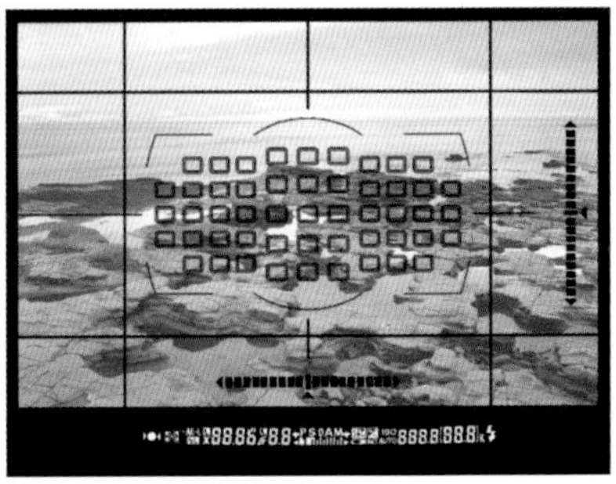

▲ 利用“取景器网格线显示”功能拍摄人像时的示意图

水平线构图

水平线构图也称为横向式构图，即通过构图手法使画面中的主体景物在照片中呈现为一条或多条水平线的构图手法。是使用最多的构图方法之一。

水平线构图常常可以营造出一种安宁、平静的画面意境，同时，水平线可以为画面增添一种横向延伸的形式感。水平线构图根据水平线位置的不同，可分为低水平线构图、中水平线构图和高水平线构图。

中水平线构图是指画面中的水平线居中，以上下对等的形式平分画面。采用这种构图形式的原因，通常是为了拍摄到上下对称的画面，有可能是被拍摄对象自身具有上下对称的结构，但更多的情况是由于画面的下方水面能够完全倒影水面上方的景物，从而使画面具有平衡、对等的感觉。值得注意的是中水平线构图不是对称构图，不需要上下的景物一致。

▲ 利用水平线构图拍摄海景，通过向两边无限延伸的水平线，使画面在横向上产生了扩张感

焦　　距▷ 34mm
光　　圈▷ F16
快门速度▷ 1/10s
感 光 度▷ ISO200

低水平线构图是指画面中主要水平线的位置在画面靠下1/4 或1/5 的位置。采用这种水平线构图的原因是为了重点表现水平面以上部分的主体，当然在画面中安排出这样的面积，水平线以上的部分也必须具有值得重点表现的景象，例如天空中大面积的漂亮云层、冉冉升起的太阳等。

高水平线构图是指画面中主要水平线的位置在画面靠上1/4 或1/5 的位置。高水平线构图与低水平线构图正好相反，主要表现的重点是水平线以下部分，例如大面积的水面、地面，采用这种构图形式的原因，通常是由于画面中的水面、地面有精彩的倒影或丰富的纹理、图案细节等。

拍摄要点：

❶ 将海平面置于画面底部极低的位置，从而以较大的空间表现出天空中漂亮的云彩。

❷ 通过控制曝光，将底部表现为剪影，左下角的小船虽然仅占据了很小的位置，但在背景的衬托下，显得非常突出。

❸ 使用点测光模式对太阳旁边的云彩进行测光，并适当降低0.7~1.3挡的曝光补偿，使天空中的云彩能够表现出更多的层次与细节，同时还让底部的剪影显得更加干净、纯粹。

❹ 为镜头安装相应的遮光罩，以避免直射的太阳光在画面中产生影响美观的光晕。

◀ 使用低水平线拍摄时，在画面的上方留出大面积天空，重点突出了天空中的云彩，适当留出海面上帆船的剪影，不仅使画面在视觉上有了重点，也衬托着天空的颜色更加金黄绚烂

焦　　距 ▷ 45mm
光　　圈 ▷ F6.3
快门速度 ▷ 1/1000s
感 光 度 ▷ ISO200

垂直构图

垂直构图即通过构图手法，使画面中的主体景物在照片画面中呈现为一条或多条垂直线。

垂直构图通常给人一种高耸、向上、坚定、挺拔的感觉。所以经常用来表现向上生长的树木及其他竖向式的景物。

拍摄经验：如果拍摄时使画面中的景物在画面中上下穿插直通到底，则可以形成开放式构图，让观赏者想象出画面中的主体有无限延伸的感觉，因此拍摄时照片顶上不应留有白边，否则观赏者在视觉上就会产生“到此为止”的感觉。

▲ 采用垂直构图拍摄树木，竖直的线条有向上方透视集中的趋势，突出了树木的生命力

焦　　距 ▷ 55mm
光　　圈 ▷ F11
快门速度 ▷ 1/100s
感 光 度 ▷ ISO400

斜线及对角线构图

斜线构图是利用建筑的形态，以及空间透视关系，将图像表现为跨越画面对角线方向的线条。

它可以给人一种不安定的感觉，但却动感十足，使画面整体充满活力，且具有延伸感。

对角线构图属于斜线构图的一种极端形式，即画面中的线条等同于其对角线，可以说是将斜线构图的功能发挥到了一个极致。

▲ 呈对角线式的叶子贯穿整个画面，上面的七星瓢虫虽然很小，但由于画面非常简洁，而且色彩对比强烈，因此变得非常突出

焦　距 ▷ 135mm
光　圈 ▷ F2
快门速度 ▷ 1/100s
感 光 度 ▷ ISO1600

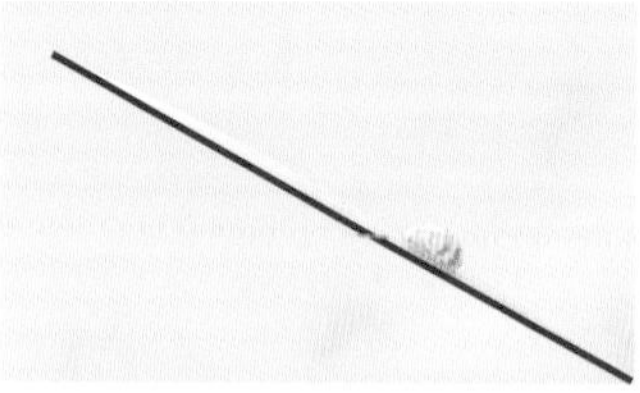

辐射式构图

辐射式构图即通过构图使画面具有类似于自行车车轮轴条的辐射效果的构图手法。辐射式构图具有两种类型，一是向心式构图，即主体在中心位置，四周的景物或元素向中心汇聚，给人一种向中心挤压的感觉；二是离心式构图，即四周的景物或元素背离中心扩散开来，会使画面呈现舒展、分裂、扩散的效果。

早晨穿过树林的“耶稣光”，多瓣的花朵等，这些都属于自然形成的辐射式。

拍摄经验：要通过构图来形成辐射画面，应该在拍摄时寻找那些富有线条感的对象，如耕地、田园、纺织机、整齐的桌椅等。

▲ 建筑内部的线条向中间汇集形成辐射式构图，画面视觉感强烈

焦　距 ▷ 105mm
光　圈 ▷ F7.1
快门速度 ▷ 1/60s
感 光 度 ▷ ISO800

L形构图

L 形构图即通过摄影手法，使画面中主体景物的轮廓线条、影调明暗变化形成有形或无形的L 形的构图手法。

L 形构图属于边框式构图，使原有的画面空间凝缩在摄影师安排的L 形状构成的空白处，即照片的趣味中心，这也使得观者在观看画面时，目光最容易注意这些地方。

但值得注意的是，如果缺少了这个趣味中心，整个照片就会显得呆板、枯燥。

拍摄经验：拍摄风光时运用这种L 形构图，建议前景处安排影调较重的树木、建筑物等景物，然后在L 形划分后的空白空间中，安排固有的景物（如太阳）或等待运动物体（如移动的云朵、飞鸟等）成为趣味中心。

▲ 通过选择恰当的拍摄角度，利用水岸的线条形成L形构图，在增加画面变幻感的同时，延伸向远方的水岸也强化了画面的纵深感与空间感

焦　　距 ▷ 17mm
光　　圈 ▷ F13
快门速度 ▷ 1/100s
感 光 度 ▷ ISO100

对称式构图

对称式构图是指画面中两部分景物，以某一根线为轴，在大小、形状、距离和排列等方面相互平衡、对等的一种构图形式。

采用这种构图形式通常是表现拍摄对象上下（左右）对称的画面。这种对象可能自身就有上下（左右）对称的结构；还有一种是主体与水面或反光物体形成的对称，这样的照片给人一种平静和秩序感。

▲ 以画面的垂直中心线作为轴，更具象的说，就是以画面中心的小屋作为对称中心，利用左右的栏杆，形成画面的对称感。而背景中右侧刚刚升起的太阳，使整体不显得过于呆板

焦　　距 ▷ 18mm
光　　圈 ▷ F13
快门速度 ▷ 1/320s
感 光 度 ▷ ISO200

S形构图

S形线构图能够利用画面结构的纵深关系形成S 形，使观赏者在视觉上感到趣味无穷，在视觉顺序上对观众的视线产生由近及远的引导，诱使观众按S 形顺序深入到画面里，给画面增添圆润与柔滑的感觉，使画面充满动感和趣味性。

这种构图不仅常用于拍摄河流、蜿蜒的路径等题材，在拍摄女性人像时也经常使用，以表现女性婀娜的身姿。

焦　　距 ▷ 135mm
光　　圈 ▷ F2.8
快门速度 ▷ 1/200s
感 光 度 ▷ ISO100

▶ 以人物身体的S形曲线进行构图，突出人物的性感与柔美

焦　　距 ▷ 18mm
光　　圈 ▷ F16
快门速度 ▷ 20s
感 光 度 ▷ ISO100

▶ 以合适的角度拍摄S形的大桥，画面看上去更有动感，同时空间感也得到延伸

三角形构图

三角形构图即通过构图使画面呈现一个或多个正立、倾斜或颠倒的三角形的构图手法。

从几何学中我们知道，三角形是最稳定的结构，运用到摄影的构图中，同样如此。三角形通常给人一种稳定、雄伟、持久的感觉，同时由于人们通常认为山的抽象图形概括便是三角形，所以在风光摄影中经常用三角形构图来表现大山。

根据画面中出现的三角形数量可以将三角形构图分为单三角形构图、组合三角形构图及三角形与其他形组合构图等；根据三角形的方向，可以将三角形构图分为正三角形构图和倒三角形构图。正立三角形不会产生倾倒之感，所以经常用于表现人物的稳定感及自然界的雄伟。

如果三角形在画面中呈现倾斜与颠倒的状态，也就是倒三角或斜三角，则会给人一种不稳定的感觉。组合三角形构图的画面更加丰富多变，一个套一个的不同规格三角形组合在一起，稳重又相呼应，能够使画面的空间更有趣味性，这样的画面不容易感觉到单调和重复。

▲ 此张作品采用三角形构图拍摄，显现出了山脉稳定、雄厚的感觉

焦　　距 ▷ 18mm
光　　圈 ▷ F22
快门速度 ▷ 1/3s
感 光 度 ▷ ISO100

散点式构图

散点式（又称棋盘式）构图就是以分散的点状形象构成画面。

整个画面上景物很多，但是以疏密相间、杂而不乱的状态排列着，即存在不同的形态，又统一在照片中的背景中。

散点式构图是拍摄群体性动物或植物时常用的构图手法，通常以仰视和俯视两种拍摄视角表现，俯视拍摄一般表现花丛中的花朵，仰视拍摄一般是表现鸟群。拍摄时建议缩小光圈，这样所有的景物都能得到表现，不会出现半实半虚的情况。

拍摄经验：这种分散的构图方式，极有可能因主体不明确，造成视觉分散而使画面表现力下降，因此在拍摄时要注意经营画面中“点”的各种组合关系，画面中的景物一定要多而不乱，才能寻找到景物的秩序感并如实记录。

▲ 以散点式构图拍摄湖面上飞行的大小不一的水鸟，画面看上去有节奏跳跃感且充满活力

焦　　距 ▶ 600mm
光　　圈 ▶ F6.3
快门速度 ▶ 1/2000s
感 光 度 ▶ ISO320

框式构图

框架式构图是指通过安排画面中的元素，在画面内建立一个画框，从而使视觉中心点更加突出的一种构图手法。框架通常位于前景，它可以是任何形状，例如窗、门、树枝、阴影和手等。

框架式构图又可以分为封闭式与开放式两种形式。

封闭式框式构图一般多应用在前景构图中，如利用门、窗等作为前景，来表达主体，阐明环境。

开放式构图是利用现场的周边环境临时搭建成的框架，如树木、手臂、栅栏，这样的框式构图多数不规则及不完整，且被虚化或以剪影形式出现。这种构图形式具有很强的现场感，可以使主体更自然地被突出表现，同时还可以交代主体周边的环境，画面更生动、真实。

▲利用建筑的门洞作为框架拍摄远处的建筑，很好地表现出建筑本身的特色，并使画面显得非常紧凑

焦　　距▷17mm
光　　圈▷F11
快门速度▷1/640s
感 光 度▷ISO500

第8章

「摄影用光」

光线与色温

色温是一种温度衡量方法，通常用在物理和天文学领域，这个概念基于一个虚构黑色物体，在被加热到不同的温度时会发出不同颜色的光，其物体呈现为不同颜色。就像加热铁块时，铁块先变成红色，然后是黄色，最后会变成白色。

使用这种方法标定的色温与普通大众所认为的“暖”和“冷”正好相反，例如，通常人们会感觉红色、橙色和黄色较暖，白色和蓝色较冷，而实际上红色的色温最低，然后逐步增加的是橙色、黄色、白色和蓝色，蓝色是最高的色温。

利用自然光进行拍摄时，由于不同时间段光线的色温并不相同，因此拍摄出来的照片色彩也并不相同。例如，在晴朗的蓝天下拍摄时，由于光线的色温较高，因此照片偏冷色调；而如果在黄昏时拍摄时，由于光线的色温较低，因此照片偏暖色调。利用人工光线进行拍摄时，也会出现光源类型不同，拍摄出来的照片色调不同的情况。

了解光线与色温之间的关系有助于摄影师在不同的光线下进行拍摄，预先估计出将会拍摄出什么色调的照片，并进一步考虑是要强化这种色调还是减弱这种色调，在实际拍摄时应该利用相机的哪一种功能来强化或弱化这种色调。

▲ 同一地点、不同时间拍摄得到的两张照片，色温有着很大的变化。上图画面中的暖色较多，而下图则拥有较强的冷、暖对比

光比的概念

光比指被摄物体受光面亮度与阴影面亮度的比值，是摄影的重要参数之一。通常情况下，散射光照射下被摄体的明暗反差小，光照效果均匀，因此光比就小；而直射光照射下被摄体的明暗反差较大，因此光比就大。

拍摄经验：如果天空与地面的光比较大，可以使用中灰渐变镜或摇黑卡的方式来平衡两者间的光比；如果被拍摄主体与背景的光比相差较大，则需要考虑是否需要补光；如果前景与背景的光比相差较大，则应该考虑将前景拍摄成为剪影效果，或将背景拍摄成为纯粹的黑色来突出表现前景。

▲ 大光比

▲ 小光比

▲ 采用逆光光线拍摄海景，光与影的交织让画面的大光比特性突出

焦　距 ▶ 25mm
光　圈 ▶ F13
快门速度 ▶ 1/250s
感 光 度 ▶ ISO200

直射光与散射光

直射光

直射光是指太阳或其他人造光源直接照射出来的光线，没有经过云层或其他物体（如反光板、柔光箱）的反射，光线直接照射到被摄物体上，这种光线就是直射光。

直射光又称硬光，直射光照射下的对象会产生明显亮面、暗面与投影，所以会表现出强烈的明暗对比，其特点是明暗过渡区域较小，给人以明快的感觉，常用于表现层次分明的风光、棱角分明的建筑等拍摄题材。

拍摄经验：直射光下拍摄时的光比很大，因此容易出现高光区域曝光正常时，暗调区域显得曝光不足，或者暗调曝光正常时，高光区域出现曝光过度的情况，因此在拍摄人像、微距等题材时，应注意为暗部补光，以避免这种问题——当然，如果是刻意想要这种效果，就另当别论了。

▲ 在直射光照射下，俯视拍摄雪山，强烈的明暗对比很容易形成日照银山的效果

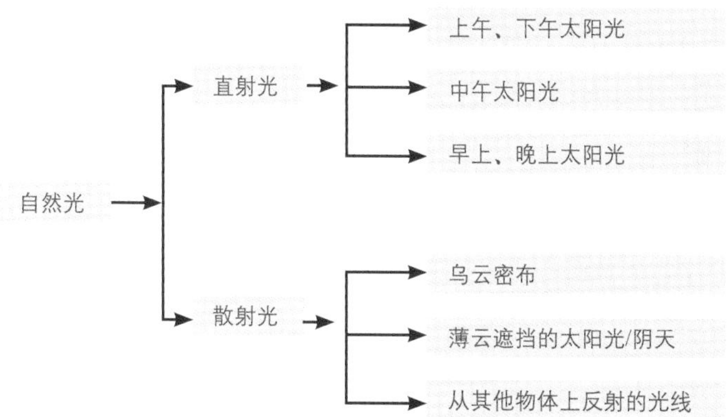

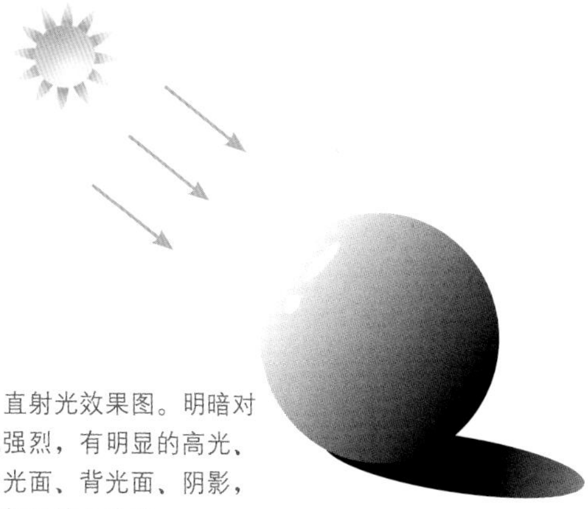

▶ 直射光效果图。明暗对比强烈，有明显的高光、受光面、背光面、阴影，有很强的立体感

散射光

散射光是指没有明确照射方向的光，例如阴天、雾天时的天空光或者添加柔光罩的灯光，水面、墙面、地面反射的光线也是典型的散射光。

散射光的特点是照射均匀，被摄对象明暗反差小，影调平淡柔和。利用这种光线拍摄时，能较为理想地将被拍摄对象细腻且丰富的质感和层次表现出来，例如，在人像拍摄中常用散射光表现女性柔和、温婉的气质和娇嫩的皮肤质感。其不足之处是被摄对象的体积感不足、画面色彩比较灰暗。

在散射光条件下拍摄时，要充分利用被摄景物本身的明度及由空气透视所造成的虚实变化，如果天气阴沉就必须要严格控制好曝光时间，这样拍出的照片层次才丰富。

拍摄经验：实际拍摄时，建议在画面中制造一点亮调或颜色鲜艳的视觉兴趣点，以使画面更生动。例如，在拍摄人像时，可以要求模特身着亮色的服装。

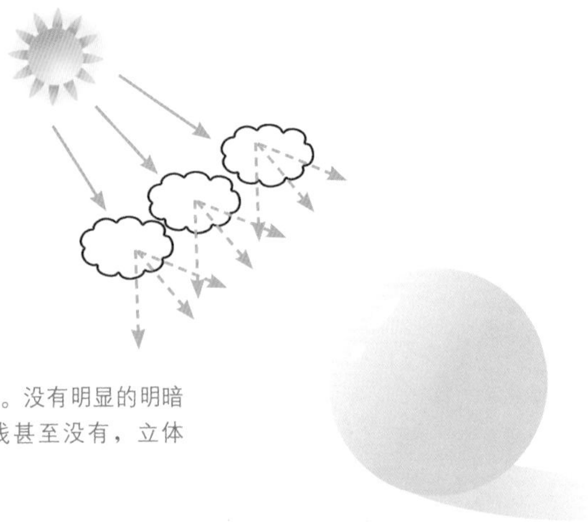

▶ 散射光效果图。没有明显的明暗对比，阴影较浅甚至没有，立体感较弱

焦　　距 ▷ 200mm
光　　圈 ▷ F5.6
快门速度 ▷ 1/400s
感 光 度 ▷ ISO100

▶ 使用散射光拍摄人像，得到了画面颜色丰富、人物皮肤细腻的效果

找到最完美的光线方向

光和影凝聚了摄影的魅力，随着光线投射方向、强度的改变，在物体上产生的光影效果也随之会产生巨大的变化。要捕捉最精妙的光影效果，必须要认识光线的方向对于画面效果的影响。

根据光与被摄体之间的位置，光的方向可以划分为：顺光、前侧光、侧光、侧逆光、逆光、顶光。这6种光线有着不同的作用，只有在充分理解和熟悉的基础之上，才能巧妙精确地运用这些光线位置。

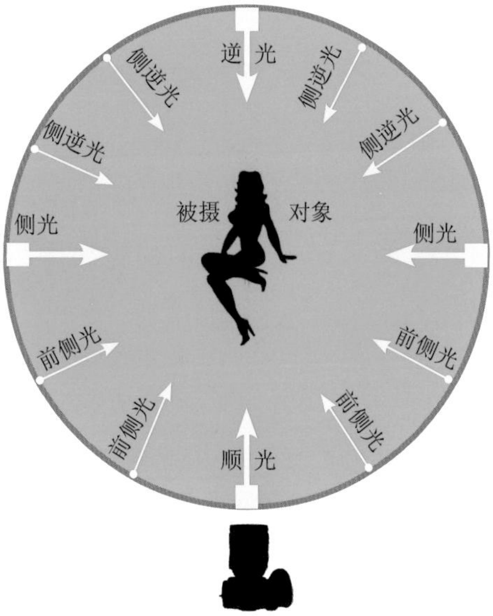

▲ 为了使读者更好地理解光线的方向，我们可以把太阳的光位看作是一个表盘，将表放在视线的水平正前方，将人眼作为“相机拍摄位置”，表盘中心的点作为被摄对象，按着示意图中箭头及文字注解，就不难理解太阳的光位了

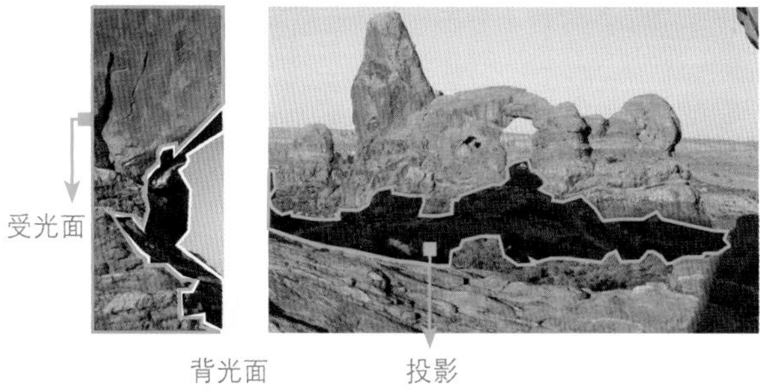

通过选择适当的拍摄角度，以前侧光拍摄岩石，在充分表现出其细节的同时，也很好地突出其立体感

顺光的特点及拍摄时的注意事项

当光线投射方向与拍摄方向一致时，这时的光即为顺光。

在顺光照射下，景物的色彩饱和度很好，画面通透、颜色亮丽。很多摄影初学者就很喜欢在顺光下拍摄，除了可以很好地拍出颜色亮丽的画面外，因其没有明显的阴影或投影，掌握起来也较容易，使用相机的自动挡就能够拍摄出不错的照片。

但顺光也有不足之处，即在顺光照射下的景物受光均匀，没有明显的阴影或者投影，不利于表现景物的立体感与空间感，画面较呆板乏味。因此无论是拍摄风光还是人像，通常不会采用顺光进行拍摄。

在实际拍摄时，为了弥补顺光立体感、空间感不足的缺点，需要尽可能地运用不同景深对画面进行虚实处理，使主体景物在画面中表现突出，或通过构图使画面中的明暗配合起来，例如以深暗的主体景物配明亮的背景、前景，或反之。

▲ 使用闪光灯以顺光的方向拍摄蝴蝶，清晰地展现了其身体上的每个细微细节，明亮的高光更好地表现了蝴蝶的身体质感

拍摄要点：

❶ 蹲、卧或跪在地上，确保相机可以稳定地进行拍摄。

❷ 安装好环形闪光灯及柔光罩，以确保蝴蝶能够获得充足的光线。

❸ 确认微距镜头开启了微距拍摄模式，并设置中等光圈，以保证获得较大的景深，使蝴蝶能够拍摄清晰。

侧光的特点及拍摄时的注意事项

当光线投射方向与相机拍摄方向呈90° 角时，这种光线即为侧光。

侧光是风光摄影中运用较多的一种光线，这种光线非常适合表现物体的层次感和立体感，原因是侧光照射下景物受光的一面在画面上构成明亮部分，不受光的一面形成阴影。

景物处在这种照射条件下，轮廓比较鲜明，且纹理也很清晰，明暗对比明显，立体感强，前后景物的空间感也比较强，因此用侧光进行拍摄最易出效果。所以很多摄影爱好者都用侧光来表现建筑物、大山的立体感。

▲ 侧光条件下，沙浪的明暗对比十分突出，对纹理质感的塑造起到至关重要的作用

焦　　距 ▷ 19mm
光　　圈 ▷ F18
快门速度 ▷ 1/15s
感 光 度 ▷ ISO100

前侧光的特点及拍摄时的注意事项

前侧光就是从被摄对象的前侧方照射过来的光，被摄体的亮光部分约占2/3的面积，阴影暗部约为1/3。

用前侧光拍摄的照片，可使景物大部分处在明亮的光线下，少部分构成阴影，既丰富了画面层次，突出了景物的主体形象，又显得协调，给人以明快的感觉，拍摄出来的画面反差适中、不呆板、层次丰富。

需要注意的是，在户外拍摄时，临近中午的太阳照射角度高，会形成高角度前侧光，这种光线反差大，层次欠丰富，使用时要慎重。

▲ 使用前侧光拍摄的女孩，小面积的阴影使其五官看起来更加立体

焦　　距 ▷ 21mm
光　　圈 ▷ F11
快门速度 ▷ 1/250s
感 光 度 ▷ ISO200

逆光的特点及拍摄时的注意事项

逆光就是从被摄对象背面照射过来的光，被摄体的正面处于阴影部分，而背面为受光面。

在逆光下拍摄的景物，被摄主体会因为曝光不足而失去细节，但轮廓线条却会十分清晰地表现出来，从而产生漂亮的“剪影”效果。

拍摄时要注意以下三点：

（1）如果希望被拍摄的对象仍然能够表现出一定的细节，应该进行补光，使被拍摄对象与背景的反差不那么强烈，形成半剪影效果，使画面层次更丰富，形式美感更强。

（2）在逆光拍摄的时候，需要特别注意在某些情况下强烈的光线进入镜头，在画面上形成会产生光斑。因此，拍摄时应该通过调整拍摄角度，或使用遮光罩来避免光斑。

（3）在逆光条件下拍摄时，通常测光位置选择在背景相对明亮的位置上。拍摄时，先切换为点测光模式，用中央对焦点对准要测光的位置，取得曝光参数组合；然后，按下AE-L/AF-L按钮锁定曝光参数；最后再重新构图、对焦、拍摄。

▲ 逆光角度拍摄得到剪影效果的古建筑，在金色天空的衬托下，其轮廓很有东方特色

焦　　距▷190mm
光　　圈▷F5
快门速度▷1/1250s
感 光 度▷ISO100

侧逆光的特点及拍摄时的注意事项

侧逆光是指从被摄体的后侧面射来的光线，既有侧光效果又有逆光效果的光线就是侧逆光。

不同于逆光在被摄体四周都有轮廓光，侧逆光只在其四周的大部分有轮廓光，被摄体的受光面要比逆光照明下的受光面多。侧逆光的角度对被拍摄物体的影响比较大，拍摄时应该让被拍摄物体轮廓特征比较明显的一面尽可能多地朝向光源，使景物出现受光面、阴影面和投影，以更好地表现被拍摄对象的轮廓美感与立体形态。

使用这种光线拍摄人像时，一定要注意补光，使模特的身体既有侧逆光形成的明亮轮廓，又能将正面形象正常地表现出来。

焦　　距▷70mm
光　　圈▷F2.8
快门速度▷1/400s
感 光 度▷ISO160

▶ 侧逆光照射在人物身体上，形成漂亮的轮廓光，配合温暖的光线、女孩慵懒的表情，给人以温馨、唯美的视觉感受

利用光线塑造不同的画面影调

高调画面的特点及拍摄时的注意事项

高调是指画面80%以上为白色或浅灰，以大面积亮调为主的画面，给人以明朗、纯净、清秀、淡雅、愉悦、轻盈、优美、纯洁之感。

在风光摄影中高调常适合表现秀丽、宁静的自然风光，如雪地、沙漠、湖水中秀丽的山景侧影、云海、烟雾、雨后的山川风光等。在人像摄影中常用于表现女性及儿童等题材。

在拍摄高调画面时，构图应该保证包括主体和背景在内的区域都是浅色调；用光则应该选择正面光或散射光，比如多云或阴天的自然光，由于能够造成小光比，减少物体的阴影，形成以大面积白色和浅灰为主的基调，因此常用于拍摄高调画面。

需要注意的是，画面中除了大面积的白色和浅灰外，还必须保留少量黑色或其他鲜艳的颜色（如红色），这些颜色恰恰是高调照片的重点，可起到画龙点睛的作用。这些面积很小的深色调，在大面积淡色调的衬托与对比下，使整个画面有了视觉重点，引起观者的注意，同时避免了因为缺少深色而使画面显得苍白无力的问题。

▲ 被白雪覆盖的环境下，水面的反光也以亮色为主，画面自然形成高调效果，配合恰当的曝光，给人以纯净、安宁的视觉感受

焦　　距▷ 24mm
光　　圈▷ F16
快门速度▷ 1/125s
感 光 度▷ ISO200

低调画面的特点及拍摄时的注意事项

低调画面的80%以上为黑色和深灰，常用于表现严肃、淳朴、厚重、神秘的摄影题材，给人以神秘、深沉、倔强、稳重、粗放的感觉。

拍摄低调画面时，构图方面要注意保证深暗色的拍摄对象占画面的大部分面积；用光方面则应该使用大光比的光线，因此逆光和侧逆光是比较理想的光源角度。这些光线下不仅可以将被摄物体隐没在黑暗中，同时可以勾勒出被摄体的轮廓。

另外，还要注意通过构图让画面出现少量的亮色，使画面沉而不闷，在总体的深暗色氛围下呈现生机，同时避免低调画面由于没有亮色而显得灰暗无神的问题。

▲ 亮部是低调照片的视觉中心，不可或缺，能够避免画面过于沉闷，并且起到引导观者视线的作用

焦　　距▷35mm
光　　圈▷F3.2
快门速度▷1/50s
感 光 度▷ISO3200

中间调画面的特点及拍摄时的注意事项

中间调是指没有大面积黑、白色调，而以中间灰调为主的画面。

中间调照片的画面色彩丰富，色调转变缓慢，反差较小，影调柔和，非常适合表现风光摄影。

在拍摄时需要特别注意，在取景构图时不要使黑、白色占画面的大面积区域，但这也不代表要使用大面积灰色。中间调的画面中需要少量的黑和白进行对比、陪衬，否则画面就会显得单调，缺乏生气。

▲ 中间调的蝴蝶画面看起来非常舒服，画面色彩丰富、影调柔美

焦　　距▷105mm
光　　圈▷F5.6
快门速度▷1/320s
感 光 度▷ISO100

第9章

光影运用技巧

用光线表现细腻、柔软、温婉的感觉

通常，在表现女性、儿童、布艺、纱艺等类型的题材时，要求整个画面的影调、层次与主题配合起来，使画面的主题与形式相契合，这样的画面的影调通常较柔和，因此也称为柔调画面。

要使画面展现细腻、柔软、温婉的感觉，要求整体画面的明暗反差和对比较弱，光比较小，中间影调层次较多，因此应该使用散射光来进行拍摄。

如前所述，散射光一般可以分为两种类型：

一种是在自然光照的条件下自身形成的散射光，它是一种不由拍摄者的主观愿望所决定，但是可以进行充分利用的光线。比如在阴天或是云层很厚的天气下，或是在有雾的时刻及在日出以前、日落以后的自然光线。因此，在户外拍摄时，要选择正确的拍摄时间与天气，以获得柔和的散射光。

另外一种是由人工所控制、生成的散射光，如经大型柔光箱过滤后的光线，通过反光伞或是其他柔光材料柔化后的光线。由于人造光的光效是可控的，因此，拍摄时只需要善于利用照明设备即可。

▲ 采用散射光拍摄的这张人像作品，其人物表现出委婉、轻盈、含蓄的感觉

拍摄要点：

❶ 在阳光强烈的户外拍摄人像时，借助树阴进行拍摄是个不错的选择。

❷ 采用散射光拍摄人像，柔和的光线可以突出人物柔美的气质。

❸ 在人物侧面进行拍摄可以表现出女性的曲线美，并且不会显得呆板。

用光线表现出坚硬、明快、光洁的感觉

在常见的拍摄题材中，有不少题材需要表现坚硬、明快、光洁的感觉，例如金属水龙头、手表、表面光洁的瓷器、电子产品、汽车、山脉等。

由于最终拍摄出来的画面通常明暗反差大、对比强烈、影调层次不够丰富，主要保留两极影调而舍去中间影调，画面具有硬朗、豪放、粗犷等戏剧化的感情色彩，因此也称为硬调画面。

在拍摄时通常要使用强烈的直射光，可以是户外晴朗天气条件下的太阳光线，也可以是影棚内由聚射效果的照明灯所发出的光线，或是在一般的照明灯光前，放上集光镜、束光筒之类形成的光线。

▲ 直射光使画面中的景物明暗对比强烈、色彩鲜明，画面效果十分明快，同时橘红色的岩石与蓝天形成对比，让画面表现更加突出

拍摄要点：

❶ 使用镜头的广角端进行取景，并使用光圈优先曝光模式，设置较小的光圈，以保证画面中的前景与背景均能够获得足够的景深。

❷ 使用矩阵测光模式对整体进行测光，并适当降低0.5挡左右的曝光补偿，以更好地表现岩石和天空的色彩。

用光线表现出气氛

在摄影时，可以利用光线的变化来制造特定的气氛，给人以亲临其境的感受。

无论是人造光还是自然光，都是营造画面气氛的第一选择。尤其是自然界的光线，有时晴空万里，拍摄出来的画面给人神清气爽的感觉，有时乌云密布，给人压抑、沉闷的感觉。这样的光线往往需要长时间的等待与快速抓拍的技巧，否则可能会一闪而逝。

比起自然界的光线而言，人造光的可控性就强了许多，少了许多可遇而不可求的无奈，只要能够灵活运用各类灯具，就可根据需要营造出神秘、明朗、灯红酒绿或热烈的画面气氛。

▲ 夕阳时分的暖调光线，穿过水面特有的雾气，配合水面上游过的鸟儿，整体给人如临仙境般的感受

拍摄要点：

❶ 使用点测光模式对离太阳稍远一些的天空进行测光，然后按下AE-L/AF-L按钮以锁定当前曝光。

❷ 使用单个对焦点，对中景处的水鸟进行对焦，并使用镜头的广角端及较小的光圈进行拍摄，从而保证前景与背景均能获得较好的清晰度。

❸ 设置白平衡为“背阴”，使画面中的金色色彩更为强烈。

用光线表现出物体的立体感

光线也影响着物体立体感的表现。光线能够在物体表面产生受光面、阴影面，如果一个物体在画面上具备了这几个面，它就具备了“多面性”，我们方能直接感受到它的形体结构。

光线的种种照射形式中，侧光、斜侧光更适用于这种立体表现。因为它能使被摄物体有受光面、阴影面、投影，影调层次丰富且具有明确的立体感。

另外，被摄体的背景状况也影响着物体立体感的表现。如果被摄体同背景的影调、色彩一致，缺乏明显的对比，则不利于表现立体感。只有被摄体与背景形成对比，才能突出立体感。

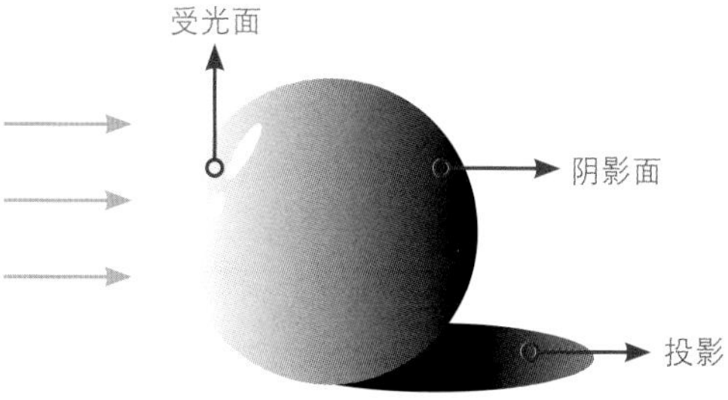

▲ 侧光最能凸显景物的立体感

▲ 采用前侧光拍摄雪山，明亮的画面中雪山影调丰富、立体感突出

拍摄要点：

❶ 使用镜头的广角端进行取景，以获得尽可能大的拍摄范围。

❷ 利用三角形构图突出山体的稳重与庄严。

❸ 借助于缥缈的雾气为大山增添了灵气与神秘感。

用光线表现出物体的质感

光线的照射方向不仅影响了画面的立体感，还对物体的质感有根本性的影响。被拍摄对象质感的强弱，很大程度上取决于光线对被摄体表面的照明质量和方向。

首选光线——前侧光

前侧光属于侧光的一种，它又分为左前侧光和右前侧光，其照明方向位于照相机的左侧或者右侧，与照相机的光轴成45°左右的角度。采用前侧光拍摄，能够对被摄体形成明显的主体感，且影调丰富，色调明快。因此，前侧光是一种比较富于表现力，也比较常用的光位。

次选光线——侧光

侧光能很好地表现被摄体的质感。这是因为在侧光照明下，物体的光影鲜明、强烈，表面细小的起伏都会得到准确体现，这对表现物体的表面结构非常有利。

▲ 用前侧光拍摄戈壁上的岩石，在受光面和背光面的对比下，很好地表现出了岩石的质感和立体感

焦　　距 ▷ 32mm
光　　圈 ▷ F11
快门速度 ▷ 1/80s
感 光 度 ▷ ISO100

用局域光表现出光影斑驳的效果

所谓局域光，是指画面景物未受到均匀光照，一部分对象直接受到较强的光线照射，一部分对象则处于阴影之中，依靠漫射光照明。这种光线，能够让景物产生明与暗的变化，形成强烈的光比反差，使主体更加突出，视觉效果更加强烈。

局域光的几种类型

（1）多云天气条件下，云彩遮挡了部分光线，使得地面景物出现斑驳投影，构成局域光，拍摄时最好选择合适的制高点，从高处往低处俯拍。

（2）光线从茂密丛林中的枝叶缝隙透射而入，投下一块块不规则的光照区域。

（3）当早晚太阳位置较低时，光线斜照在高山下或深谷中时也能形成局域光场景。

（4）在村巷、胡同中，当高大的墙体遮挡阳光时，会形成明显的局域光照效果。

（5）窗户透过来的光线会在室内形成小区域照亮效果。此时要注意的是，如果被摄主体在门窗前面，应该将镜头对准门窗方向，以室外的亮度为准进行曝光。

（6）在室内进行的各种比赛或表演中，如果场景的整体亮度较低，当射灯随着主角移动时，也会形成局域光照射效果。

▲ 受天空中的云彩及高山的遮挡，地面产生了不规则局域光效果，从而获得多样化的光照效果，给人有别于传统的特殊视觉感

拍摄要点：

❶ 使用光圈优先曝光模式，并设置较小的光圈，以保证画面前景与背景获得足够的景深。

❷ 使用点测光模式，对局域光照射的位置进行测光，然后按下AF-L/AE-L按钮以锁定曝光，再进行构图、对焦、拍摄。

局域光拍摄手法

在室外摄影时，局域光的出现与太阳、云雾等天气变化因素密切相关，并随着天气的变化而变化，因此，拍摄时要提前观察，等到局域光照射到预想的位置上时迅速按下快门。

拍摄时还要注意以下几个拍摄技法：

（1）使用点测光的测光方式，并以受光区域的主体高光部分作为曝光依据，而不以阴影部位的光亮作为参照标准，以避免高光亮度区域曝光过度。

（2）适当进行曝光补偿。由于相机的自动测光系统只能满足基本拍摄，而局域光照射的场景光线较大，明暗对比突出，因此通常需要进行曝光补偿以弥补相机自动曝光的不足。

（3）关注色彩变化。利用局域光拍摄时，阴暗部分或者单色区域的色彩，往往会出现戏剧化的视觉变化，如利用中午的顶光拍摄山谷时，山体会变成灰蓝色。因此，拍摄时要对实际情况和自己的需要，灵活地选择白平衡模式，而不宜简单选择“自动白平衡”。

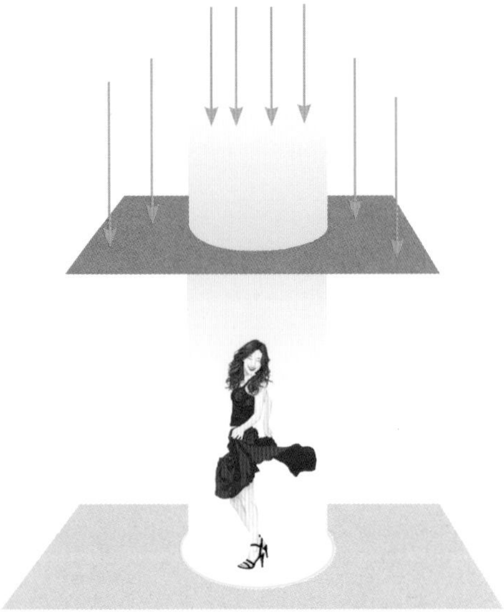

▲ 局域光示意图

▲ 受云彩的遮挡影响，在地面上照射出漂亮的局域光，赋予画面一层神秘的气氛

焦　　距 ▷ 27mm
光　　圈 ▷ F5.6
快门速度 ▷ 1/1250s
感 光 度 ▷ ISO500

第10章

「摄影色彩」

光线与色彩

光线与色彩的关系密不可分，仅从光线自身的颜色来看，人造光的颜色就可以很丰富，这一点从绚丽多变的舞台灯光即可看出。

而自然光一天之中随着时间的推移，颜色也会发生变化。在日出或黄昏时刻，太阳的光线有红、橙的颜色效果，此时拍摄出来的画面有温暖的气氛；接近中午时分，太阳光线是无色的，此时拍摄能够较好地还原景物自身的颜色。

此外，光线的强弱也对景物的颜色有所影响。在强烈的直射光的照射下，景物反光较强，使其色彩看上去更淡；反之，如果光线较弱，则景物的色彩看上去更深沉。

▲ 日出前的光线，配合相机白平衡的设置，拍摄出红、蓝、紫等多样的色彩效果

焦　　距 ▷ 18mm
光　　圈 ▷ F14
快门速度 ▷ 1/4s
感 光 度 ▷ ISO100

曝光量与色彩

除了光线本身会影响景物的色彩，即使在相同的光照情况下，曝光量也能影响照片中的色彩。

例如，如果拍摄现场的光照强烈，画面色彩缤纷复杂，可以尝试采用过度曝光和曝光不足的方式，使画面的色彩发生变化，比如通过过度曝光可以使得到的画面色彩变得相对淡雅一些；而如果采用曝光不足的手法，则能够使画面的色彩变得相对凝重深沉。

这种拍摄手法，就像绘画时在颜色中添加了白色和黑色，改变了原色彩的饱和度及亮度，从而起到调和画面色彩的作用。

▲ 曝光量较多时，色彩更为明快，但会损失一定的饱和度

焦　　距 ▷ 105mm
光　　圈 ▷ F2.8
快门速度 ▷ 1/80s
感 光 度 ▷ ISO200

▲ 曝光量较少时，色彩更为浓郁，但由于亮度较低，因此显得有些深沉

焦　　距 ▷ 105mm
光　　圈 ▷ F2.8
快门速度 ▷ 1/125s
感 光 度 ▷ ISO200

确立画面色彩的基调

画面的基调就是指画面应该有一个统一的基本颜色，别的颜色占据的面积都应该小于这个基础颜色。例如以海为背景的照片基调是蓝色，以沙漠主题的照片基调是金黄色，以森林为主题的照片基调是绿色，如果拍摄的是太阳则画面的基调是黄色或红色。

认识到基调存在的意义后，摄影师应该根据需要采用构图、用光手段，为自己的照片塑造基调，例如在拍摄冬日的白雪，画面自然是银灰或白色，但如果采取仰视的手法拍摄树上的白雪，则可以形成蓝色的基调。

需要注意的是，照片的基调色彩虽然在画面中的面积较大，但可能只是背景和环境的色彩，而主体的色彩虽然在画面中面积较少，却可能是照片的视觉重心，是照片中的兴趣点。

▲ 日出前呈现的是较强烈的冷调光线，使用荧光灯白平衡，可以让这种冷调变得更为强烈

拍摄要点：

❶ 使用矩阵测光模式对画面进行测光，并适当减少0.3挡左右的曝光补偿，以使画面色彩更浓郁。

❷ 由于天空中几乎没有云彩，因此很难实现准确的对焦，此时可以使用单个对焦点对水面上的木桩进行对焦，可提高对焦的成功率。

❸ 设置荧光灯白平衡，或手动调整更小的色温数值，以强化画面中的冷调色彩。

运用对比色

色彩在明度、饱和度甚至是色相上都会引起人的视觉发生不同的变化，它们之间有着互相联系、互相衬托、互相对比的关系。例如大面积颜色和小面积颜色的对比、色彩明度的对比等。

通常，通过色彩的亮度和饱和度来达到突出画面主题的效果，亮度和饱和度都是色彩的表现形式，色彩的亮度、饱和度对比越强，则夺目性越强。

▲ 冷冷的蓝色的天空与暖暖的夕阳余晖，形成鲜明的冷暖对比

焦　　距 ▷ 17mm
光　　圈 ▷ F18
快门速度 ▷ 1/20s
感 光 度 ▷ ISO100

运用相邻色使画面协调有序

在色环上临近的色彩相互配合，如红、橙、橙黄，蓝、青、蓝绿，红、品红、紫，绿、黄绿、黄等色彩的相互配合，由于它们反射的色光波长比较接近，不至于明显引起视觉上的跳动，所以它们相互配置在一起时，不仅没有强烈的视觉对比效果，而且会显得和谐、协调，给人以平缓与舒展的感觉。

可以看出，相邻色构成的画面较为协调、统一，却很难给观赏者带来较为强烈的视觉冲击力，这时可依靠景物独特的形态或精彩的光线为画面增添视觉冲击力。但是在大多数情况下，运用相邻色构成的画面进行拍摄，还是可以获得较为理想的画面效果的。

▲ 黄色、绿色和蓝色这三种相邻的色调，让画面看上去和谐、自然

焦　　距 ▷ 33mm
光　　圈 ▷ F10
快门速度 ▷ 1/100s
感 光 度 ▷ ISO400

画面色彩对画面感情性的影响

自然界中不同的色彩，能给人以不同的感受与联想。例如，当看到早晨的太阳，有温暖、兴奋、希望与活跃的感觉，因此以红色为主色调的画面也就很容易使人们产生振奋的情感，但由于血液也是红色，因此红色又能够给人恐怖的感觉。同理，绿色能使人产生一种清新、淡雅的情感，但由于真菌、苔藓也是绿色，因此绿色有时也会给人不洁净的感觉。

人们把这种对色彩的感觉所引起的情感上的联想，称为“色彩的感情”。色彩的感情是从生活中的经验积累而来的，由于国家、民族、风俗习惯、文化程度和个人艺术修养的不同，不同的人对色彩的喜爱可能有所差异。

如中国皇家专用色彩为黄色；罗马天主教主教穿红衣，教皇用白色；伊斯兰教偏爱绿色；喇嘛教推崇正黄；白色在中国传统中为丧服，大红才是婚礼服色彩，而欧洲以白色为主要婚礼服色彩；中国人不太喜欢黑色，而日耳曼民族却深爱黑色。

了解画面色彩是如何影响观众情感的，有助于摄影师根据画面的主题，通过使用一定的摄影技巧，使画面的色彩与主题更好地契合起来。例如，可以通过使用不同的白平衡，使画面偏冷或偏暖；或者通过选择不同的环境，利用环境色来影响整体画面的色彩。如果拍摄的是人像题材，还可以利用带有颜色的反光板来改变画面的色彩。

▲ 以天空为背景来衬托雪景，蓝调的画面很好地表现出了冬季的寒冷

焦　　距 ▷ 27mm
光　　圈 ▷ F11
快门速度 ▷ 1/125s
感 光 度 ▷ ISO100

拍摄经验：在强烈的逆光环境下，再加上取景范围中不断运动的人物，使用自动或半自动曝光模式，都很容易出现偏差。此时，可以先以光圈优先模式与点测光模式对水面反光旁边的位置进行测光并测试拍摄，以确认得到最佳的曝光参数，然后切换至手动曝光模式，并按照此前尝试得到的曝光参数进行设置，从而保证得到正确的曝光结果。

画面色彩对画面轻重进退的影响

生活经验告诉我们，质量轻的物体看起来多是浅色的，如白云、烟雾、大气；而沉重的物体多半是深色的，如钢铁、岩石等。因此我们很容易以这种生活经验来看待画面中色彩的轻重感，画面中颜色较淡、较浅的对象往往被认为更轻、更远，而画面中颜色较深或较沉的对象，则被认为更重、更近。

与此类似的是颜色的进退感，同等远近距离上暖色看上去比冷色显得近，实际上这也是人类的生活经验得来的，因为室外远处的景物看上去总是带有蓝青的调子，所以当我们看到蓝色、青色等冷色时，会产生距我们较远的错觉。而红色、橙色、黄色则显得较近，因此也被称为“前进色”。

了解了色彩与画面的轻、重、进、退之间的关系后，在摄影时就能够更加有技巧地运用色彩来表现画面的主题。例如，可以在大面积的轻色中用小块重色求得视觉均衡，让小块重色所代表的形象有近在眼前的感觉。又如，可以将冷色调安排为画面的背景色，使画面更有空间感。

▲ 如果单是大面积浅灰色的雾霭，画面会显得飘飘然，然而加入深色的山体之后，整体看上去就变得稳重且不失灵韵之美

拍摄要点：

❶ 将山峰置于画面的一角，保留大面积空间给云雾，使画面轻重适宜，同时给人以想象的空间，突显画面的意境。

❷ 使用矩阵测光模式进行测光，由于画面中以亮调的云彩为主，因此测光结果会偏暗，此时可以适当增加1挡左右的曝光补偿，以获得更佳的曝光结果。

第11章

风光摄影

风光摄影的器材运用技巧

稳定为先

在进行风光摄影时，为了得到较大的景深范围和细腻的画质，通常使用低感光度和小光圈，这样一来，曝光的时间就会相应延长，在这种情况下，如果继续手持拍摄，势必会影响成像的质量。所以，准备一个合适的脚架是很有必要的。

但对于初上手学习摄影的摄友而言，不建议携带脚架，因为在这个阶段进行拍摄的最大任务是多找角度、多拍，从大量拍摄中找到感觉，拍摄的目的是用数量换质量，而使用脚架会降低移动的灵活性，从而降低拍摄数量。但对于摄影高手而言，由于对照片构图、用光、画质等方面要求更高，并不会追求拍摄的数量，因此通常要带脚架提高拍摄质量。

焦　　距 ▶ 24mm
光　　圈 ▶ F14
快门速度 ▶ 1/10s
感 光 度 ▶ ISO100

▶ 通过长时间曝光拍摄的城市夜景，一定是以使用三脚架保持相机稳定为前提的

知识链接：脚架类型及构成

脚架是最常用的摄影配件之一，使用它可以让相机变得稳定，以保证长时间曝光的情况下也能够拍摄出清晰的照片。根据脚架的造型可将其分为独脚架与三脚架两种。

三脚架稳定性能极佳，在配合快门线、遥控器的情况下，可实现完全脱机拍摄。

独脚架的稳定性能要弱于三脚架，且需要摄影师来控制其稳定性，但其体积和重量都只有三脚架的1/3，因此携带较为方便。

使用独脚架辅助拍摄时，一般可以在安全快门的基础上放慢三挡左右的快门速度，比如安全快门速度为1/150s时，使用独脚架可以在1/20s左右的快门速度下进行拍摄。

▲ 只有一根脚管的独脚架没有三足鼎立的三脚架那么稳定，因此独脚架不适于长时间曝光，但适合于拍摄体育运动、音乐会、野生动物、山景等各种需要抓拍的题材

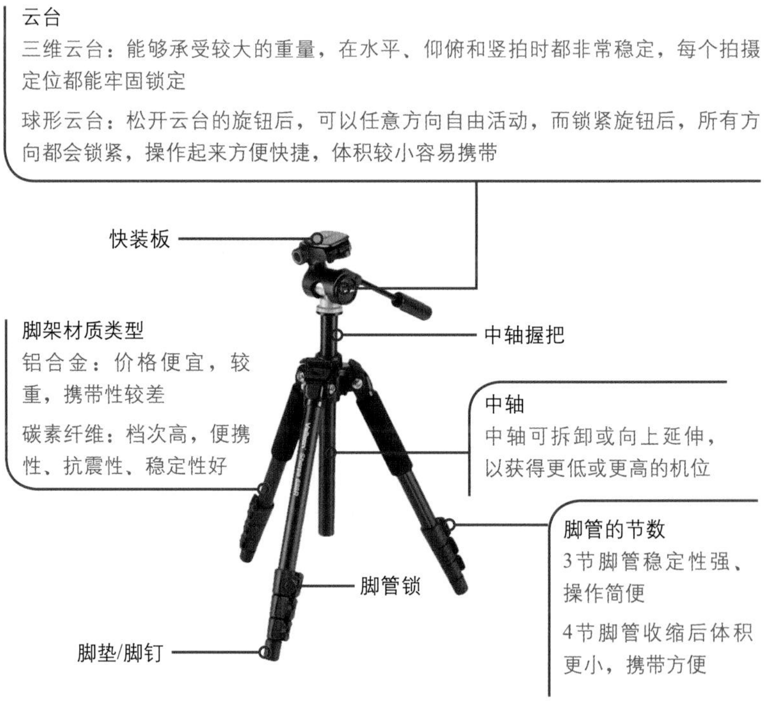

偏振镜在风光摄影中的使用

偏振镜也叫偏光镜或PL镜，主要用于消除或减少物体表面的反光。在风光摄影中，如果希望减弱水面的反光、获得浓郁的色彩，或者希望拍摄出湛蓝的天空，都可以使用偏振镜。

另外，许多日常看到的景物表面都有反射光现象，如玻璃、树叶、水溪中的石头等，使用偏振镜拍摄这些景物，可以消除反射光中的偏振光，以降低其对景物色彩的影响，提高景物的色彩饱和度，使画面中的景物看上去更鲜艳。

焦　　距 ▷ 28mm
光　　圈 ▷ F11
快门速度 ▷ 1/200s
感 光 度 ▷ ISO100

◀ 利用偏振镜过滤掉环境中的杂光，使水流更清澈，画面整体的色彩也更加浓郁

知识链接：偏振镜及其使用方法

偏振镜分为线偏和圆偏两种，数码单反相机应选择有“CPL”标志的圆偏振镜，因为在数码单反相机上使用线偏振镜容易影响测光和对焦。

▲ 肯高 67mm C-PL（W）偏振镜

怎样使用偏振镜?

偏振镜效果最佳的角度是镜头光轴与太阳呈90° 时，在拍摄时可以如右图所示，将食指指向太阳，大拇指与食指呈90° ，而与大拇指呈180° 的方向则是偏光带，在这个方向拍摄可以使偏振镜效果发挥到极致。

如果相机与光线的夹角在0° 左右，偏振镜就基本没有效果。换言之，在侧光拍摄时使用偏振镜效果最佳，而顺光和逆光时则几乎没有效果。

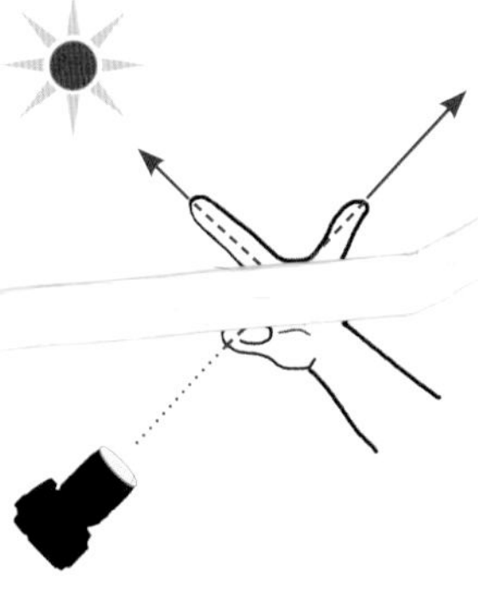

如何调整偏振镜的强度?

在使用偏振镜时，可以旋转其调节环以选择不同的强度，旋转时在取景器中可以看到照片色彩上的变化。同时需要注意的是，使用偏振镜后会阻碍光线的进入，大约相当于2挡光圈的进光量，因此偏振镜也能够在一定程度上作为阻光镜使用，以降低快门速度

用中灰渐变镜降低明暗反差

逆光拍摄天空时，地面与天空的亮度反差会很大，此时如果以地面的风景测光进行拍摄，天空会曝光过度甚至变成白色，而如果针对天空进行测光，地面又会由于曝光不足而表现为阴暗面。

为了避免这种情况，拍摄时应该使用中灰渐变滤镜，并将渐变镜上较暗的一侧安排在画面中天空的部分，以减少天空、地面的亮度差异，拍摄出天空与地面均曝光正确的风景摄影作品。

中灰渐变镜是风光摄影的必备器材之一，笔者强烈建议购买。

知识链接：渐变镜及其类型

渐变镜在色彩上有很多选择，如蓝色、茶色、日落色等。而在所有的渐变镜中，最常用的应该是渐变灰镜了，它可以在深色端减少进入相机的光线。通过调整渐变镜的角度，将深色端覆盖天空，可以在保证浅色端图像曝光正常的情况下，使天空中的云彩具有很好的层次。

在形状方面，渐变镜分为圆形和方形两种，其中，圆形渐变镜是安装在镜头上的，但由于渐变位置不便调节，因此使用起来并不方便。使用方形渐变镜时，需要买一个支架装在镜头前面才可以把滤镜装上，其优点是可以根据构图的需要调整渐变的位置。

▲ 方形渐变镜

▲ 圆形渐变镜

▲ 未使用中灰渐变镜拍摄，由于天空与地面明暗反差较大，出现了地面曝光正常、天空曝光过度的情况

▲ 中灰渐变镜在场景中使用时示意图

▲ 使用方形中灰渐变镜拍摄，可以灵活地倾斜或上下移动渐变镜，使画面的明暗过渡更加自然，天空与地面的曝光都较正常，也都有很多细节

用摇黑卡的技巧拍摄大光比场景

在拍摄风光题材时，经常会遇到光比较大的场景，如日出、日落时，天空与地面的景物明暗反差很大，亮部与暗部两者之间的曝光量甚至会超过4级、5级以上。

此时，如果针对天空进行测光并进行曝光，地面景物则会由于曝光不足而成为黑色剪影；反之，如果根据地面景物测光并曝光，则天空处肯定会因曝光过度而呈现一片惨白，虽然根据测光数值做曝光补偿能够有所弥补，但如果明暗反差过大，则曝光补偿后得到的画面效果也不会十分令人满意。

要拍摄这种场景，除了可以使用中灰渐变镜平衡光比外，还可以采用摇黑卡的方法进行拍摄，具体方法如下所述。

当架好三脚架测光与构图完成，使用B 快门按下快门之后，以黑色卡纸挡住镜头中的天空，先让地面的景物进行曝光，此处遮挡的时间长度视天空亮度与地面亮度的反差程度而定。

拍摄的同时要将黑卡纸上下轻微晃动数秒钟，再移开黑卡纸使天空的光线进入镜头，从而进行短暂的曝光。

按这样方法操作后，由于光线较亮的上方光线被晃动的黑卡遮挡，因此曝光并不充分，而去除黑卡后刚好较暗的地面景物一齐曝光至合适。

在拍摄时不断上下晃动黑卡的原因是为了使天空与地面的景物在亮度方面没有过大的反差，如果在拍摄时未持续晃动黑卡，则有可能导致天空与地面的景物之间出现一条明显的分界线。

▲ 使用黑卡有齿的一 [illegible] 区域的进光 [illegible] 的明暗差距，得到曝光合适的画面

焦 距▷14mm
光 圈▷F7.1
快门速度▷5s
感 光 度▷ISO200

知识链接：怎样制作并使用黑卡

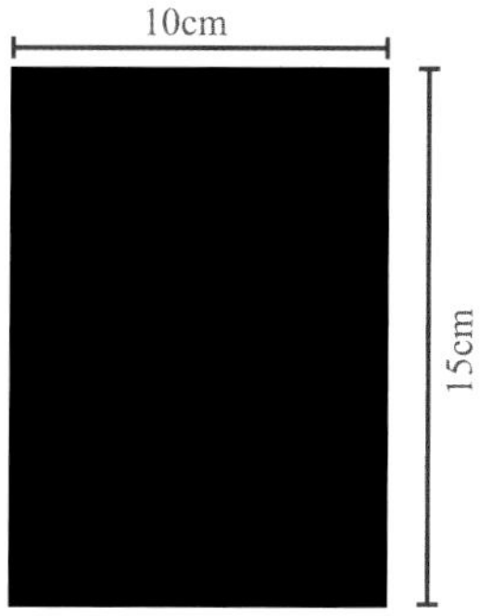

❶ 准备一张材质较硬的黑色长方形卡纸，大小以可以遮挡住镜头即可。

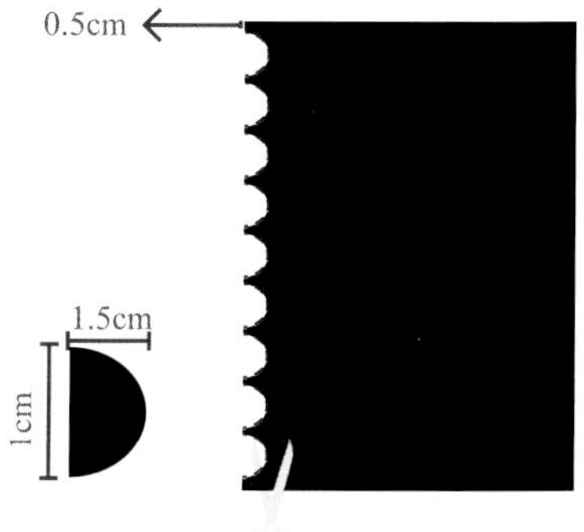

❷ 测量出卡纸的长边尺寸，每隔0.5cm剪1个1.5cm×1cm的半椭圆形，平均分成多个。

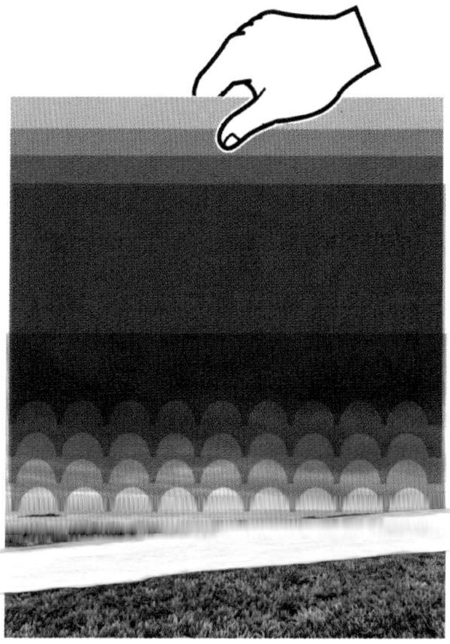

❸ 拍摄时将黑卡遮挡住较亮的天空，不断上下（小范围）轻微晃动黑卡。

不同焦距镜头在风光摄影中的空间感比较

不同焦距的镜头有不同的视角、拍摄范围、影像放大率和空间深度感，一个成熟的风光摄影师要熟知各种不同焦距镜头的成像特点，才能面对不同的拍摄场景时驾轻就熟，拍摄出具有艺术水准的作品。

广角镜头

广角镜头由于视角宽，可以容纳更多的环境，故而给人以强烈的透视感受。拍摄风光时，广角镜头是最佳选择之一，利用广角镜头强烈的透视感可以突出画面的纵深感，因此广角常用来表现花海、山脉、海面、湖面等需要宽广的视角展示整体气势的摄影主题。

在拍摄时，可在画面中引入线条、色块等元素，以便充分发挥广角镜头的线条拉伸作用，增强画面的透视感，同时利用前景、远景的对比来突出画面的空间感。

焦　　距 ▷ 17mm
光　　圈 ▷ F22
快门速度 ▷ 1/30s
感 光 度 ▷ ISO100

▶ 使用广角镜头拍摄形成近大远小的透视关系使得画面很有空间纵深感

广角镜头推荐		
尼康 AF 尼克尔 18-35mm F3.5-4.5D IF-ED	尼康 AF-S 尼克尔 14-24mm F2.8 G ED	尼康 AF 尼克尔 14mm F2.8 D ED

中焦镜头

一般来说，35~135mm焦段都可以称为中焦，其中50mm、85mm镜头是常用的中焦镜头。中焦镜头的特点是镜头的畸变相对较小，能够较真实地还原拍摄对象。

虽然中焦镜头又被称为“人像镜头”，多用于人像拍摄，但这并不代表中焦镜头不能拍摄风光。

使用中焦镜头拍摄风景最大的优点，就是画面真实、自然，能够给观赏者最舒适的视觉感受。

▲ 中焦镜头的下的树木没有变形，因此看起来非常真实、自然，符合平时的视觉习惯

焦　距 ▷ 50mm
光　圈 ▷ F10
快门速度 ▷ 1/640s
感 光 度 ▷ ISO400

中焦镜头推荐

尼康 AF 尼克尔 85mm F1.8 G	尼康 AF-S 尼克尔 24-70mm F2.8 G ED	尼康 AF-S 尼克尔 24-120mm F4 G ED VR

长焦镜头

长焦镜头也叫“远摄镜头”，具有“望远”的功能，能拍摄距离较远、体积较小的景物。在风光摄影中，经常使用长焦镜头将远距离的山脉、花朵拉近拍摄，或者利用长焦镜头压缩画面以此突出某个主体，如山石、树木、花朵等。

长焦镜头的特点大致有以下几点。

（1）景物的空间范围小。由于镜头焦距长、视角小，拍摄的画面所反映的景物空间范围比较小，因此长焦镜头适合拍摄近景及特写景别的画面。

（2）画面的景深浅。当光圈大小与拍摄距离不变时，景深与焦距成反比，因此使用长焦镜头拍摄时，画面的景深较浅。这就要求摄影师在对焦时要确保准确。

（3）由于远处景物的画面尺寸被放大，使前后景物的纵深比例变小，画面空间感明显变弱，这与广角镜头能加大空间距离，夸张表现近大远小的透视效果完全不同。因此，长焦镜头更适合于表现紧凑或拥挤的画面效果。

▲ 使用200mm的焦距拍摄溪流局部，长时间曝光的溪流在长满绿苔岩石的衬托下呈现出漂亮的白丝状效果

长焦镜头推荐		
尼康 AF-S 尼克尔 200mm F2 G ED VR II	尼康 AF-S 尼克尔 VR 70-300mm F4.5-5.6 G IF-ED	尼康 AF-S 尼克尔 70-200mm F2.8 G ED VR II

风光摄影中逆光运用技巧

在风光摄影中，清晨和黄昏是公认的最佳摄影时间，但在这两个时间段进行拍摄时，光线一般以逆光为主，因此掌握好逆光运用技巧就变得很重要。

逆光按光线角度变化和拍摄角度的不同，一般可分为三种形式：

（1）正逆光：光源置于被摄体的正后方，有时光源、被摄体和镜头几乎在一条直线上。

（2）侧逆光：光源置于被摄体的侧后方，同拍摄轴线构成一定角度，拍摄时光源一般不出现在画面中。

（3）高逆光：有时也称“顶逆光”，光源在被摄体后上方或侧后上方，一般在被摄体边缘成比较宽的轮廓光条。

逆光摄影具有极强的艺术表现力，深受摄影者喜爱。在风光摄影中要拍出好的逆光作品，对光线的把握至关重要，掌握最佳拍摄时机，合理运用逆光，扬长避短，才能使逆光在风光摄影中得到更好的利用。

妥善处理亮暗光比，明确表现重点

逆光拍摄和顺光拍摄完全相反。拍摄的画面具有大面积的阴影区，因此影调偏暗，拍摄对象能够在画面中呈现出明显的明暗关系，在配合着其他光线时，被摄体背后的光线和其他光线会产生一个强烈的光比。如要明确表现拍摄的重点，保证被摄体主要部分的正确质感和影纹层次的表达，那么就要通过控制曝光量来舍去次要部分的质感和影纹层次。

▲ 在逆光条件下拍摄海景，通过恰当的亮暗光比处理，照片不失亮点且具有很强的光影感

焦　　距 ▷ 16mm
光　　圈 ▷ F14
快门速度 ▷ 3s
感 光 度 ▷ [illegible]

关注画面的几何造型

运用逆光拍摄的目的是提炼线条、塑造形态，在画面中描绘出景或物的外在形状和轮廓，因此，评断此类照片的标准之一就是，画面中的景物是否呈现出漂亮的几何线条造型。

在拍摄时，要注意通过调整机位、改变构图方式，使画面中景物的主要轮廓线条清晰、完整、明显。注意避免由于景物间相互重叠而导致轮廓线条走形、变样的情况。

使用较暗的背景

逆光拍摄时要表现的重点景物是否突出、逆光效果是否完美、线条与轮廓是否有表现力，与背景有很大关系。暗色调的背景有利于衬托被摄对象边缘的明亮部分，使其轮廓线条犹如画家用笔勾勒、雕刻家用刀雕刻般鲜明而醒目。因此，拍摄时要尽量选择单一的、颜色较暗的背景，通过构图将一切没有必要的、杂乱的线条，压暗隐没在背景中。

▲ 摄影师使用逆光光线拍摄的层峦叠嶂的山峰得到漂亮的剪影美，缥缈的云雾也让画面更加灵动

拍摄要点：

❶ 使用点测光模式对橙色的天空处进行测光，并适当降低0.7~1.3挡的曝光补偿，以获得良好的曝光效果。

❷ 此时环境整体的亮度比较暗，因此在以环境为准测光后，若发现快门速度较低，应适当增大光圈或提高ISO感光度数值。

防止镜头眩光

光线进入镜头在镜片之间扩散与反射之后，在照片中形成可以看见的光斑就是眩光。此外，如果拍摄后，发现照片虽然比较明亮，但有雾蒙蒙的感觉，基本上也是因为镜头眩光引起的。

镜头眩光会直接影响照片品质，因此在拍摄时要采取以下措施避免在照片中出现眩光。

（1）改变构图避免光线直射入镜头。镜头眩光一般出现在以逆光或侧逆光光位拍摄时，因此，可以通过改变拍摄角度、机位来控制。

（2）为镜头加装合适的遮光罩。

（3）避免使用镜头的广角端进行拍摄，因为广角端更容易产生镜头眩光。

（4）调整光圈，因为不同光圈的抗眩光效果也不同，因此可以尝试使用不同的光圈进行拍摄。

▲ 在海面上拍摄逆光作品，为了不让画面中出现眩光，特在镜头上加了遮光罩

焦　　距 ▷ 26mm
光　　圈 ▷ F7.1
快门速度 ▷ 1/60s
感 光 度 ▷ ISO200

知识链接：利用遮光罩防止镜头眩光

遮光罩由金属或塑料制成，安装在镜头前方。遮光罩可以遮挡住不必要的光线，避免产生镜头眩光。`

在选购遮光罩时，要注意与镜头的匹配。广角镜头的遮光罩较短，而长焦镜头的遮光罩较长。如果把适用十长焦镜头的遮光罩安装在广角镜头上，画面四周的光线会被挡住，而出现明显的暗角；而把适用于广角镜头的遮光罩安装在长焦镜头上，则起不到遮光的作用。另外，遮光罩的接口大小应与镜头安装的滤镜大小相符合。

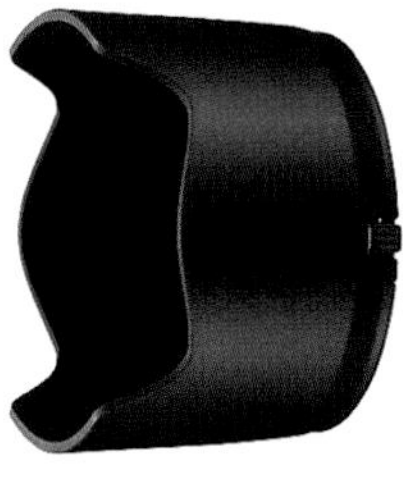

▲ 莲花形遮光罩

▲ 圆形遮光罩

选择理想的时间

对于风光摄影中的画面造型来讲，逆光拍摄的最佳时间选择应该是太阳初升与太阳欲落时。换言之，光线入射角越小，逆光效果就越好。这段时间的光线能保证被摄体边缘有较为细腻、柔和、醒目和单一的轮廓光。

▲ 夕阳西下之时是很理想的拍摄时间，将人物的面部与太阳重合，利用太阳的光亮来将观者的视线吸引到剪影效果的人物身上，从而起到突出主体的作用，同时逆光光线对画面的表现力极强，能使画面充满艺术美感

焦　　距 ▷ 28mm
光　　圈 ▷ F16
快门速度 ▷ 1/3s
感 光 度 ▷ ISO100

风景摄影的基本技巧

保持相机为水平状态

在拍摄风光照片时，保持横平竖直是非常重要的原则之一，当需要表现大面积的天空或地面区域的图像时，需要使用水平构图才可以让画面显得稳定，因此，在拍摄风光摄影时，一定要先确认地平线确实是水平状态的，否则会极大地破坏画面的平衡感。

▲ 使用“虚拟水平”功能，拍摄出完全水平的地线，使画面保持平衡、稳定

焦　距 ▷ 18mm
光　圈 ▷ F11
快门速度 ▷ 1/20s
感光度 ▷ ISO200

知识链接：热靴式透明三维水平仪

热靴式透明三维水平仪是拍摄高精度风光、建筑类题材的必备附件。无论是手持相机进行拍摄，还是将相机安装在三脚架上进行拍摄，也无论是相机从哪一个方向进行拍摄，热靴式透明三维水平仪都能指示水平位置，因此非常实用。由于其内部多填充的是煤油，因此即使在寒冷的北方地区，也不会凝固，能够正常使用。

▲ 热靴式透明三维水平仪

知识链接：使用菜单中的虚拟水平

Nikon D810设定菜单中有一项“虚拟水平”功能，同样可以辅助拍出准确的水平构图。

操作步骤：选择**设定菜单**中的**虚拟水平**选项

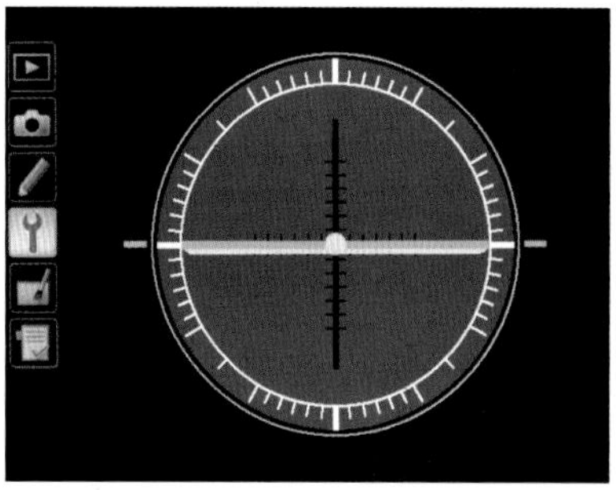

▲ 相机左右、前后均处于水平时的状态

找到最恰当的拍摄时间

同一地点如九寨沟、黄山、长城等地的风光，四季四景，每一个季节都有不同的拍摄主题与侧重。

因此为了拍摄具有典型性的风光照片，要详细分析每一个风光景地四时之景的特色，恰当地把握时机。

除了季节之分，一天之中的光线也会因为不同的时间塑造出不同的景色。

找到最恰当的拍摄时间，也就找到了自己要拍摄的景物所需要的光线。要拍摄到优秀的风光作品，“起早贪黑”是最基本的前提条件，因为日出与日落时分正是拍摄的最佳时机。

焦　　距 ▷ 45mm
光　　圈 ▷ F9
快门速度 ▷ 1/200s
感 光 度 ▷ ISO400

◀ 利用早上日出时分拍摄黄山，缥缈的云雾让山更显灵秀感，整个画面有如一幅水墨画

从平凡中发现美丽

每一种摄影创作都是寻找美的过程，风光摄影也不例外，有一些美是显而易见的，例如山的雄伟之美、海的辽阔之美、河的奔涌之美、湖的宁静之美、草原的宽广之美等。将这些题材拍出其固有的美感，是风光摄影的基本功能，但在他人习以为常之处发现美丽，却是一个优秀风光摄影师必备的能力，否则就无法拍摄出具有个人特色或异于常人的风光摄影作品。

这种能力不完全是天赋，更重要的是一种学习的能力、创作的思路。例如，可以寻找拍摄题材的整体之美，也可以寻找其局部之美，将关注点放在更小的景致上，如一片叶子的边缘曲线、表面对称的经络等。推而广之，每一处拍摄题材的线条、质感、色彩、对比、明暗、节奏以及景物与光线之间的关系，都能够成为风光摄影寻找美的着眼点。

只有通过这样不断的摄影练习，学习、总结自己的拍摄实战经验，才能够完善自己的拍摄技能，并在别人看不见美的地方独辟蹊径。

▲ 在逆光的照射下，蜘蛛网变成一条条清晰、精致的线条，通过中长焦距与大光圈的搭配使用，将杂乱的背景虚化，将主体衬托得更加突出

拍摄要点：

❶ 先使用镜头的长焦端，将麦穗拉近进行测光，然后按下AE-L/AF-L按钮以锁定曝光，再进行构图、拍摄。

❷ 选择较暗的背景，可将蜘蛛网上的水珠衬托得更加晶莹剔透。

❸ 使用长焦镜头并设置大光圈得到小景深的画面，使蜘蛛网在画面中更为突出。

流水

表现画面的纵深感

拍摄水面时，如果在画面的前景、背景处不安排任何参照物，则画面的空间感很弱，更谈不上纵深感。因此在取景时，应该注意在画面的近景处安排水边的树木、花卉、岩石、桥梁或小舟，在画面的中景或远景处安排礁石、游船、太阳，以与前景的景物相互呼应，这样不仅能够避免画面单调，还能够通过近大远小的透视对比效果，表现出水面的纵深感。

为了获得清晰的近景与远景，应该使用较小的光圈进行拍摄。

拍摄要点：

❶ 以镜头的广角端，并适当以较低的视角进行拍摄，从而容纳更多的前景元素，使画面具有强烈的纵深感。

❷ 通过长时间曝光使水流变为丝状，同时还要避免天空区域曝光过度，因此就需要使用方形中灰渐变镜，以此减少天空区域的曝光。

❸ 注意使用三脚架保持相机的稳定，以保证长时间曝光的情况下，相机不会出现抖动。

▲ 以广角镜头大面积地纳入了水面，使画面具有强烈的纵深感

焦　　距 ▷ 20mm
光　　圈 ▷ F16
快门速度 ▷ 1/2s
感 光 度 ▷ ISO100

表现水面的宽阔感

水平线较易使观者视线在左右方向产生视觉延伸感，使视线随之左右移动，增强其视觉张力，这种构图形式可以说是表现宽阔水域（如海面、江面）的不二选择，不仅可以将被摄对象宽阔的气势呈现出来，还可以给整个画面带来舒展、稳定的视觉感。拍摄时最好配合广角镜头，以最大限度地体现水面宽广的感觉。

▲ 水平线构图加上广角镜头的使用，让水面看上去更加宽广

焦　　距 ▷ 18mm
光　　圈 ▷ F16
快门速度 ▷ 1/8s
感 光 度 ▷ ISO100

表现夕阳时分波光粼粼的金色水面

无论拍摄的是湖面还是海面，在逆光、微风的情况下，都能够拍摄到闪烁着粼粼波光的水面。如果拍摄时间接近中午，光线较强，色温较高，则波光的颜色偏向白色。如果拍摄时是清晨、黄昏，光线较弱，色温较低，则波光的颜色偏向金黄色。

为了拍摄出这样的美景，要注意两点：

第一，是要使用小光圈，从而使粼粼波光在画面中呈现为小小的星芒。

第二，如果波光的面积较小，要做负向曝光补偿，因为此时场景的大面积为暗色调；如果波光的面积较大，是画面的主体，则要做正向曝光补偿，以弥补反光过高对曝光数值的影响。

焦　　距 ▷ 85mm
光　　圈 ▷ F20
快门速度 ▷ 1/50s
感 光 度 ▷ ISO200

▶ 夕阳西下，天空中一片暖色，通过摄影师恰当的拍摄，倒映在湖面上的阳光呈现出了金光粼粼的效果

表现蜿蜒流转的河流

由于地理因素，很少在自然界里看到笔直的河道，无论是河流还是溪流，在大多数人看来总是弯弯曲曲地向前流淌着。因此，要拍摄河流、溪流或者是海边的小支流，S形曲线构图是最佳选择，S形曲线本身就具有蜿蜒流动的视觉感，能够引导观者的视线随S形曲线蜿蜒移动。S形构图还能使画面的线条富于变化，呈现出舒展的视觉效果。

拍摄时摄影师应该站在较高的位置上，以俯视的角度、采用长焦镜头，从河流、溪流经过的位置寻找能够在画面中形成S形的局部，这个局部的S形有可能是河道形成的，也有可能是成堆的鹅卵石、礁石形成的，从而使画面产生流动感。

▲ 河流两端置于对角的位置，使之更具有绵延悠长的感觉

焦　距 ▷ 30mm
光　圈 ▷ F8
快门速度 ▷ 1/250s
感 光 度 ▷ ISO100

清澈见底的水面

在茂密的山林间常能够见到清澈见底的小湖或幽潭，此时不仅能够看到绿油油的水草在柔波里轻轻飘摇，还能够看到水底浑圆的鹅卵石。微风吹过，照射过来的阳光一束束地在水下闪烁，给人透彻心扉的清凉感觉。

如果想拍摄出这样漂亮的场景，需要在镜头前方安装偏振镜，以过滤水面反射的光线，将水面拍得清澈透明，使水面下的石头、水草都清晰可见。

拍摄构图时应注意水的旁边是否还有能够入画的景物，如远处的小山、水边的树木，将这样的景物安排在画面中，无疑能够使画面更美。

焦　距 ▷ 24mm
光　圈 ▷ F10
快门速度 ▷ 1s
感 光 度 ▷ ISO100

▶ 使用偏振镜过滤掉环境中的杂光，让水面更为清澈，倒影也更加清晰

飞溅的水花

要想拍摄出“惊涛拍岸，卷起千堆雪”的画面，需要特别注意快门的速度。

很高的快门速度能够在画面中凝固浪花飞溅的瞬间，此时如果在逆光或侧逆光下拍摄，浪花的水珠就能够折射出漂亮的光线，使浪花看上去别透真实。

如果快门速度稍慢，也能够捕捉到浪花拍击在礁石四散开去的场景，此时由于快门速度稍慢，飞溅开去的水珠会在画面中形成一条条白线，使画面极富动感。另外，拍摄时最好使用快门优先曝光模式，以便于设置快门速度。

▲ 高速快门拍摄的海景，海浪如珠玉迸飞，营造出大气、气势磅礴的景象，给人以全新的视觉享受

焦　距▷200mm
光　圈▷F13
快门速度▷1/800s
感 光 度▷ISO100

拍出丝绢水流效果

较低的快门速度能够使水面呈现像丝绸一样的水流，如果时间更长一些，就能够使水面产生雾化的效果，为水面赋予了特殊的视觉魅力。拍摄时最好使用快门优先曝光模式，以便于设置快门速度。

在实际拍摄时，为了防止曝光过度，可以使用较小的光圈，以降低镜头的进光量，延长快门时间。如果画面仍然可能会过曝，应考虑在镜头前加装中灰滤镜，这样拍摄出来的瀑布、海面等水流是雪白的，有丝绸一般的质感。由于快门速度很慢，所以一定要使用三脚架拍摄。

▲ 三脚架配合低速快门的使用，使水流看上去柔滑如丝绸一般

焦　距▷18mm
光　圈▷F10
快门速度▷1s
感 光 度▷ISO100

表现瀑布或海水的磅礴气势

没有庞大就没有微小，没有高耸就没有低矮，哲学告诉我们，世界的万事万物都是对立存在的，这种对立实际上也是一种对比。而通过已知事物的体量来推测对比认识未知事物的体量，正是人类认识事物的基本方法。

从摄影的角度来看，如果要表现出水面或开阔、宏大的气势，就要通过在画面中安排对比物来相互衬托。对比物的选择范围很广，只要是能够为观赏者理解、辨识、认识的事物均可，如游人、小艇、建筑等。如果摄影师所站的位置可以将其所处的周围环境一同纳入到画面中，则可以拍摄壮美的全景式瀑布景观，此时使用全画幅数码单反相机能够获得更开阔的画面。

拍摄要点：

❶ 以广角镜头进行拍摄，纳入瀑布全景，突出其宏大、壮阔的气势。

❷ 若希望凝固水花喷溅的瞬间，可使用快门优先曝光模式，并以1/500s或更高的快门速度进行拍摄。

▲ 利用广角镜头结合小光圈得到大场景的瀑布画面，构图时将周围环境的纳入很好地表现了瀑布磅礴的气势

焦　距 ▷ 17mm
光　圈 ▷ F8
快门速度 ▷ 1/1000s
感光度 ▷ ISO200

拍摄漂亮的水面倒影

倒影，是景物通过水面反射形成的一种光学现象。可以说，凡是有水的地方就会有倒影。一处理想的水域，无疑是拍摄水面倒影的首要前提。

拍摄倒影要注意以下两个要点。

第一，被摄实景对象最好是本身有一定的反差，外形又有分明的轮廓线条，这样倒影在水中就会显得格外明快醒目。

第二，阳光照射的方位，对于倒影的效果也有着较大的影响。顺光下景物受光均匀，这种角度取景，可以得到影纹清晰并且色彩饱和的画面，但缺少立体感。

逆光的时候，景物受光少，大部分处于阴影下，因而影像呈剪影状，不但倒影本身不鲜明，而且色彩效果比较差。相比而言，侧光下景物具有较强的立体感和质感，同时也能够获得较为饱和的色彩影像。

▲ 远处群山之上的积雪尚未完全融化，湖面将天空、山脉倒映呈现出来，作品表现出明快的影调效果

拍摄要点：

❶ 水面是否平静，对于画面中倒影的效果影响很大。水面越是平静，所形成的倒影越清晰，有时候可以形成倒影与实际景物几乎完全一样的画面。特别是一些环境幽静、人迹罕至的水域，倒影更是迷人。

❷ 但如果有微风吹拂、水流潺动、鱼游鸟动、舟船荡漾等各种自然或人为的因素存在，倒影就会扭曲，在这种情况下是否还能够继续拍摄，要视水面波纹的大小而定，如果波纹较小，可以通过调小光圈、延长曝光时间来减弱波纹对倒影的影响。

日出日落

利用长焦镜头将太阳拍得更大

如果希望在照片中呈现体积较大的太阳，要尽可能使用长焦距镜头。通常在标准的画面上，太阳只是焦距的1/100。因此，如果用50mm标准镜头拍摄，太阳的大小为0.5mm；如果使用200mm的镜头拍摄，则太阳大小为2mm；如果使用400mm长焦镜头拍摄，太阳的大小就能够达到4mm。

▶ 长焦距的使用更容易获得更大的太阳

▼ 使用长焦镜头拍摄得到的大太阳，与骑马的人物形成鲜明的对比，让人感到很新奇

用小光圈拍摄太阳的光芒

为了表现太阳耀眼的效果，烘托画面的气氛，增加画面的感染力，可在镜头前加装星芒镜达到星芒的效果，如果没有星芒镜还可以缩小光圈进行拍摄，通常需要选择f/16~f/32的小光圈，较小的光圈可以使点光源出现漂亮的星芒效果。

拍摄要点：

❶ 光圈越小，星芒效果越明显。如果采用大光圈，光线会均匀分散开，无法拍出星芒效果。

❷ 另外，拍摄时使用的光圈也不可以过小，否则会由于光线在镜头产生的衍射现象导致画面质量的下降。

▲ 以小光圈拍摄得到的太阳光芒，尽显阳光的强烈，放射状的线条给人更强的视觉冲击

焦　　距▷28mm
光　　圈▷F16
快门速度▷1/125s
感 光 度▷ISO200

破空而出的霞光

如果太阳的周围云彩较多，则当阳光穿透云层的缝隙时，穿过云层的光线表现为一缕缕的光芒。如果希望拍摄到这样透射云层的光线效果，应尽量选择小光圈，并通过做负向曝光补偿提高画面的饱和度，使画面中的光芒更加夺目。

拍摄要点：

❶ 使用点测光模式对云彩的边缘进行测光，然后按下AE-L/AF-L按钮以锁定曝光，再进行构图、对焦、拍摄。

❷ 适当降低0.7挡左右的曝光补偿，可以更好地突出云彩边缘的轮廓光效果。

▲ 太阳穿过云层的缝隙，以放射线的方式透射在天空和海面上，给人一种神秘的感觉

焦　　距▷20mm
光　　圈▷F9
快门速度▷1/125s
感 光 度▷ISO200

山川

用独脚架便于拍摄与行走

在拍摄山川的时候，如果能使用脚架，可使拍摄更稳定、图像效果更清晰，以避免由于手部动作导致照片发虚。其中，独脚架携带起来比较省力，方便在山川间的行走。

拍摄经验：如果在较高处俯视拍摄山脉，由于海拔较高的地方往往风大、温度低，因此拍摄时应该使用坚固的三脚架，以保证相机的稳定性。另外，由于在温度较低的环境下拍摄时，电池消耗的速度很快，所以在保证稳定性的同时要注意为相机保温。

▲独角架的使用，让这张照片表现得十分稳定清晰

焦　　距▷50mm
光　　圈▷F8
快门速度▷1/320s
感 光 度▷ISO400

用山体间的V字形表现陡峭的山脉

如果要表现陡峭的山脉，最佳构图莫过于V形构图，这种构图中的V形线条，由于能够在视觉上产生高低视差，因此当欣赏者的视线按V形视觉流程，在V形的底部即山谷与V形的顶部即山峰之间移动时，能够在心理上对险峻的山势产生认同感，从而强化画面要表现的效果。

拍摄经验：在拍摄时要特别注意选取能够产生深V的山谷，而且在画面中最好同时出现2~3个大小、深浅不同的V形，以使画面看上去更活跃。

▲采用V形构图拍摄的山体，看上去十分陡峭、险峻

焦　　距▷24mm
光　　圈▷F9
快门速度▷1/100s
感 光 度▷ISO100

用云雾渲染画面的意境

高山与云雾总是相伴相生，各大名山的著名景观中多有“云海”，例如黄山、泰山、庐山，都能够拍摄到很漂亮的云海照片。

云雾笼罩山体时其形体就会变得模糊不清，在隐隐约约之间，山体的部分细节被遮挡，在朦胧之中产生了一种不确定感，拍摄这样的山脉，会使画面产生一种神秘、缥缈的意境。

此外，由于云雾的存在，被遮挡的山峰与未被遮挡部分产生了虚实对比，使画面更具有视觉欣赏性。

拍摄经验：如果只是拍摄飘过山顶或半山的云彩，只需要选择合适的天气即可，高空的云在风的作用下，会与山产生时聚时散的效果，拍摄时多采用仰视的角度。如果以蓝天为背景，可以使用偏振镜，将蓝天拍摄得更蓝一些；如果拍摄的是乌云压顶的效果，则应该注意做负向曝光补偿，以对乌云进行准确曝光。

反之，如果笼罩山体的是薄薄的云层，则可视其面积大小，做正向曝光补偿，以使画面看上去更清秀、淡雅。如果拍摄的是山间云海的效果，应该注意选择较高的拍摄位置，以至少平视的角度进行拍摄，光线方面应该采用逆光或侧逆光，同时注意对画面做正向曝光补偿。

▲ 采用小光圈拍摄山峰及云雾，画面虚实相间，渲染出如水墨画般的画面意境

焦　　距 ▷ 30mm
光　　圈 ▷ F13
快门速度 ▷ 1/80s
感 光 度 ▷ ISO200

塑造立体感

当侧光照射在表面凹凸不平的物体表面时，会出现明显的明暗交替光影效果，这样的光影效果使物体呈现出鲜明的立体感以及强烈的质感。

因此要为山体塑造立体感，最佳方法莫过于利用侧光进行拍摄。要采用这种光线拍摄山脉，应该在太阳还处在较低的位置时进行拍摄，这样即可获得漂亮的侧光，使山体由于丰富的光影效果而显得极富立体感。

▲ 在前侧光的照射下，山峰拥有非常好的立体感，同时由于前侧光的受光面积较大，因此很好地突出了其表面粗糙的质感

焦　　距▶ 200mm
光　　圈▶ F6.3
快门速度▶ 1/640s
感 光 度▶ ISO100

在逆光、侧逆光下拍出有漂亮轮廓线的山脉

在逆光或侧逆光的条件下拍摄山脉，往往是为了在画面中体现山脉的轮廓线，画面中山体的绝大部分处在较暗的阴影区域，基本没有细节，拍摄时要注意通过使用长焦或广角等不同焦距的镜头，捕捉山脉最漂亮的轮廓线条。拍摄的时间应该在天色将暗时进行，此时天空的余光能够让天空中的云彩为画面添色。

在侧逆光的照射下，山体往往有一部分处于光照之中，不仅能够表现出明显的轮廓线条、显现山体的少部分细节，还能够在画面中形成漂亮的光线效果，因此是比逆光更容易出效果的光线。

拍摄经验：拍摄时应适当降低曝光补偿，以使暗调的山体轮廓感更明显。

▲ 在逆光环境下，山体变为漂亮的剪影，并由于云雾的遮挡，而表现出明暗不同的剪影效果，使画面更具有层次感

焦　　距▶ 200mm
光　　圈▶ F13
快门速度▶ 1/10s
感 光 度▶ ISO100

章

「植物摄影」

花卉拍摄技巧

表现大面积的花丛

拍摄花丛的重点是要表现大片花丛的整体美，不但要拍摄到无数的花朵，花朵下方的枝叶也要同时有所表现。为了让画面中的景物都能较清晰地再现，最好选择中等或更小的光圈，这样才能获得较浅的景深，当然使用广角镜头会有更佳的表现。

拍摄花丛常用的构图方式是散点构图，就是画面中没有明显的主体，画面中各元素都是以并列关系出现的；也可以选择放射线构图，能获得较强的透视感；如果是在公园拍摄花卉，则可以根据公园中花卉的各种规律形状直接构图。无论哪种构图方式，在取景时最好不要拍摄到花丛的边缘，这样就能给人一种四周还无限宽广的视觉印象。

▲ 大片的花田、绚丽的晚霞，渲染出唯美的氛围

焦　　距 ▷ 22mm
光　　圈 ▷ F8
快门速度 ▷ 1/2s
感 光 度 ▷ ISO100

拍摄花卉特写

以这样微观的手法表现人们熟悉的东西，会给人们带来陌生又熟悉的感觉，形成十分有冲击力的视觉效果。所以，要使花卉照片与众不同，可以尝试使用微距镜头拍摄，拍摄时要注意选择花朵最有代表性的精美局部，例如花蕊通常在花朵的深处，不易观察到，可以考虑采用微距的手法进行拍摄。

拍摄这样的画面，由于景深非常浅，很轻微的抖动也会造成对焦不准，所以拍摄时一定要使用三脚架，这样有利于精准对焦，拍摄出清晰的照片。

▲ 三脚架与微距镜头的配合使用来拍摄花朵精美的局部，其背景虚化、主体十分清晰

焦　　距 ▷ 105mm
光　　圈 ▷ F8
快门速度 ▷ 1/160s
感 光 度 ▷ ISO500

红花需以绿叶配

俗话说："好花还需绿叶配。"在拍摄花朵时，如果条件允许，可以尝试以叶片作为背景或陪体，来衬托花朵的娇艳。

所谓万绿丛中一点红，红得耀眼、红得夺目，这红与绿的配搭便是色彩对比的典型，无论是大面积绿色中的红色，还是大面积红色中的绿色，较小面积的颜色均能够在其周围大面积的对比色中脱颖而出。

了解这种色彩对比的原理后，可以在拍摄花卉时通过构图，刻意将具有对比关系的花朵与其周围的环境安排在一起，从而突出花卉主体。例如，可以用红和绿、蓝和橘、紫和黄等有对比关系的颜色使画面的对比更强烈，主体更突出。

拍摄要点：

❶ 变焦至镜头的长焦端，尽可能地使用大光圈进行拍摄，从而在拍摄花朵特写的同时，以浅景深突出主体。

❷ 使用点测光模式对花瓣进行测光，然后按下AE-L/AF-L按钮以锁定曝光。

❸ 使用单次伺服自动对焦模式，配合单点自动对焦区域模式，使用单个对焦点，半按快门对花蕊位置进行对焦，保持半按快门状态，重新调整构图并拍摄即可。

❹ 在当前环境下，使用"阴天"白平衡，可使画面中的花朵及绿叶的色彩更加浓郁。

▼ 红色荷花在绿色荷叶的对比之下脱颖而出，显得格外娇艳、夺目

焦　距 ▷ 200mm
光　圈 ▷ F3.5
快门速度 ▷ 1/400s
感 光 度 ▷ ISO100

用超浅景深突出花朵

超浅景深是比小景深更浅的一种景深，通常在整个画面中保持清晰的只有很小的一部分，其他区域均为模糊的画面。

相对于在拍摄背景杂乱的场景时，使用小景深简化画面的作用，超浅景深也可以用于虚化主体之外的杂乱背景或不美观的花朵局部，例如当一朵花除了某一个花瓣，其余部分均有虫洞或破损时，就可以采用这种手法只拍摄具有漂亮外观的花瓣，而使其他的地方均呈现为虚化的状态。

要拍摄出具有超浅景深的画面，必须使用微距镜头或为有近摄功能的镜头加接近摄滤镜，这样才可以拍摄出有非常浅的景深的画面。

拍摄要点：

❶ 微距镜头用来突出物体局部，是再合适不过的选择了。其1：1的放大倍率和极小的景深，拥有极佳的突出细节作用。

❷ 使用微距镜头拍摄时，不建议使用太大的光圈，否则景深会非常浅，导致难以对焦、容易跑焦且不容易突出主体，通常使用F5.6~F9的光圈即可得到很好的拍摄效果。

❸ 使用专业环形或双头微距闪光灯，为花朵进行照明，从而获得最佳的光照，以更好地表现花朵的细节。

▼ 使用长焦镜头着重表现花，绿色虚化的背景形成了鲜明的虚实和色彩对比，很好地突出了粉红色的花

焦　　距 ▷ 200mm
光　　圈 ▷ F2.8
快门速度 ▷ 1/500s
感 光 度 ▷ ISO200

逆光突出花朵的纹理

花朵有不同的纹理与质感，在拍摄这些花朵时不妨使用逆光拍摄，使半透明的花瓣在画面中表现出一种朦胧的半透明感，使观赏者通过视觉感受到质感，拍摄此类照片应选择那些花瓣较薄的花朵，否则透光性会比较差。

逆光拍摄时，除了能够表现花瓣的纹理与质感，如果环境光线不强，还能够通过使用点测光的方法，将花朵在画面中处理为逆光剪影效果，以表现花朵优秀的轮廓线条，拍摄时注意要做负向曝光补偿。

▲ 以较低的角度拍摄逆光下的花瓣，以表现其细节纹理，也使其看起来更加美观

焦　　距 ▷ 55mm
光　　圈 ▷ F5.6
快门速度 ▷ 1/125s
感 光 度 ▷ ISO200

仰拍更显出独特的视觉感受

如果要拍摄的花朵周围环境比较杂乱，采用平视或俯视的角度很难拍摄出漂亮的画面，则可以考虑采用仰视的角度进行拍摄，此时由于画面的背景为天空，因此很容易获得背景纯净、主体突出的画面。

如果花朵位置较高，比如高高的树枝上的梅花、桃花，拍摄起来比较容易。

如果花朵在田原、丛林之中，如野菊花、郁金香等，为了获得足够好的拍摄角度，可能要趴在地上将相机放得很低。

而如果花朵生长在池塘、湖面之上，如荷花、莲花，则可能无法按这样的拍摄技巧操作，需要另觅他途。

焦　　距 ▷ 180mm
光　　圈 ▷ F5.6
快门速度 ▷ 1/2000s
感 光 度 ▷ ISO250

▶ 通过仰视角度，以蓝天作为背景拍摄小花，更凸显其向上伸长的视觉感受，画面整体给人以自然、清新的感觉

树木摄影

用逆光拍摄树木独特的轮廓线条美

每一棵树都有独特的外形，摄影师可以在逆光的位置观察这些树，找到轮廓线条优美的拍摄角度。

拍摄时如果太阳的角度不太低，则应该注意不仅要在画面中捕捉到被拍摄树木的轮廓线条，还要在画面的前景处留出空白，以安排林木投射在地面的阴影线条，使画面不仅有漂亮的光影效果，还能够呈现较强的纵深感。

为了确保树木能够呈现为剪影效果，拍摄时应该用点测光模式对准光源周围进行测光，以获得准确的曝光。

▲逆光下拍摄的剪影，完美地表现出了主体大树的枝干形态

拍摄要点：

❶ 相对于山川、瀑布等大型风景而言，树木可以说是比较小的拍摄对象，因此完全可以带着相机寻找逆光的方向，来表现其剪影之美。

❷ 使用点测光模式对天空区域进行测光，然后按下AE-L/AF-L按钮以锁定曝光，再进行构图、对焦、拍摄。

❸ 为获得更好的天空与剪影效果，通常可以降低0.7~1.3挡的曝光补偿，使天空色彩更浓郁，树木的剪影也更纯粹。

以放射式构图拍摄穿透树林的阳光

当阳光穿透树林时，由于被树叶及树枝遮挡，因此会形成一束束透射林间的放射形光线，这种光线被称为"耶稣圣光"，能够为画面增加一种神圣感。

要拍摄这样的题材，最好选择清晨或黄昏时分，此时太阳斜射向树林中，能够获得最好的画面效果。

在实际拍摄时，可以迎向光线用逆光进行拍摄，也可以用与光线平行侧光进行拍摄。

在曝光方面，可以以林间光线的亮度为准拍摄出暗调照片，衬托林间的光线；也可以在此基础上，增加1~2 挡曝光补偿，使画面多一些细节。

▲ 清晨太阳初升，透过林间的光线四射开来，摄影师以放射性构图表现这一场景，使画面看上去很有神圣感

焦　距 ▶ 28mm
光　圈 ▶ F14
快门速度 ▶ 1/5s
感 光 度 ▶ ISO100

表现树叶的半透明感

在对树木进行特写拍摄时，除了对树木的皮表或枝干等进行特写拍摄之外，将镜头对准形状各异、颜色多变的树叶也是不错的选择。

拍摄树叶时，为了将它们晶莹剔透的特性（也即半透明性质）表现出来，常常需要采用逆光拍摄，将它们优美的轮廓线展现在观者面前。

▲ 为突出半透明的感觉，应尽量选择暗色背景，强烈的明暗对比可衬托出树叶半透明的质感

焦　距 ▶ 185mm
光　圈 ▶ F4
快门速度 ▶ 1/400s
感 光 度 ▶ ISO100

拍摄铺满落叶的林间小路

曲径通幽是对弯曲小路的描述，要拍摄这种小路，最佳的时间是秋季，最佳的环境是小路两旁有林立的树木，这样在晚秋时节，路面上就会飘落许多红色或金黄色的树叶，走在这样的小路上让人感觉到温暖与亲切。拍摄时注意选择有S形弯折的小路，这样在构图时就能够通过使用C形或S形构图，将小路表现得曲折、蜿蜒，使画面更有情趣。

▲ 曲径通幽的小路上散落了一地的橘红落叶，雾气弥漫的树林中充满了浓浓的秋意

焦　　距 ▷ 30mm
光　　圈 ▷ F13
快门速度 ▷ 3s
感 光 度 ▷ ISO400

表现火红的枫叶

要拍摄火红的枫叶，要选择合适的光位。

在顺光条件下，枫叶的色彩饱满、鲜艳，有很强烈的视觉效果，为了使树叶的色彩更鲜艳，可以在拍摄时使用偏振镜，减弱叶片上反射的杂光。

如果选择逆光拍摄，强烈的光线会透过枫叶，使枫叶看起来更纯粹、剔透。

拍摄时使用广角镜头有利于表现漫山红遍的整体气氛，而长焦镜头适合对枫叶进行局部特写表现。此外，还可以将注意力放在地上飘落的枫叶上，也能获得与众不同的效果。

▲ 使用长焦镜头拍摄晚秋时节的火红枫叶，其色彩饱满、艳丽、视觉感强烈

焦　　距 ▷ 19mm
光　　圈 ▷ F11
快门速度 ▷ 1/80s
感 光 度 ▷ ISO200

第13章

「人像摄影」

人像摄影的对焦技巧

眼睛最能反映人物内在的心理，也就是说眼神最能体现人物的心灵世界，因此拍摄时对准人物的眼睛对焦，会拍摄出神形兼具的肖像照片。

通过观摩人像摄影佳片就能够看出，这些照片中人像的眼睛部分是最清晰的，这也是许多人像摄影作品成功的秘诀之一。

拍摄经验：拍摄模特的正面像时，应该引导模特将脸微微旋转一定的角度，这样拍摄出来的画面看上去更立体。对于大部分女性模特而言，这样的角度能够使其面部看上去更纤瘦一些。

焦　　距 ▷ 135mm
光　　圈 ▷ F2.8
快门速度 ▷ 1/400s
感 光 度 ▷ ISO400

◀ 以人物的眼睛作为焦点，利用大光圈的虚化作用，使人物主体非常突出

拍出背景虚化人像照片的4个技巧

景深是指画面中主体景物周围的清晰范围。通常将清晰范围大的称为大景深，清晰范围小的则称为小景深。人像摄影中以小景深最为常见，小景深能够更好地突出主体、刻画模特。

增大光圈

光圈越大（如F1.8、F2.4），光圈数值越小，景深越小；光圈越小（如F18、F22），光圈数值越大，景深越大。要想获得浅景深的照片，首先应考虑使用大光圈进行拍摄。

▲ 使用大光圈将背景虚化，虚化了人物周围杂乱的背景，使其在画面中更突出

增加焦距

镜头的焦距越长，景深越小。焦距越短，景深越大。根据这个规律可知：如果希望获得较小的景深，需要使用具有较长焦距的镜头，并在拍摄时尽量使用长焦段，这样拍摄时可以得到较小的景深，虚化掉不利的画面因素，使画面有种明显的虚实对比，突出被摄者。

▲ 使用长焦镜头进行拍摄，背景得到很好的虚化，使人物更突出

减小与模特之间的距离

一句摄影的名言说：如果你拍得不够好，那是因为你靠得不够近。这一点对于人像摄影同样适用。

想要获得浅景深，让背景得到虚化，最简单的方法就是在模特和背景距离保持不变的情况下，让相机靠近模特。这样可以轻易获得浅景深的效果，人物较突出，背景也得到了自然虚化。

增大模特与背景的距离

改变模特与背景间的距离，也是获得浅景深的方法之一。安排模特与背景保持一定的距离，也一样可以获得完美的浅景深效果。简单来说，模特离背景越远，就越容易形成浅景深，从而获得更大的虚化效果。

▲ 靠近主体拍摄的画面，主体占画面的面积增大，从而减少了背景的面积，景深自然变浅

表现修长的身材拍摄技巧

运用斜线构图形式

斜线构图在人像摄影中经常用到。当人物的身姿或肢体动作以斜线的方式出现在画面中，并占据画面足够的空间时，就形成了斜线构图方式。斜线构图所产生的拉伸效果，对于表现女性修长的身材或者对拍摄对象身材方面的缺陷进行美化具有非常不错的效果。

焦　　距 ▷ 50mm
光　　圈 ▷ F2.8
快门速度 ▷ 1/200s
感 光 度 ▷ ISO100

▶ 模特以倾斜的坐姿进行拍摄，使画面呈现斜线型构图，很好地突出了模特修长的身材

用仰视角度拍摄

仰视拍摄即从下往上的拍摄手法，可以使被摄人物的腿部更显修长，将被摄人物的身形拍摄得更加苗条。

此外，仰视拍摄还可以避开地面上杂乱的背景，把天空拍进画面中，简化背景美化画面。利用天空作为背景，不仅为观者带来舒畅感，也为画面注入了更多的色彩。

拍摄经验：在仰视拍摄人物时，推荐摄影师采用弯腰、半跪的姿势进行拍摄，这样可以获得较好的拍摄角度，同时也容易保持相机稳定。

仰视拍摄时，除非天空背景非常好，否则应尽量回避天空区域，如无法回避，则应以点测光模式对人物面部皮肤进行测光并拍摄，以保证人物主体的正确曝光。

焦　　距 ▷ 50mm
光　　圈 ▷ F5.6
快门速度 ▷ 1/500s
感 光 度 ▷ ISO200

▶ 利用仰视角度拍摄，加上模特的姿势及表情，更能表现其性感、诱惑的魅力

必须掌握的人像摄影补光技巧

利用反光板进行补光

户外摄影通常以太阳光为主光，在晴朗的天气拍摄时，除了顺光在其他类型的光线下拍摄的人像明暗反差基本都比较明显，因此要使用反光板对阴暗面进行补光（即起辅光的作用），以有效地减小反差。

当然，反光板的作用不仅仅局限在户外摄影，在室内拍摄人像时，也可以利用反光板来反射窗外的自然光比如在专业的人像影楼里，通常都会选择数只反光板来起辅助照明的作用。

焦　　距▷200mm
光　　圈▷F4
快门速度▷1/640s
感 光 度▷ISO100

▶ 在晴朗的午后以侧光光位拍摄人像，为了避免人像的面部出现半明半暗的阴阳脸，使用反光板对暗部进行补光

知识链接：认识反光板

一般的反光板有四面，包括黑面、白面、金面和银面，可以根据各自的拍摄要求来选择。如果想要反射的光线更温暖，可以采用金面；如果想要更冷一点的反射光线，则可以选择银面。

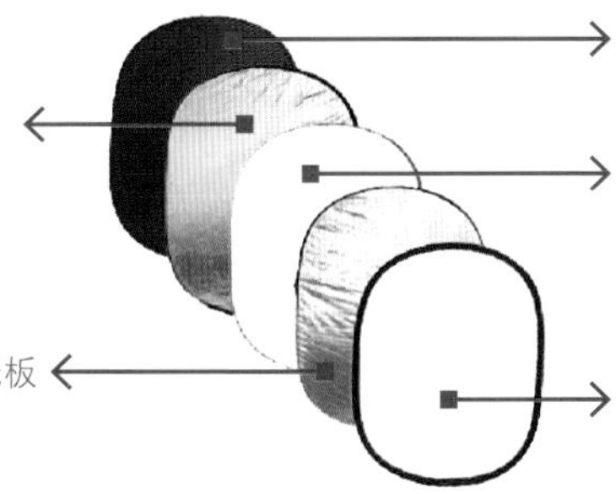

▲ 使用反光板打光的工作场景

利用闪光灯跳闪技巧进行补光

所谓跳闪，通常是指使用外置闪光灯，通过反射的方式将光线反射到拍摄对象上，最常用于室内或有一定遮挡的人像摄影中，这样可以避免直接对拍摄对象进行闪光，造成光线太过生硬，且容易形成没有立体感的平光效果。

在室内拍摄人像时，常常需要通过调整闪光灯的照射角度，让其向着房间的顶部进行闪光，然后将光线反射到被摄人物身上，这在人像摄影中是最常见的一种补光形式。

▲ 使用外置闪光灯向屋顶照射光线，使之反射到人物身上进行补光，使生硬的闪光光线变成柔和的散射光，这样人物的皮肤显得更加细腻、自然，整体感觉也更为柔和

焦　　距 ▷ 35mm
光　　圈 ▷ F2.5
快门速度 ▷ 1/160s
感 光 度 ▷ ISO200

利用慢速同步拍摄出漂亮的夜景人像

夜景人像是摄影师常常要拍摄的题材。在拍摄时如果不使用闪光灯往往会因为快门速度过慢而使图片出现模糊。使用闪光灯又会因为画面曝光时间太短而出现人物很亮而背景很暗的问题。最好的解决办法是使用相机的慢速闪光同步功能。

这个时候人物的曝光量仍然由闪光灯自行控制，不但人物主体可以得到合适曝光，同时由于相机的快门速度设置得较慢，从而使画面中的背景也得到合适的曝光。举例来说，正常拍摄时使用F5.6、1/200s、ISO100 的曝光组合配合闪光灯的TTL 模式，拍摄出来的图片人物曝光正常，而背景显得较黑。

将快门速度改变为1/2s，别的所有参数都不变，则可以得到人物和背景曝光都正常的夜景人像图片。

这是因为人物的曝光量主要受闪光灯影响，而闪光灯的曝光量和快门速度无关，所以人物可以得到正常的曝光，同时由于曝光时间控制为1/2s秒，在这段时间内画面的背景持续处于曝光状态，因此画面的背景也能够得到合适的曝光。

值得注意的是，选择这种模式拍摄时需要配合使用三脚架，否则很容易因为相机的抖动把照片拍模糊。

拍摄经验：使用闪光灯补光时，既可以选择闪光灯前帘同步闪光模式，也可以选择闪光灯后帘同步闪光模式。但通常模特看到闪光灯闪过之后，就会认为拍摄已经结束而开始移动（其实，如果曝光时间较长，则快门可能还没有关闭），在画面中容易造成虚影的效果。因此，当使用闪光灯进行补光，而且快门速度较慢（曝光时间较长）时，应该使用闪光灯后帘同步闪光模式，使闪光灯在曝光结束时闪光。

▲ 拍摄夜景时，使用闪光灯对人物补光后，人物还原正常，但是背景显得比较黑

焦　　距 ▷ 45mm
光　　圈 ▷ F3.2
快门速度 ▷ 1/200s
感 光 度 ▷ ISO100

焦　　距 ▷ 90mm
光　　圈 ▷ F5
快门速度 ▷ 1/80s
感 光 度 ▷ ISO200

◀ 拍摄夜景时，使用闪光灯对人物补光的同时，使用前帘同步的慢速摄影技术，人物还原正常的同时，背景也得到了适当的曝光量

用压光技巧拍出色彩浓郁的环境人像

压光是指压低、减少充足的自然光，这种技巧常用于在光线充足的白天拍出阴天或黄昏时分画面阴暗的效果，换言之就是通过这种拍摄技法，使人像的背景曝光相对不足，而前景的人物曝光却仍然是正常的。

拍摄的方法是将光圈缩小至F16左右（此数值可灵活设置），但快门速度并不降低（或仅降低一点，此处也需要视拍摄环境的背景亮度灵活确定），ISO数值也不必提高，因为如果在拍摄时完全按这样的曝光参数组合拍摄，得到的照片肯定比较暗。因此，最重要的一个步骤就是，在拍摄时使用闪光灯对前景处的人像进行补光，以加大背景与人像的明暗差距。

由于照片的背景曝光效果取决于光圈、快门速度、感光度这三个要素，因此拍摄出来的照片背景会由于曝光相对不足，而显得色彩浓郁、厚重。而前景处的人像由于有闪光灯补光，因此曝光正常。

▲ 由于人物与背景受光的程度不一样，使用闪光灯为人物补光，并适当缩小光圈，拍摄到人物与天空都有不错表现的画面

拍摄要点：

❶ 开启相机的内置闪光灯，使用点测光模式对人物面部进行测光并拍摄。

❷ 尽量使用镜头的中长焦端进行拍摄，但此时容易缩小画面的景深，因此就需要缩小光圈，而缩小光圈又可能造成内置闪光灯的输出光量不足，导致画面昏暗，因此在实际拍摄时，应注意平衡这些因素。

❸ 使用镜头的中长焦端进行拍摄，还可以避免闪光灯的光线过强。建议为闪光灯增加柔光罩，以柔化光线。

利用点测光模式表现细腻的皮肤

对于拍摄人像而言，皮肤是需要重点表现的部分，而要表现细腻、光滑的皮肤，测光是非常重要的一步。

准确地说，拍摄人像时应采用点测光模式对人物的皮肤进行测光。具体操作方法是，在单次伺服自动对焦模式下，将测光模式切换为点测光模式。将自动对焦区域模式切换为单点对焦区域模式。测光时将相机的对焦点对准模特的皮肤，以获得点测光模式下的曝光参数，按AF-L/AE-L按钮锁定曝光参数。最后，重新进行构图、对焦，直至完成拍摄操作。

在拍摄时可以适当增加半挡或2/3挡的曝光补偿，让皮肤显得白皙、细腻。

▲ 在柔光环境中，使用点测光模式对模特的皮肤进行测光，皮肤得到了十分细腻、光滑的效果

焦　　距 ▷ 85mm
光　　圈 ▷ F2
快门速度 ▷ 1/80s
感 光 度 ▷ ISO2000

塑造眼神光让人像更生动

在人像摄影中，眼睛的表现效果十分重要，而要把眼睛表现好，很重要的一点就是要恰当地运用好眼神光。眼神光能使照片中人物的眼睛里产生一个或多个光斑，使人物显得更有神采。

在户外拍摄时，天空中的自然光就能在人物的眼睛上形成眼神光，如果效果不够理想，可以利用反光板来形成眼神光，通常反光板的大小决定了模特眼睛中眼神光斑点的大小。

如果是在室内人造光源布光，则主光通常采用侧逆光位，辅光照射在人脸的正前方，用边缘光打出眼神光。

焦　　距 ▷ 50mm
光　　圈 ▷ F2.2
快门速度 ▷ 1/200s
感 光 度 ▷ ISO160

▶ 使用反光板为人物补充眼神光，使其眼部细节更丰富，眼睛看起来更加明亮、有神

侧逆光表现身体形态

使用侧逆光拍摄人像，人物面部的受光面积比较小，人物两侧会形成非常漂亮的轮廓线，从而勾勒出人物曼妙的身材或迷人的头发线条。尤其是当太阳离地面较近时，其光线呈金黄色，会使侧逆光勾勒的轮廓线更加突出。

焦　　距 ▷ 50mm
光　　圈 ▷ F4
快门速度 ▷ 1/125s
感 光 度 ▷ ISO100

◀ 侧逆光为女孩的身体镶上一圈金黄色的光圈，女孩身上朝气蓬勃的青春气息扑面而来

第14章

儿童摄影

使用长焦镜头进行拍摄

为了避免孩子们受摄影师影响，最好能用长焦镜头，这样可以在尽可能不影响他们的情况下，拍摄到最生动、自然的照片。

焦　　距▷135mm
光　　圈▷F5.6
快门速度▷1/500s
感 光 度▷ISO200

▶ 使用变焦镜头拍摄，即使是在距孩子较远的地方，想要拍摄到孩子们纯真自然的表情也轻而易举

抓拍最生动的表情

儿童的情感单纯、情绪易变，前一分钟在开怀大笑，后一分钟就有可能号啕大哭。为了真实地记录下他们的喜怒哀乐，最好以抓拍的方式进行拍摄。在拍摄时除了灿烂的笑容外，还应该包括哭泣的、生气的、发呆的、沉默的、搞怪的等不同表情，他们的每一个表情和动作，都有可能成为一幅妙趣横生的摄影作品。

▲摄影师以抓拍的方式拍摄正在草地玩耍的宝贝，其丰富自然的表情感染着每一位观者

使用高速快门及连拍设置

由于孩子不像大人那样容易沟通，而且其动作也是不可预测的，因此在拍摄时，应选择高速快门、连拍方式及连续伺服自动对焦模式进行拍摄，以保证在儿童突然动起来或要抓拍精彩瞬间时，也能够成功、连贯地进行拍摄。

对相机本身来说，要提高快门速度，除了增大光圈以外，就是提高感光度了，但为了保证拍摄出的画面中儿童的皮肤较为柔滑、细腻，就不能使用太高的感光度设置。因此，摄影师需要综合考虑这两个因素，设置一个较为合适的感光度数值。

▲ 使用较高的快门速度并启用高速连拍功能，用以捕捉孩子的表情及动作是再合适不过了

采用平视的视角拍摄儿童

不少摄影初学者在拍摄儿童时，总是站着以俯视的角度拍摄，殊不知这种角度会使照片中的儿童显得低矮，腿看起来很短，头部显得很大。

专业的儿童摄影师基本上都会用平视的角度进行拍摄，这种角度给人一种自然、真实的感觉，更容易拍出好照片。

拍摄要点：

❶ 适当增加0.3~0.7挡的曝光补偿，可以很好地表现儿童柔嫩的皮肤。

❷ 利用午时的顶光照在孩子毛茸茸的头发上，并且画面很明亮，很适合表现孩子天真烂漫的性格。

焦　距 ▷ 95mm
光　圈 ▷ F5.6
快门速度 ▷ 1/400s
感 光 度 ▷ ISO200

◀ 以平视角度拍摄的花丛中的小女孩，小女孩看起来亲切可人

禁用闪光灯以保护儿童的眼睛

医学资料表明婴儿在出生后到三岁前，视觉神经系统还没发育完全，强光会对眼神经系统造成不良影响，因此，为了他们的健康着想，拍摄3岁以下的宝宝时一定不要使用闪光灯。在室外时通常比较容易获得充足的光线，而在室内时，应尽可能打开更多的灯或选择在窗户附近光线较好的地方进行拍摄，然后配合高感光度、镜头的防抖功能及倚靠物体等方法进行拍摄。

拍摄要点：

❶ 使用一支大光圈的定焦镜头，在柔和的窗户光下，即可很容易的获得充足的曝光。

❷ 若光线不足，可适当提高ISO感光度，以提高快门速度，保证拍摄成功率。

焦　距 ▷ 80mm
光　圈 ▷ F2.8
快门速度 ▷ 1/160s
感 光 度 ▷ ISO200

◀ 为了避免闪光灯对孩子眼睛造成的伤害，在拍摄时尽量选择光线充足的地点，同样可以获得很好的拍摄效果

用玩具调动孩子的积极性

孩子们顽皮的天性会导致他们的注意力很容易被一些事物吸引，从而使拍摄者需要花费很多的时间来吸引孩子的注意力。

拍摄可以通过使用玩具来引导儿童，也可以把儿童放进玩具堆中自己玩耍，然后摄影师通过抓拍的方法，采用更合理的光线、角度等对其进行拍摄。

拍摄要点：

❶ 使用连续伺服自动对焦模式与连拍快门释放模式进行连续拍摄，以保证捕捉到每一个精彩画面。

❷ 使用大光圈与较高的ISO感光度，以保证足够高的快门速度。

▲ 在道具的配合下，整个画面看起来更生动、更活泼，也使儿童的表情更自然地流露

焦　　距 ▷ 50mm
光　　圈 ▷ F5.6
快门速度 ▷ 1/400s
感 光 度 ▷ ISO100

食物的诱惑

美食对孩子们有着巨大的诱惑力，利用孩子们喜爱的美食可以很好地调动孩子们的兴趣，从而拍摄儿童趣味无穷的吃相。

拍摄经验：拍摄时，应该将注意力聚焦在孩子的面部，至于衣服是否被弄脏、东西是否掉在了地上，都不重要。

▲ 斯文的小姑娘见了美食也会这么不顾吃相，都开始用手抓了

焦　　距 ▷ 80mm
光　　圈 ▷ F3.2
快门速度 ▷ 1/500s
感 光 度 ▷ ISO100

值得记录的五大儿童家庭摄影主题

眼神

俗话说“眼睛是心灵的窗户”，在表现儿童面部表情的照片中，其眼睛就是整个画面的视觉中心。

一般来说，让儿童的眼睛直视镜头的情况比较常见，这种方法能够直接传递人物的心情，让观者觉得更亲切，没有距离感。

▲ 在拍摄孩子的时候，表现眼神是至关重要的。像这张照片中，小孩纯净的眼神使画面灵动起来

焦　　距▶70mm
光　　圈▶F4
快门速度▶1/250s
感 光 度▶ISO400

表情

儿童的表情总是非常自然、丰富的，时而欢笑颜开、时而紧皱眉头，而不论如何在他们的表情里总是能看到纯真、可爱的天性。

将儿童丰富的表情真实地表现在照片中，并配以合适的构图与光影效果，就能够让照片看上去与众不同。

拍摄要点：

❶ 使用中长焦镜头进行拍摄，让孩子能够更自然地发挥他们天真、可爱的表情。

❷ 以平视角度拍摄，能够更真实、亲切地记录下孩子们的表情。

▲ 小女孩笑脸吟吟的样子十分可爱，肉乎乎的小手放在嘴边，将孩子纯真、自然的天性展露无遗，摄影师十分善于捕捉孩子最真实、自然的瞬间，这样的画面效果是刻意摆拍无法比拟的

焦　　距▶150mm
光　　圈▶F3.2
快门速度▶1/800s
感 光 度▶ISO200

身形

拍摄儿童除表现其丰富的表情外，其多样的肢体语言也有着很大的可拍性，包括其有意识的指手画脚，也包括其无意识的肢体动作等。

摄影师还可以在儿童睡觉时对其娇小的肢体进行造型，凸显其可爱身形的同时，还能组织出颇具小品样式的画面以增强趣味性。

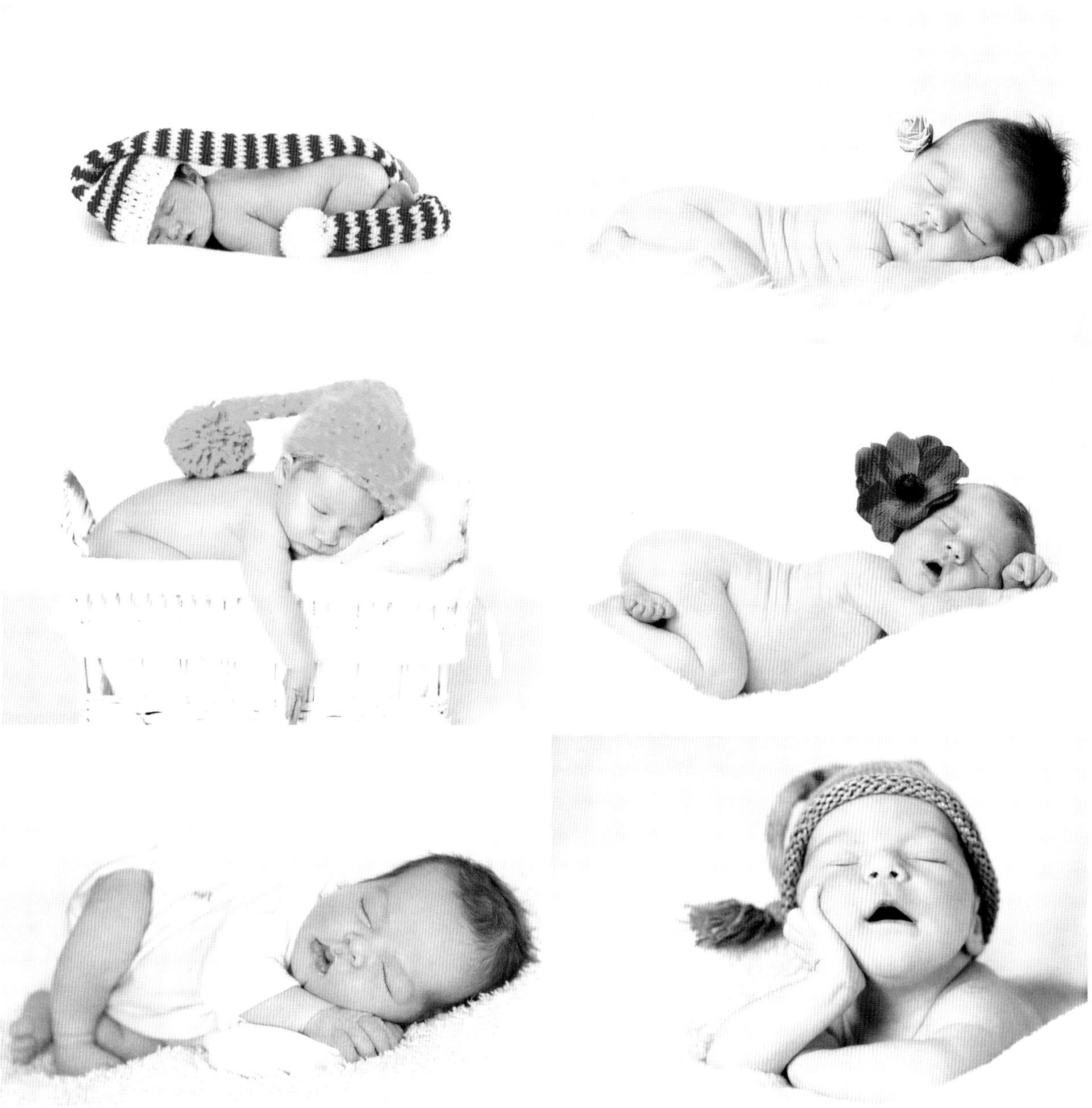

▲ 这是孩子在熟睡过程中的一组照片，无意识的肢体言语让人看了就有种忍俊不禁的感觉，难怪摄影师也要将其定格

与父母的感情

家庭是孩子成长最自然的生态环境。孩子跟父母在一起时，表情是最自然的。他们对父母的信任、依赖可以消除拍摄给孩子带来的焦虑和恐慌感。同时，亲子间温馨、美好的感觉还可以为照片增添色彩。

拍摄经验：摄影师应适当地指导家长与孩子之间互动，构成一些温馨、自然、亲切的画面，由于画面中的人物较多，要协调每个人的表情、动作比较困难，因此往往通过连拍的方式，提升拍摄的成功率。

▲ 当孩子与家长在一起玩乐时，会特别自然地做出很多可爱的动作，此时按下快门的话，得到的无疑是最温馨的照片

兄弟姐妹之间的感情

兄弟姐妹之间的感情可以用血浓于水来形容。无论年龄相差多大，那份与生俱来的感情，让他们相互支持，彼此照顾，开心快乐。

合影是表现小兄弟/姐妹之间的感情的最佳方式之一。如果是两人合影，拍摄起来并没有太多难度，但是多人合影，则一定要注意彼此之间不要重叠，而且要多拍数张，以便能够从中选出所有小伙伴的动作与表情都比较到位的照片。

拍摄经验：由于环境与儿童所处的位置，光照强度有很大差异，为避免曝光失误，可使用点测光模式对儿童进行测光并拍摄，确认得到正确的拍摄结果后，切换至手动曝光模式，并按照正确曝光的参数进行设置，从而保证能够持续以正确的曝光参数进行拍摄。

▲ 兄弟姐妹在一起会感到无拘无束，他们既是亲密无间的亲人又是无话不谈的好朋友，真情实感从照片中很自然地就流露了出来

焦　　距 ▷ 100mm
光　　圈 ▷ F4
快门速度 ▷ 1/250s
感 光 度 ▷ ISO100

第15章

建筑摄影

通过对比表现建筑的宏伟规模

许多建筑都有惊人的体量，许多游览过埃及金字塔的游客都用“震撼”来表达自己的心情，而步行在遥望起来绵延不绝的万里长城时，也只能“惊叹”其长度，这种感受大多来源与游客自身与建筑规模的对比。

在拍摄建筑时，也可以利用对比来表现建筑的宏伟规模，例如，可以在画面中安排游人、汽车等观看者容易辨识其体量的陪体，通过这些陪体与建筑的对比，衬托出建筑物宏伟的体量。

▲游人在画面中的比例可以反衬出建筑物的宏大气势与规模

焦　　距▷35mm
光　　圈▷F9
快门速度▷2s
感 光 度▷ISO200

发现建筑中的韵律

韵律原本是音乐中的词汇，但实际上在各种成功的艺术作品中，都能够找到韵律的痕迹，韵律的表现形式随着载体形式的变化而变化，但均可给人以节奏感、跳跃感与生动之感。

建筑摄影创作也是如此，建筑被称为凝固的乐曲，这本身就意味着在建筑中隐藏着流动的韵律，这种韵律可能是由建筑线条形成的，也可能是由建筑自身的几何结构形成的。

因此在拍摄建筑时，需要不断地调整视角，通过在画面中运用建筑的语言为画面塑韵律，拍摄出优秀的照片来。

▲ 摄影师通过拍下建筑物内部的通道，让我们看到了建筑线条的韵律之美

焦　距 ▷ 26mm
光　圈 ▷ F6.3
快门速度 ▷ 1/40s
感 光 度 ▷ ISO800

精彩的局部细节

许多建筑不仅整体宏伟、壮观，在细节方面也极具美感。例如，北京的故宫、加得满都的杜巴广场、曼谷的大皇宫，从高处鸟瞰能够感受到建筑的整体宏大规模与王者气势，在近处欣赏会为其复杂的雕刻、精美的绘画及繁复的装饰细节之美折服。在拍摄这样的建筑时，除了利用广角镜头表现其整体美感，还要学会利用长焦镜头以特写景别表现其细节之美。

▲ 通过使用镜头的长焦端拍摄建筑的局部细节，可以更深入地表现出建筑的历史与文化气息

焦　距 ▷ 200mm
光　圈 ▷ F13
快门速度 ▷ 1/125s
感 光 度 ▷ ISO100

合理安排线条使画面有强烈的空间透视感

透视是一个绘图术语，由于同样大小物体在现实的视觉中呈现出远小近大的现象，因此绘画者可以据此在平面上分别绘制不同空间位置及大小的物体，就能够使二维平面上的画面看起来具有三维空间感。

拍摄建筑题材的作品时，要充分运用透视规律，使画面能够体现出建筑物的空间感。

在建筑物中选取平行的轮廓线条，如桥索、扶手、路基，通过构图手法使其在远方交汇于一点，即可营造出强烈的透视感，这样的拍摄手法在拍摄隧道、长廊、桥梁、道路等题材时也很常用。

如果所拍摄的建筑物体量不够宏伟、纵深不够大，可以利用广角镜头夸张强调建筑物线条的变化，或在构图时选取排列整齐、变化均匀的对象，如一排窗户、一列廊柱、一排地面的瓷砖等进行拍摄。

▲ 使用广角镜头拍摄奢华的建筑物内部，由于镜头透视关系而形成的一点透视，使建筑物中的线条呈现出向画面深处汇聚的视觉效果，从而使画面产生强烈的空间纵深感

焦　距 ▷ 16mm
光　圈 ▷ F8
快门速度 ▷ 3s
感 光 度 ▷ ISO200

表现建筑的轮廓美

许多建筑物的外观造型非常美观，在傍晚拍摄这样的建筑物时，如果选取逆光角度，可以拍摄出漂亮的剪影效果。

拍摄时，只需要针对天空中亮处进行测光，建筑物就会由于曝光不足而呈现出黑色的剪影效果。可以通过降低曝光补偿使暗处更暗，建筑物的轮廓外形更明显。

拍摄要点：

❶ 使用点测光模式对灰色天空进行测光，然后按下AF-L/AE-L按钮以锁定曝光，再进行构图、对焦、拍摄。由于天空与建筑的明暗反差非常明显，因此可以自然地获得建筑的轮廓效果。

❷ 使用单个对焦点，对建筑与天空的交接处进行对焦，可以实现更高的对焦成功率。

❸ 设置“背阴”白平衡，可以获得暖调的环境色效果。

▲ 在夕阳光线下，摄影师巧妙地用建筑挡住明亮的太阳光，并通过恰当的曝光将建筑表现为剪影效果，完美呈现了欧式建筑特有的轮廓之美

拍摄乡村古镇

“开荒南野际，守拙归园田”。自古以来，国人就渴望着过一种乡间的平静生活，在压力日增的今时今日，这种渴望与日俱增，每一个人都希望暂时停下奔波的脚步，将目光投向远方，置身最美的乡村和古镇，看那房前屋后流淌着的小河，住在粉墙黛瓦的古民居，闻着早晚时分农家小屋升起的袅袅炊烟，油菜花开的季节漫步在遍野的花丛中。

找到最美的乡村与古镇

我国有许多美丽的乡村与古镇，其中以安徽西递与宏村、桂林阳朔西街、贵州黎平肇兴侗寨、江西婺源古村落群、江苏苏州同里、闽西客家土楼、四川丹巴藏寨、湘西凤凰、新疆喀纳斯湖畔图瓦村、云南红河大羊街乡哈尼村落、云南丽江大研镇、浙江楠溪江古村落群、浙江西塘等景点最为知名。

这些地方基本上都有相同的特点，即地域风土特征鲜明、历史积淀丰厚，特色独具；自然环境优美，舒适宜人；村镇格局清晰，建筑美丽；居民很好地维系了传统和文化习俗；没有过度的商业开发，在文化形态兼容并蓄的同时保持了本土性。

前往这样的地方，不仅能够拍摄到美丽的照片，还能够领略当地的风土人情。如果只是想拍摄古民居，体验当地人文与历史底蕴，一年四季皆可前往。如果要拍摄油菜花等应季的景观，则需要精心选择出行时间，通常每年的三四月份是最佳拍摄时间。

▲ 白墙黑瓦的村落、清澈通透的河水，构成了一幅自然舒适、清新宜人的画面

焦　　距 ▷ 25mm
光　　圈 ▷ F8
快门速度 ▷ 1/160s
感 光 度 ▷ ISO100

在画面中加入人文因素

我国许多乡村与古镇都聚焦了不同的民族，因此才出现了与汉族不同的风土人情。例如丹巴藏寨以藏民族为主，云南红河大羊街乡哈尼村落是哈尼族的聚焦地，在这些地方拍摄时，要注意在照片中加入当地的人文风情因素。例如，将身着美丽藏服或哈尼服装的少女纳入画面，不仅能够使风光摄影更有人文气息，还能够使画面更美观；而如果围绕着经幡、转经筒等有宗教特色的物品进行构图，则不仅能够体现当地的宗教特色，还能够交代画面拍摄的地点。

拍摄要点：

❶ 采用广角镜头增强画面广阔的气势，使画面中的线条产生汇聚感，从而达到增强画面空间纵深感的作用。

❷ 选择在傍晚时分拍摄，天空中的彩霞可以丰富画面效果，也突显出水乡的宁静、祥和气氛。

❸ 当水中的船只刚驶进画面时就进行拍摄，这样在船的前方留出大量空间，会在观赏时产生船在前行的动感效果。

▲ 在拍摄南方水乡时，将人文因素纳入画面，体现了水乡居民的生活特点，使画面更具有风土气息

焦　　距 ▷ 28mm
光　　圈 ▷ F10
快门速度 ▷ 1/400s
感 光 度 ▷ ISO400

第16章

「夜景摄影」

拍摄夜景必备的器材与必须掌握的相机设置

三脚架

由于拍摄夜景多采用慢速快门拍摄，因此摄影师必须使用三脚架，以解决手持相机不稳定的问题。由于使用三脚架后，可以大幅度延长曝光时间，而不必担心相机的稳定性。因此，在拍摄时可以大胆使用最低的感光度与较小的光圈，从而获得清晰范围较大、画质纯净的夜景照片。

拍摄经验：在拍摄前一定要确认稳定性，排除任何可能引起三脚架晃动的因素。比如对于可以拉出4节的三脚架，最好不要使用最下面的一节，而且中间的升降杆也不要提升得太高；如果是在有风的天气拍摄，可以在三脚架的底部挂上一个重物（不可超出三脚架能承受的重量）。

▲三脚架

▲拍摄夜景时，为了确保长时间曝光之后画面的清晰度，使用三脚架是必不可少的

焦　　距▷17mm
光　　圈▷F14
快门速度▷10s
感 光 度▷ISO100

快门线和遥控器

快门线是一种与三脚架配合使用的附件，在进行长时间曝光时，为了避免手指直接接触相机而产生震动，会经常用到快门线。

遥控器的作用与快门线一样，使用方法类似于我们使用电视机或者空调的遥控器，只需要按下遥控器上的按钮，快门就会自动启动。

左侧展示的是与Nikon D810 配合使用的快门线与遥控器。

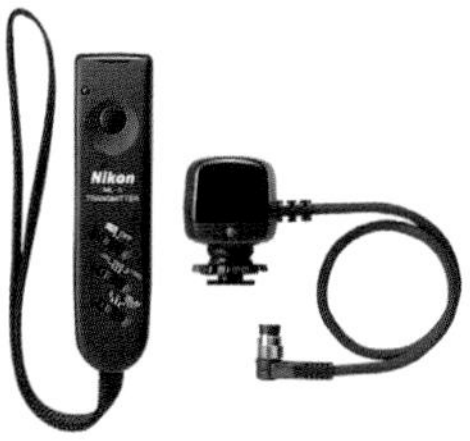

▲ 尼康ML-3遥控器模组套装

▲ 尼康 MC-30快门线

▲ 通过使用快门线控制相机的拍摄，避免了可能产生的抖动，从而完美展现了夜色下的城市一角

焦　　距 ▷ 14mm
光　　圈 ▷ F8
快门速度 ▷ 10s
感 光 度 ▷ ISO200

遮光罩

夜晚的城市由于璀璨的灯光显得格外迷人、美丽，但对于摄影师而言，这些灯光有时是拍摄的主题，有时却可能成为导致拍摄失败的主要因素。因为这些灯光可能进入镜头而在画面中形成眩光或鬼影，特别是使用广角镜头拍摄时，一定要特别注意周围是否有这样的光源存在。

为了防止画面中产生眩光或鬼影，必须要使用遮光罩来减少杂光。

反光镜预升

在使用快门线进行长时间曝光拍摄时，建议大家使用反光镜预升功能。

反光镜是一片表面上镀有银色反光物质的玻璃，作用是将通过镜头的光线反射到五棱镜中，再通过五棱镜反射到光学取景器中，从而使摄影师能够通过目镜进行取景拍摄。

由于相机的感光元件位于反光镜的后面，因此在按下快门的瞬间，反光镜会迅速升起，使光线直接到达感光元件上进行曝光，完成曝光后反光镜会自动归位。

实践证明，反光镜升起的动作会给相机带来轻微的振动，这种轻微的振动会使影像发生一定程度的模糊，而要避免这个轻微振动对画面造成的影响，则应该使用“反光镜预升”功能。

知识链接：使用反光板弹起模式的步骤

使用“反光板弹起模式”功能可以有效地避免相机振动而引起的图像模糊。

在使用这一功能时要注意，由于反光板预升，相机的图像感应器将会直接裸露在环境中，因此要尽量避免太阳或强光的直射，否则可能会损坏相机的感光元件。

另外，由于使用“反光板弹起模式”功能会影响拍摄速度，所以在通常情况下不建议使用，等到需要时再使用。

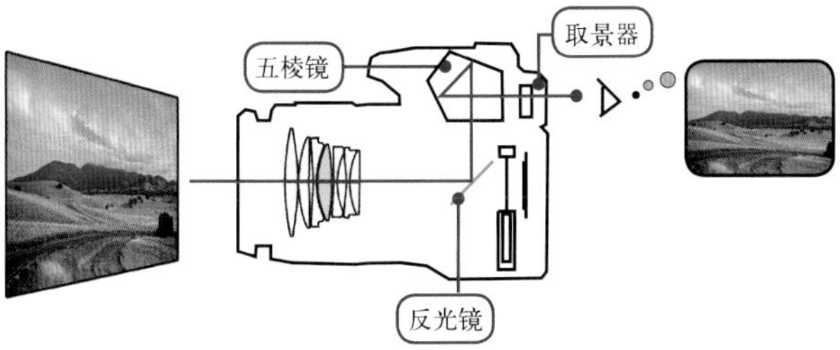

▲ 取景时反光镜处于下垂状态

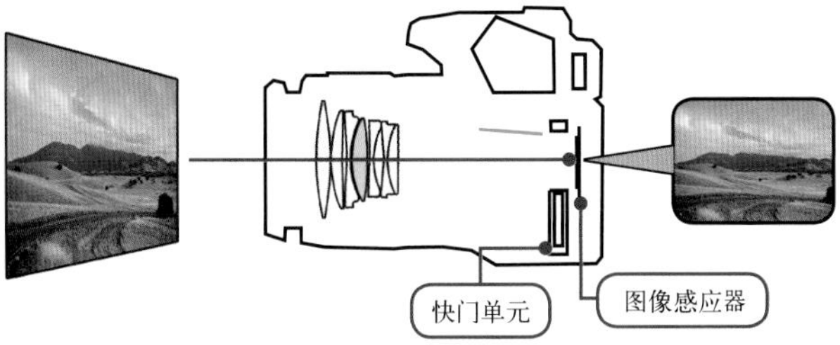

▲ 拍摄时反光镜将弹起

操作步骤：按下释放模式拨盘锁定解除并释放模式拨盘，旋转拨盘至Mup

▲ 使用反光板弹起模式，最大限度地保证了在拍摄时的画面质量

焦　　距▷ 50mm
光　　圈▷ F16
快门速度▷ 16s
感 光 度▷ ISO200

使用正确的测光模式

拍摄城市夜景时，由于场景的明暗差异很大。因此，为了获得更精确的测光数据，通常应该选择中央重点测光模式或点测光模式，然后选择比画面中最亮区域略弱一些的区域进行测光，以保证高光区域能够得到足够的曝光。

另外，还需要做出－0.3EV到－1EV负向曝光补偿，以使拍摄出来的照片有深沉的夜色。

拍摄经验：在拍摄时可以使用包围曝光功能，从而提高出片率。

使用正确的对焦方法

由于夜景中的光线较暗，可能会出现对焦困难的情况，此时可以使用相机的中央对焦点进行对焦，因为通常相机的中央对焦点的对焦功能都是最强的。

此外，还有一个方法，可以切换至手动对焦模式，再通过取景器或实时取景来观察是否对焦准确，并进行试拍，然后注意查看是否存在景深不够大导致变虚的问题，如果照片的景深不足，可以缩小光圈以增大景深。

▲ 对远处的建筑进行对焦，配合较小的光圈设置，从而使画面中每个细节都能够清晰地展现出来

焦　　距 ▷ 17mm
光　　圈 ▷ F14
快门速度 ▷ 25s
感 光 度 ▷ ISO100

启用长时间曝光降噪功能

拍摄夜景时，由于光线不足，因此在与白天相同的感光度设置时，会产生更多的噪点。

为获得高质量的画面效果，应尽可能采用较低的感光度，从而尽量减少噪点。另外，要启用长时间曝光降噪功能，以在最大程度上减少画面中的噪点。

▲ 作为全画幅相机，尼康D810拥有非常出色的画质，配合启用长时间曝光降噪功能，可以进一步降低噪点，提高画质，但同时也会损失一部分的图像细节，在使用时需要仔细考虑清楚

焦　距 ▶ 38mm
光　圈 ▶ F18
快门速度 ▶ 30s
感 光 度 ▶ ISO100

知识链接：长时间曝光降噪设置方法

“长时间曝光降噪”功能可以在用户使用1秒或更长时间的快门速度拍摄时，有效减少噪点。

降噪过程需要一定的时间，而这个时间可能与拍摄时间相同，并且如果在“长时间曝光降噪”功能设置为“开启”时，使用即时取景功能进行长时间曝光拍摄，那么在降噪处理过程中将显示“Job nr”直到降噪完成，在这期间将无法继续拍摄照片。因此，通常情况下建议将它关闭，在需要进行长时间拍摄时再开启。

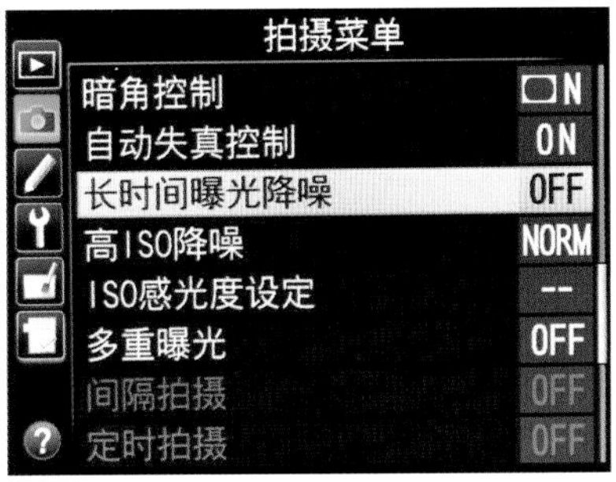

❶ 在**拍摄**菜单中选择**长时间曝光降噪**选项

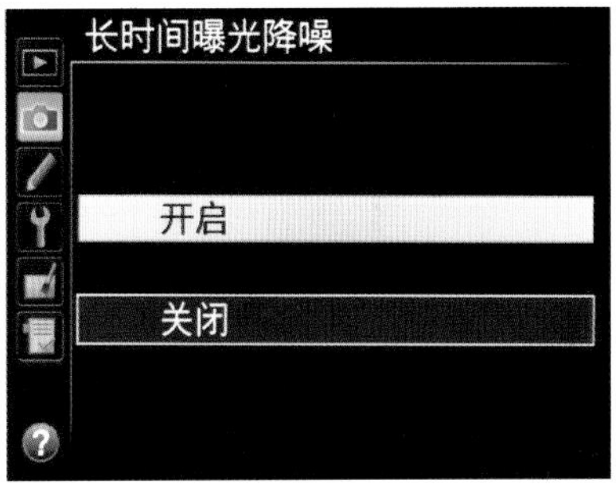

❷ 选择所需选项，然后按OK按钮

选择拍摄城市夜景的最佳时间

拍摄夜景的最佳时间是从日落前5分钟到日落后30分钟，此时天空的颜色随着时间的推移不断发生变化，其色彩可能按黄—橙—红—紫—蓝—黑的顺序变化，在这段时间里拍摄城市的夜晚能够得到漂亮的背景色。

在这段时间内天空的光线仍然能够勾勒出建筑物的轮廓，因此画面上不仅会呈现星星点点的璀璨城市灯火，还有若隐若现的城市建筑轮廓，画面的形式美感会得到提升。

如果天空中还有晚霞，则画面会更加丰富多彩，绚烂的晚霞、璀璨的城市灯光能共同渲染出最美丽的城市夜景。

拍摄经验：拍摄夜幕中的对象时，通常要进行长时间曝光，为了不浪费时间与拍摄机会，在实际拍摄之前，可以先将ISO调整为一个较高的数值，以较高的快门速度进行预拍摄，并通过观察这张照片对构图或现场拍摄的元素进行优化调整。

▲ 待时间进入夜晚，利用天空的蓝色和城市的灯火，可拍摄到十分漂亮的夜景作品

焦　距 ▷ 40mm
光　圈 ▷ F13
快门速度 ▷ 11s
感 光 度 ▷ ISO800

利用水面倒影增加气氛

如果认为夜景摄影只是地面的建筑和夜空，那么就会痛失美景，在有湖泊、河流的地方拍摄夜景。能够拍摄出更漂亮的夜景照片。例如，可以在城市公园里的湖泊边，或者是距家不远的一条河边，只要夜幕降临，灯光辉煌的建筑都会在水面上形成非常美丽的倒影。

拍摄水面倒影的夜景建筑时，一定要精心安排水平线，如果重点表现的是岸上夜景，可以将其置于画面下方三分之一的地方；反之，如果重点表现的是水面中波光粼粼的效果，则应将其置于画面上方三分之一的地方。

拍摄经验：拍摄时一定要关注风速，如果风速较小，水面即使有一点小波浪，由于曝光时间较长也不会对倒影效果形成太大影响。但如果风速较大，最好择日另拍，因为过大的风速会使水面的倒影显得凌乱、破碎。

▲ 夜幕降临后，微风拂过的水面上呈现出线条状的倒影，丰富的色彩与岸边的建筑相应成趣，更显现出城市的繁华与灯火辉煌

焦　　距 ▶ 25mm
光　　圈 ▶ F9
快门速度 ▶ 5s
感 光 度 ▶ ISO200

拍出漂亮的车流光轨

拍摄车流光轨的常见错误是选择在天色全黑时拍摄，实际上应该选择天色未完全黑时进行拍摄，这时的天空有宝石蓝般的色彩，拍摄出来的照片的天空才漂亮。

如果要让照片的车流光轨有迷人的S 形线条，拍摄地点的选择很重要，应该寻找能够看到弯道的观测地点。如果在过街天桥上拍摄，出现在画面中的灯轨线条，必然是有汇聚感觉的直线条，而不是S 形。

拍摄时要选择快门优先模式或B门曝光模式，在不会过曝的前提下，曝光时间的长短与最终画面上的车流灯轨的长度成正比，如果曝光时间不够长，画面中出现的可能是断开的线条，画面不够美观。

如果要使灯光线条出现在空中，应该以仰视角度拍摄双层巴士。

拍摄经验：虽然使用大光圈能够提高镜头通光量，以提高快门速度。但拍摄夜景中的车流时还是应该尽量使用小光圈，以获得较大的景深，使画面中的车流光轨在画面中表现得更加清晰、明显，另外，使用小光圈能够使画面中光线的轨迹变得比较细，即使在画面中车流集中的位置，灯光线条也不会相互混融在一起。

▲ 使用B门拍摄山间夜色中的车流，拉长的灯轨让车流在画面中看起来动感十足

焦　距 ▷ 17mm
光　圈 ▷ F4.5
快门速度 ▷ 60s
感 光 度 ▷ ISO100

利用小光圈拍摄出有点点星光的夜景城市

夜景的城市美在灯光，当暮色将至、华灯初上时，星星点点的灯光为城市织就了绚丽的外衣。

要拍摄出城市的漂亮灯光，使其在画面上闪烁着长长星芒，需要使用较小的光圈，参考的数值范围是F16~F20，光圈越小，灯光越强烈，星芒效果越明显，但随之而来的问题就是需要的曝光时间越长，因此拍摄时的稳定性就必须成为重点考虑的因素，如果希望以手持相机的方式拍摄出漂亮的星光，可以尝试将ISO数值设置为一个较高的数值。

拍摄经验：大量拍摄实践案例表明，拍摄时使用的镜头的光圈叶片数量，对画面中灯光的光芒效果有一定影响。当光圈叶片数量为偶数时，光芒的数量和光圈叶片数量相同，且看起来有些生硬。而当光圈叶片数量为奇数时，光芒数量是光圈叶片数的2倍，且效果较好。

▲使用较小的光圈，在保证景深的同时，还可使点状光源形成光芒效果

焦　　距▷ 28mm
光　　圈▷ F16
快门速度▷ 1/4s
感 光 度▷ ISO100

星轨的拍摄方法

星轨是一个比较有技术难度的拍摄题材，总体说来想拍摄出漂亮的星轨要有“天时”与“地利”。

“天时”是指时间与气象条件，拍摄的时间最好在夜晚，此时明月高挂，星光璀璨，能拍摄出漂亮的星轨，天空中应该没有云层，以避免遮盖住了星星。

“地利”是指城市中的光线较强，空气中的颗粒较多，对拍摄星轨有较大影响。所以，要拍出漂亮的星轨，最好选择大气污染小的效外或乡村。

构图时要注意利用地面的山、树、湖面、帐篷、人物、云海等对象，丰富画面内容，因此选择地方时要注意。

同时要注意，如果画面中容纳了比星星还要亮的对象如月亮、地面的灯光等，长时间曝光之后，容易在这一部分严重曝光过度，影响画面整体的艺术性，所以要注意回避此类对象。

▲ 通过数个小时的曝光，星星的运动轨迹变成了长长的线条，将人们看不到的景象记录下来，因而更具震撼人心的力量

拍摄要点：

❶ 使用三脚架固定好相机，并调整好角度与焦距，以确认基本的画面构图。

❷ 尽可能选择“黑色”的区域进行拍摄，这样可以避免在长时间曝光的情况下，比星星亮的位置可能会出现曝光过度的问题。

❸ 开启LCD显示屏，并切换至手动对焦模式，拧动对焦环，在显示屏中对空对焦的准确性。若天空中存在月亮，则可以先对月亮进行对焦，然后保持该对焦不变，再切换至手动对焦模式，然后进行曝光即可。

对焦如果困难，应该用手动对焦的方式。此外，还要注意拍摄时镜头的方位，如果是将镜头中线点对准北极星长时间曝光，拍出的星轨会成为同心圆，在这个方向上曝光1 小时，画面上的星轨弧度为15°，2 小时为30°。而朝东或朝西拍摄，则会拍出斜线或倾斜圆弧状星轨画面。

正所谓“工欲善其事，必先利其器”，拍摄星轨时，器材的选择也很重要，质量可靠的三脚架自不必说，镜头的选择也是重中之重，镜头应该以广角镜头和标准镜头为佳，通常选择24~50mm 焦距的镜头，焦距太广虽然能够拍摄更大的场景，但星轨在画面会比较细。

拍摄经验：由于拍摄星轨是在较暗淡的光线下进行，拍摄时通常要使用比较高的ISO感光度，因此，如果曝光时间较长则画面的噪点会非常多。基于此原因，拍摄星轨时也可以采取间隔拍摄的方式，即每次曝光几分钟，但连续不断拍摄许多张，最后在后期处理软件中将这些照片合成起来。按此方法拍摄时，最好使用具有定时拍摄功能的定时遥控器。

焦　　距 ▷ 17mm
光　　圈 ▷ F4.5
快门速度 ▷ 1680s
感 光 度 ▷ ISO200

◀ 通过超长时间的曝光，使摄影师拍摄到的星轨照片异常迷人

在照片中定格烟火刹那绽放的美丽

拍摄漂亮的烟花有三个重点，即对焦、曝光、构图。

如果在烟花升起后才开始对焦拍摄，等对焦成功烟花也差不多谢幕了，因此如果拍摄的烟花升起的位置差不多，应该先以一次礼花作为对焦的依据，拍摄成功后，切换至手动对焦方式，从而保证后面每次的拍摄都是正确对焦的。

如果条件允许的话，也可以对周围被灯光点亮的建筑进行对焦，然后使用手动对焦模式拍摄烟花。

在曝光技术方面，要把握两点，一是曝光时间长度，二是光圈大小。烟花从升空到燃放结束，大概只有5~6 秒的时间，而最美的阶段则是烟花在天空中绽放的2~3 秒，因此，如果只拍摄一朵烟花，可以将快门速度设定在这个范围内。

如果距离烟花较远，为确保画面景深，要设置光圈数值为F5.6~F10。如果拍摄的是持续燃放的烟花，应当适当缩小光圈，以免画面曝光过度。

光圈的大小设置数值，要在上述的基础上根据自己拍摄环境的光线反复尝试，不可照搬硬套。

▲ 摄影师将不同的烟花定格在同一个画面中，使港湾的夜色更加璀璨

拍摄经验：

❶ 使用单个对焦点，对可能出现烟花的附近建筑进行对焦，然后切换至手动对焦模式，这样就可以免去拍摄烟花时还需要对焦的麻烦。

❷ 使用镜头的广 角端及较小的光圈进行拍摄，以获得足够的景深，使前景与背景都足够清晰。

❸ 使用B门进行拍摄，以便于烟花出现时即开始曝光，烟花结束后、下一波烟花开始前，即可手动结束曝光，以免过多的烟花重叠在一起，影响视觉效果。

构图时可将地面有灯光的景物、人群也纳入画面中，以美化画面或增加画面气氛。因此，要使用广角镜头进行拍摄，以将烟花和周围景物纳入画面。

如果想让多个烟火叠加在一张照片上，可以在拍摄时按下快门后，用不反光的黑卡纸遮住镜头，每当烟花升起，就移开黑卡纸让相机曝光2~3秒，多次之后关闭快门可以得到多重烟花同时绽放的照片。

需要注意的是，总曝光时间要计算好，不能超出合适曝光所需的时间，另外按下B 门后要利用快门线锁住快门，拍摄完毕后再释放。

第一次拍摄

第二次拍摄

拍摄要点：

❶ 拍摄烟花时，应提前预测烟花升起的高度，并在构图时为烟花留出足够的空间。

❷ 若不善于使用黑卡进行多组烟花的拍摄，可考虑拍摄多个单组烟花，然后通过后期处理将其合成在一起。这样的好处就是可选择的余地较大，而且不用担心烟花重叠的问题。

第三次拍摄

▲ 使用B门结合黑卡拍摄，等待焰火升起时拿开黑卡进行曝光，获得了很多焰火在天空中“盛开”的画面。值得注意的是，随着曝光时间的延长，画面曝光会随之变亮，因此在拍摄时要注意控制曝光时间，以免灯光处过曝

第17章

宠物与鸟类摄影

宠物摄影

用高速连拍模式拍摄运动中的宠物

宠物不会像人一样有意识地配合摄影师的拍摄活动，其可爱、有趣的表情随时都可能出现，如果处于跑动中，前一秒可能在取景器可视范围内，后一秒就可能已经从取景器无法再观察到。因此，如果拍摄的是运动中的宠物，或这些可爱的宠物做出有趣表情和动作时，要抓紧时间以连拍模式进行拍摄，从而实现多拍优选。

▶ 为了将玩耍中的猫咪记录下来，可使用高速连拍模式将其动作过程用几张照片快速抓拍下来，后期再从中选择比较优秀的

在弱光下拍摄要提高感光度

无论是室内还是室外，如果拍摄环境的光线较暗，就必须提高感光度数值，以避免快门速度低于安全快门。Nikon D810在高感光度下拍摄时，抑制噪点的性能还算优秀，而且绝大多数摄影爱好者拍摄的宠物类照片属于娱乐性质，而非正式的商业性照片，因此对照片画质的要求并不高，在这样的前提下，拍摄时是可以较为大胆地使用ISO3200左右的高感光度进行拍摄的。

拍摄要点：

❶ 预先拍摄测试片，观察并调整好曝光参数。

❷ 找到适合逆光拍摄的角度。

❸ 设置连续伺服自动对焦模式，以满足宠物跑过来时不停变化的对焦需要。

❹ 尽量将宠物置于构图的中心，并使用中央对焦点进行准确、快速的对焦。

▲ 在室内拍摄时，由于光线较弱，且猫咪的动作较快，因此需要较高的快门速度来保证主体清晰，使用大光圈加高感光度的方法，可以轻松拍到猫咪玩耍时的精彩动态

焦　　距 ▷ 85mm
光　　圈 ▷ F4
快门速度 ▷ 1/500s
感 光 度 ▷ ISO1000

散射光表现宠物的皮毛细节

在拍摄宠物时，如果想要表现宠物的皮毛细节或者质感，建议使用散射光。

散射光条件下拍摄时，画面没有明显的阴影，过渡也更加自然，所以更加适合于表现宠物的皮毛细节。

焦　　距 ▷ 85mm
光　　圈 ▷ F4
快门速度 ▷ 1/320s
感 光 度 ▷ ISO200

▶ 在散射光线下，很好地表现出了猫咪的皮毛细节

逆光表现漂亮的轮廓光

轮廓光又称为“隔离光”、“勾边光”，当光线来自被拍摄对象的后方或侧后方时，通常会在其周围出现。

如果在早晨或黄昏日落前拍摄宠物，可以运用这种方法为画面增加艺术气息。

拍摄时，要将宠物安排在深暗的背景前面，使明亮的边缘轮廓与背景形成明暗反差。以点测光模式对准宠物的轮廓光边缘进行测光，以确保这一部分曝光准确，测光后重新构图，并完成拍摄。

焦　　距 ▷ 180mm
光　　圈 ▷ F4
快门速度 ▷ 1/250s
感 光 度 ▷ ISO800

▶ 逆光拍摄可将皮毛绒绒的感觉表现得很清楚，好似在猫咪的周围有发光的视觉效果

鸟类摄影

长焦或超长焦镜头是必备利器

因为鸟类容易受到人的惊扰，所以通常要用200mm以上焦距的镜头，才能使被摄的鸟在画面中占有较大的面积。使用长焦镜头拍摄的另一个优点是，在一些不易靠近的地方也可以轻松拍摄到鸟类，如在大海或湖泊上。

总体来说，可以将拍摄鸟类的器材分为三种：

业余型：具有较长焦距的变焦镜头，是很多普通摄影爱好者的选择，例如适马AF 150-500mm F5-6.3APO EX HSM DG RF OS。其变焦范围通常能够满足大部分情况下的鸟类拍摄需求，而且价格也较为便宜。但在成像质量、最大光圈等方面有明显不足。

入门型：选择一款光圈稍小的定焦镜头，或性能较为优越的长焦变焦镜头，可以在拍摄时满足更为苛刻的要求，这种镜头比业余变焦镜头的自动对焦速度要快得多，而且更加锐利和清晰，结合好光线，可以拍到很好的照片。例如AF-S 300mm f/4D IF-ED。

专业型：专业的鸟类摄影多以定焦镜头为主，而且其光圈也是该焦段下的最大光圈，例如AF-S 600mm f/4G ED VR，这样的镜头在对焦速度、成像质量等素质上自不必说，但其价格是很多摄影师所无法接受的。

▲使用长焦镜头拍摄小鸟，虚化的背景让鸟儿显得十分清晰

焦　　距 ▶ 400mm
光　　圈 ▶ F5.6
快门速度 ▶ 1/500s
感 光 度 ▶ ISO800

善用增距镜

如果不想购买价格昂贵的长焦镜头，购买一只1.4倍或2倍的增距镜也是不错的选择，但这样做会降低相应的光圈挡数。例如安装2倍的增距镜，则原来F2.8的最大光圈将变为F5.6，即被缩小2挡。

▲ 使用1.4×的增距镜获得更长的焦距，从而将较远距离的老鹰记录下来

焦　距 ▷ 300mm
光　圈 ▷ F5.6
快门速度 ▷ 1/2000s
感 光 度 ▷ ISO200

知识链接：认识增距镜

增距镜也称远摄变距镜，可以安装在镜头和照相机机身之间，其作用是延长焦距，例如，一只2×增距镜如果安装在200mm焦距的镜头上，拍摄得到的影像将与400mm镜头所拍摄的影像大小一样。

增距镜的优点是，经济、轻便；不足之处是镜头光圈会变小，例如一只最大光圈为F2.8的镜头在安装增距镜后，最大光圈将变成为F5.6，景深也会变得很浅；此外，影像的质量也会下降。

要应对增距镜的不足之处，可以在拍摄时采取以下两个措施：

第一，拍摄时收缩一挡或两挡光圈，以改善影像画质。

第二，使用增距镜后，镜头的焦距变得很长，轻微的晃动都会导致成像模糊，因此拍摄时一定要使用三脚架，以确定相机的稳定性。

▲ 增距镜+镜头的组合

高速连拍以捕捉精彩瞬间

鸟类是一种特别易动的动物，它很可能前一刻还在漫步徜徉，下一刻就展翅高飞了。因此，在对焦时应采用连续自动对焦方式，以便于在鸟儿运动时能够连续对其进行对焦，最终获得清晰、准确的画面。

拍摄要点：

❶ 尼康D810相机提供了最高7张/秒的连拍速度，虽然无法与一些专业的高速相机相比，但对于拍摄鸟类来说，已经绰绰有余。

❷ 尽量使用1/800s以上的快门速度，以保证每次连拍都能够清晰地捕捉到精彩的瞬间，也为后期选片留下足够大的选择空间。

▲ 摄影师使用高速连拍模式拍摄，将鸟儿清晰地定格在画面

中央对焦点更易对焦

鸟的移动非常迅速和灵敏，这就要求摄影师能够在短时间内完成精确对焦。建议使用中央对焦点单点对焦，因其对焦精度要比多点对焦模式的精度要高，而且在镜头追随鸟移动的过程中，也不容易因其他物体的干扰而误判焦点。

拍摄要点：

❶ 当其他对焦点无法准确、快速地进行对焦时，不妨将鸟置于画面中央位置，然后使用中央对焦点进行对焦，其对焦性能比其他对焦点强大很多。

❷ 在单点自动对焦区域模式下，可以直接按多重选择器中央按钮快速选择中央对焦点。

▲ 将鸟置于画面的中央位置，从而更容易地使用中央对焦点进行合焦、拍摄

焦　　距 ▷ 320mm
光　　圈 ▷ F5.6
快门速度 ▷ 1/2500s
感 光 度 ▷ ISO400

第 18 章

「微距摄影」

微距设备

微距镜头

微距镜头无疑是拍摄微距花卉（或其他题材）时最佳的选择，微距镜头可以按照1：1的放大倍率对被摄体进行放大，这种效果是其他镜头无法比拟的。并且在拍摄时可以把无关的背景进行虚化处理，其唯一的缺点是价格比较昂贵。

微距镜头通常都是定焦镜头，根据“定焦无弱旅”的通俗说法，微距镜头的质量通常还是比较让人放心的。

微距镜头推荐	
尼康AF 60mm F2.8D MICRO	尼康AF-S VR 尼克尔105mm F2.8 G IF-ED

▲ 使用微距镜头拍摄的蜘蛛，完美呈现了其明亮的眼睛及其身体细节

焦　　距 ▷ 105mm
光　　圈 ▷ F3.2
快门速度 ▷ 1/250s
感 光 度 ▷ ISO100

长焦镜头

选择一支长焦镜头也可以拍摄到昆虫的特写，例如70-300mm焦距段的镜头，对于一般的特写拍摄已经足够了，而且这样一支镜头还可以满足如拍摄鸟、动物或体育运动等方面的需求，因此性价比比较高。

在选购或选用镜此类镜头时最好选择有防抖功能的型号，毕竟在拍摄昆虫时更多的情况下是手持拍摄而非使用三脚架，但更长的焦距要求更高的快门速度，因此用有防抖功能的镜头能够提高拍摄的成功率。

拍摄要点：

❶ 从蝴蝶的侧面进行拍摄，完美地展现了其漂亮的翅膀，再加上绿色背景作为衬托，更显得自然、生动。

❷ 使用长焦镜头拍摄时，要以高于安全快门速度的数值进行拍摄，以避免画面抖动。为了获得较高的快门速度，可以适当提高感光度。

❸ 由于长焦镜头景深较小，因此光圈值最好在F3.5~F8之间，以避免景深过浅。

▲ 使用长焦镜头从正面拍摄的蜻蜓，很好地表现了其身体细节，晶莹的水珠使画面更为生动

焦　　距 ▷ 200mm
光　　圈 ▷ F4
快门速度 ▷ 1/200s
感 光 度 ▷ ISO400

近摄镜与近摄延长管

近摄镜与近摄延长管均可提高普通镜头的放大倍率，从而使普通镜头具有媲美微距镜头的成像效果。其中，近摄镜是一种类似于滤光镜的近摄附件，用其单独观察景物便如同一只放大镜，口径从52mm 到77mm 不等。

近摄镜可以缩短拍摄距离，通常可以达到1:1的放大比例，对焦范围约3～10mm，按照放大倍率可分为No.1、No.2、No.3、No.4和No.10等多种，可根据不同需要进行选择，而且其价格还非常便宜，往往只需要几十元即可，但拍摄到的图像质量不高。

近摄延长管是一种安装在镜头和相机之间的中空环形管，安装在相机与镜头之间，缩短了拍摄距离，提高了相机的微距拍摄性能。由于近摄延长管具有8个电子触点，因此安装后相机仍然可以自动测光、对焦。

尼康出品的近摄延长管的型号为PK-12，但价格较昂贵，性价比较高的选择是副厂出品的产品，如肯高的近摄延长管，不仅价格便宜，而且还有12mm、20mm、36mm三种规格可选，可以单独使用也可以组合在一起使用，以实现不同放大倍率。

▲ 近摄延长管

▲ MASSA 52mm口径+1+2+4 Close-up 近摄镜

▲ 肯高近摄延长管

使用近摄延长管拍摄花蕊，花蕊上的花粉都能清晰地表现出来，与用微距镜头拍摄的画面相差无几

环形与双头闪光灯

对微距摄影而言，真正能够配合高素质微距镜头发挥出其威力的，当然非微距专用的环形/双头闪光灯莫属，只是价格较贵。

焦　距 ▷ 105mm
光　圈 ▷ F2.8
快门速度 ▷ 1/640s
感 光 度 ▷ ISO320

▶ 使用双头闪光灯进行照明，使螳螂获得充分的曝光

知识链接：认识环形闪光灯及双头闪光灯

环形闪光灯又称为环闪，多用于微距拍摄，但也可以用在人像摄影领域。环闪能够实现类似于手术台上无影灯的照射效果，使被拍摄的对象受光均匀，没有明显的阴影。

双头闪光灯也是常用于微距摄影的一种能够创建无影效果的闪光灯。双头闪光灯由两个闪光灯头组成，这两个灯头不仅能够分别旋转，还能够分别输出强弱不同的闪光，使被拍摄对象出现极具创意效果的阴影。双头闪光灯同样具有闪光曝光补偿、闪光曝光锁、闪光包围曝光、高速同步等普通外置闪光灯所具备的功能。

▲ 双头闪光灯

▲ 环形闪光灯

▲ 双头闪光灯闪光示意图

▲ 环形闪光灯闪光示意图

柔光罩

如果闪光灯距离被拍摄对象比较近，为了避免在被拍摄对象的表面留下难看的光斑，建议在闪光灯上增加柔光罩，使光线柔和一些。

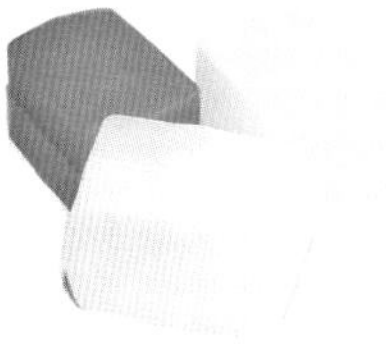

▲ 外置闪光灯柔光罩

焦　　距 ▷ 105mm
光　　圈 ▷ F5
快门速度 ▷ 1/400s
感 光 度 ▷ ISO200

▶ 为闪光灯加装柔光罩后，照射在蜜蜂身上的光线更为柔和，更好地表现出其身体细节

三脚架

微距拍摄时要根据所拍摄的对象来考虑是否使用三脚架，如果拍摄的对象是固定不动的静物、花，或行动缓慢的昆虫，则要使用三脚架。

如果拍摄行动迅速的昆虫，通常当摄影师架好三脚架时昆虫早已不知所踪，所以较少使用三脚架。当然，也可以采取“守株待兔”的方法，在这类昆虫常出现的地方架好三脚架，耐心等待昆虫进入拍摄区域。

焦　　距 ▷ 60mm
光　　圈 ▷ F16
快门速度 ▷ 1/6s
感 光 度 ▷ ISO100

▶ 使用三脚架保持相机稳定，是在进行精致、高倍率的微距摄影时必不可少的

合理控制景深

许多初学微距拍摄的朋友以为在拍摄微距照片时，景深越浅越好，有时拍摄出的照片甚至虚化到完全看不出背景的轮廓，实际上从整体画面的美观程度及说明性来看，情况并非如此，虽然微距照片需要虚化背景以突出主体，但过度虚化会导致主体的某一部分也被虚化，同时降低了照片的说明性。

因此，在拍摄时不要使用最大光圈，而应该使用较小的光圈，同时要控制好镜头与被拍摄对象的距离及镜头的焦距，以恰当地控制景深，使整个画面虚实比例得当。

▲ 使用微距镜头的同时，还使用较大的光圈，导致画面景深过浅，只剩蜻蜓局部的头部和腿部（圈中所标示部分）清晰

焦　　距 ▷ 100mm
光　　圈 ▷ F3.5
快门速度 ▷ 1/1250s
感 光 度 ▷ ISO100

▼ 通过恰当地控制景深，蜻蜓的眼睛、身体部分都很清晰，在虚化的背景下非常突出，微距镜头的使用，将蜻蜓纤毫毕现的细节都表露出来，让观者感受到了大自然的神奇

焦　　距 ▷ 100mm
光　　圈 ▷ F5
快门速度 ▷ 1/1250s
感 光 度 ▷ ISO100

对焦控制

自动对焦的技巧

在微距摄影中，画面表现内容相对比较精细。在自动对焦模式下进行拍摄，相机稍有晃动，就有可能导致对焦不准确，出现画面模糊的现象。

所以，自动对焦后尽量不要重新构图，以保证对焦的精确度。

拍摄要点：

❶ 将拍摄主体置于画面的中间位置，然后使用中央对焦点进行对焦。此对焦点的性能更为出色，因此对焦结果更加精确。

❷ 尽量使用小光圈，以增大画面中的景深，这样即使对焦不是十分精确，也可以通过增大景深使之看起来不是很明显。

❸ 清晨时分，昆虫往往都会带有很多的露珠，为画面增加更多的自然感。

▲ 通过使用相机的中央对焦点及自动对焦功能，更容易快速完成拍摄

焦　　距▷ 85mm
光　　圈▷ F4.5
快门速度▷ 1/5s
感 光 度▷ ISO100

手动对焦的技巧

如果拍摄的题材是静止的或运动非常迟缓的对象，可以尝试使用手动对焦来更精准地进行对焦。

对焦时要缓慢扭动对焦环，当画面中的焦点出现在希望合焦位置的附近时，可以通过前后整体移动相机来前后移动合焦点。

▲ 通过手动对焦，将焦点置于蜜蜂上，但同时要承担一定的可能跑焦的风险

焦　　距▷ 180mm
光　　圈▷ F13
快门速度▷ 1/125s
感 光 度▷ ISO100

利用即时取景功能进行精确拍摄

对于微距摄影而言，清晰是评判照片是否成功的标准之一。由于微距照片的景深都很浅，所以在进行微距摄影时，对焦是影响照片成功与否的关键因素。

一个比较好的解决方法是，使用Nikon D810 的即时取景功能进行拍摄，在即时取景拍摄状态下，被拍摄对象能够通过显示屏显示出来，按下放大按钮⊕，即可将显示屏中的图像进行放大，以检查拍摄的照片是否准确合焦。

拍摄经验：使用这种方法进行拍摄时，最好配合使用反光镜预升功能，并将相机架设在三脚架上，这样就能够在最大程度上避免各种小的振动，获得最清晰的照片。

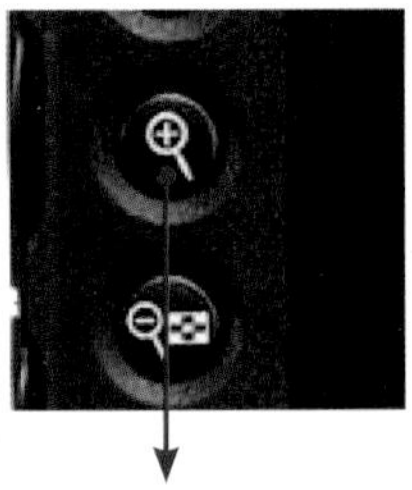

⊕放大按钮

▲ 使用实时取景显示模式拍摄的状态

▲ 按放大按钮⊕一次后，照片中的主体被放大，此时可以查看主体局部细节

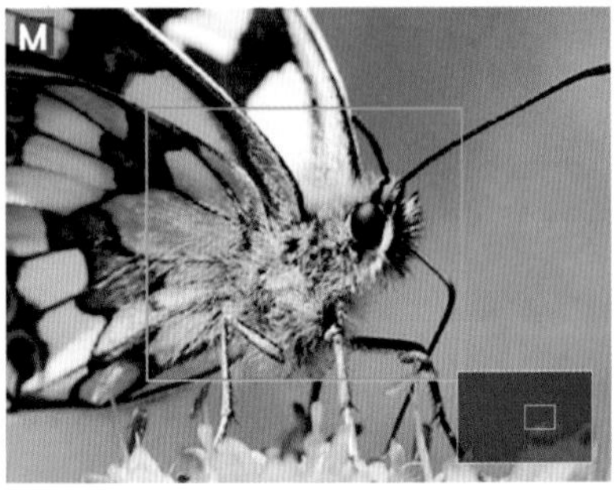

▲ 再次或多次按放大按钮⊕，照片中主体的细节被更多地呈现，此时可以更清楚地查看主体的对焦点是否清晰，细节是否够多等

使用即时取景功能并配合手动对焦方式，可以完美展现蝴蝶漂亮的侧面，并可以确保其头部、翅膀清晰展现

焦　　距 ▷ 105mm
光　　圈 ▷ F16
快门速度 ▷ 1/320s
感 光 度 ▷ ISO200